高职文化育人教材——产业文化与职业素养系列
总主编/孙志春

建筑文化与职业素养

○主　编　苏晓华　孙　超
○副主编　杨　清　孔姗姗
○参　编　王　玉　杨　芳　张　燕

北京理工大学出版社
BEIJING INSTITUTE OF TECHNOLOGY PRESS

内容提要

本书共五篇,第1篇为建筑历史文脉篇,介绍中国和世界建筑的历史文脉和建筑艺术;第2篇为建筑风格与文化篇,介绍中国传统建筑流派与地域文化以及世界建筑风格与文化;第3篇为建筑大师篇,介绍中国建筑大师以及世界建筑大师的艺术成就;第4篇为建筑企业文化篇,介绍当前主流建筑企业的企业文化与成就;第5篇为职业素养篇,介绍职业素养以及建筑人的工匠精神等内容。

本书可以作为高等职业院校土木建筑类及相关专业的专业素养拓展教材,还可以作为建筑行业从业人员以及建筑文化爱好者的读本。

版权专有　侵权必究

图书在版编目(CIP)数据

建筑文化与职业素养 / 苏晓华,孙超主编.—北京:北京理工大学出版社,2023.2重印
ISBN 978-7-5682-5604-9

Ⅰ.①建… Ⅱ.①苏… ②孙… Ⅲ.①建筑文化—高等职业教育—教材 ②建筑业—职业道德—高等职业教育—教材 Ⅳ.①TU

中国版本图书馆CIP数据核字(2018)第088607号

出版发行 /	北京理工大学出版社有限责任公司
社　　址 /	北京市海淀区中关村南大街5号
邮　　编 /	100081
电　　话 /	(010)68914775(总编室)
	(010)82562903(教材售后服务热线)
	(010)68944723(其他图书服务热线)
网　　址 /	http://www.bitpress.com.cn
经　　销 /	全国各地新华书店
印　　刷 /	北京紫瑞利印刷有限公司
开　　本 /	787毫米×1092毫米　1/16
印　　张 /	12.5
字　　数 /	342千字
版　　次 /	2023年2月第1版第3次印刷
定　　价 /	35.00元

责任编辑 / 李玉昌
文案编辑 / 李玉昌
责任校对 / 周瑞红
责任印制 / 边心超

图书出现印装质量问题,请拨打售后服务热线,本社负责调换

Preface 前言

本书是根据教育部《关于加强高职高专教育人才培养工作的意见》和教育部《关于全面提高高等职业教育教学质量的若干意见》等文件精神，根据土建类专业指导性教学计划及教学大纲组织编写的。

教育部明确提出，高等职业教育的目标定位是培养高素质劳动者和技术技能人才。《国家中长期教育改革和发展规划纲要（2010—2020年）》指出：职业教育要坚持德育为先导、能力为重点，着重培养学生职业道德、专业技能和就业能力，提升学生综合素质，满足经济社会对高素质劳动者和技能型人才的要求，培养具备"工匠精神"的现代职业人。在国家大力弘扬"工匠精神"的背景下，将"工匠精神"内化为高职学生的职业素质，不仅是顺应经济转型升级的需要，更是当前企业、高职院校生存发展的需要，也是学生提升综合素质、完善未来职业发展规划的现实需要。职业素质培养是共识，也是企业对职业教育的基本要求。吃苦耐劳、沟通协作、团队意识和创新精神等职业素质，已成为学校培养人才的首要指标。学生就业后的职业生涯发展，很大程度上取决于其职业能力水平，职业素质无疑是影响学生就业后继续发展的关键因素。

本书介绍了中国建筑艺术与世界建筑艺术。中国建筑艺术是中华文化极具综合性的生动载体，本书从中国建筑发展历史的角度展现了我国从传统走向现代、从弱小走向强大、从封闭走向开放的艰难历程。同时还聚焦詹天佑、梁思成等近现代中国建筑工程领域的开创者和奠基人，介绍他们的人生历程和学术造诣，展现近现代中国建筑事业的发展和建筑文化的演进，从近现代中国建筑史的独特视角展现中华优秀文化的中国特色、中国风格、中国气派，展现中华文化的永久魅力和时代风采，展现建筑艺术的文化传承价值。世界建筑艺术介绍了西方建筑的发展历程与主要的建筑艺术，并介绍了西方建筑的流派与文化，还融入了许多美学常识和历史文化知识，将名作赏析与建筑结构技术结合在一起，重点突出，脉络清晰。

本书还介绍了建筑人职业素养的内容、校企文化融合背景下高职学生职业素质的内涵、校企文化融合背景下职业素质培养体系、具有高等土建类专业职业教育特色的职业素质教育体系，用以全面提升人才培养质量，为服务"中国制造2025"和"一带一路"建设培养更多高素质技术技能人才，推动国家经济快速发展。

在编写过程中，编者进行了大量的调研，同时结合自己的学习研究心得，参考了近年来许多专家、学者的论著，吸收了重要的论断与材料。本书适用于高校土建类实践性要求高的专科教材，可作为高职高专教学用书，也可作为建筑工程技术岗位培训用书以及工程技术人员的工作参考用书。本书由苏晓华、孙超任主编，杨清、孔珊珊任副主编，王玉、杨芳、张燕等参编。

本书引用了有关专业文献和资料，未在书中一一注明出处，在此对有关文献的作者表示感谢。

由于编者水平有限，加之时间仓促，书中难免存在错误和不足之处，诚恳地希望读者批评指正。

编 者

Contents 目录

第1篇 建筑历史文脉篇

第1章 中国建筑历史文脉 ········· 002
1.1 上古时期的原始建筑 ········· 002
1.2 夏、商、周时期的建筑 ········· 007
1.3 秦汉建筑 ········· 012
1.4 魏晋、南北朝建筑 ········· 017
1.5 隋唐五代建筑 ········· 023
1.6 两宋建筑 ········· 027
1.7 辽、金、西夏及元代建筑 ········· 032
1.8 明清建筑 ········· 033
1.9 近现代建筑 ········· 042

第2章 世界建筑发展文脉 ········· 047
2.1 古埃及建筑发展文脉 ········· 047
2.2 亚洲建筑发展文脉 ········· 051
2.3 欧洲建筑发展文脉 ········· 072
2.4 美洲建筑发展文脉 ········· 099

第2篇 建筑风格与文化篇

第3章 中国传统建筑流派与地域文化 ········· 108
3.1 原始社会的造型文化 ········· 108
3.2 土木之功与山节藻棁 ········· 109
3.3 建筑艺术的早期风格 ········· 110
3.4 建筑艺术的发展与成熟 ········· 113
3.5 辉煌的传统建筑艺术 ········· 116

第4章 世界建筑风格与文化 ········· 123
4.1 早期文明——古埃及和古西亚 ········· 123

  4.2 爱琴文明 ··· 125
  4.3 古希腊艺术 ··· 127
  4.4 古罗马建筑文化 ··· 128
  4.5 美洲古代建筑艺术 ·· 130
  4.6 拜占庭艺术和哥特式艺术 ··· 131
  4.7 欧洲的文艺复兴、古典主义与巴洛克艺术 ··················· 134
  4.8 新古典主义、浪漫主义与折中主义艺术 ······················· 137
  4.9 工艺美术运动、芝加哥学派和新艺术运动 ··················· 139
  4.10 现代主义和后现代艺术 ··· 140

第 3 篇 建筑大师篇

第 5 章 中国建筑大师 ·· 144
  5.1 鲁班 ·· 144
  5.2 样式雷 ·· 149
  5.3 詹天佑 ·· 151
  5.4 梁思成 ·· 155
  5.5 王澍 ·· 156
  5.6 马岩松 ·· 159
第 6 章 世界建筑大师 ·· 161
  6.1 勒·柯布西耶 ·· 161
  6.2 贝聿铭 ·· 164
  6.3 安藤忠雄 ··· 167

第 4 篇 建筑企业文化篇

第 7 章 中国建筑名企文化 ·· 172
  7.1 中国建筑工程总公司 ·· 172
  7.2 中国铁道建筑总公司 ·· 173
  7.3 北京建工集团 ·· 175
第 8 章 世界建筑名企文化 ·· 177
  8.1 法国万喜 ··· 177
  8.2 柏克德公司 ··· 178
  8.3 瑞典斯堪斯卡集团 ··· 180

第 5 篇 职业素养篇

第 9 章 职业素养 ·· 183
  9.1 职业素养概述 ·· 183
  9.2 建筑人的职业素养与操守 ··· 185
第 10 章 建筑人的工匠精神 ··· 189
  10.1 工匠精神的传承与发展 ··· 189
  10.2 工匠精神在建筑业的呈现 ·· 191
  10.3 建筑专业大学生的职业素养培养 ······························ 191

参考文献 ··· 194

第1篇
建筑历史文脉篇

建筑是有生命的,它虽然是凝固的,可在它上面蕴含着人文思想。

——贝聿铭(美籍华人)

建筑文化是人类文明长河中产生的一大物质内容和富有地域文化特色的靓丽风景，是人类生活与自然环境不断作用的产物。在不同的时代，建筑文化内涵和风格是不一样的；在不同的地域，建筑文化也完全不同，例如，中国北方的建筑文化风格就与南方不同。在不同的文明社会中，建筑文化也体现出了不同的建筑价值观，例如东方和西方建筑风格就不一样。

我国是一个历史悠久的文明国度。据史书记载，我国已有5 000多年文明史。人类进入文明时代有两个重要标志：文字的产生和金属的使用（也有人认为有第三个标志，即城市的产生）。文明时代以前的文化称为史前文化。从文明时代开始，就有了文字记载，我们称之为信史时代。

文明是文化的内在价值，文化是文明的外在形式。文明的内在价值通过文化的外在形式得以实现，文化的外在形式借助文明的内在价值而有意义。

中国传统文化历史悠久，源远流长，建筑文化也随着时代的变化而变化，其具有神秘、浪漫的艺术精神与丰富的想象力，以及多样性的表现形式。中国建筑文化在艺术上将深刻的艺术精神内涵和丰富的艺术形式进行了完美结合。

第1章　中国建筑历史文脉

※ 1.1　上古时期的原始建筑

在原始社会，中国建筑的发展是极为缓慢的。从以营窟、巢居为主的旧石器时代，到以土木结构为主的新石器时代，其间经历了大约50万年。在漫长的岁月里，先民们从利用自然窑洞开始，逐步掌握了营建地面房屋的技术，这对后世建筑风格的形成与发展产生了深远的影响。

1.1.1　旧石器时代

旧石器时代距今300万年～1万年。当时生产力极端低下，人类使用比较粗糙的打制石器，过着采集和渔猎的生活。先民们或者像野兽一样居住在洞穴里，或者模仿鸟类构木为巢，建造简易的居所。

《孟子·滕文公下》中提到"下者为巢，上者为营窟"，即在地势较高的地方用穴居，而在地势较低的地方用巢居。《韩非子·五蠹》中则讲到"上古之世，人民少而禽兽众，人民不胜禽兽虫蛇，有圣人作，构木为巢，以避群害"。现在还能看到的窑洞和干栏式住宅（底层架空的竹、木构住宅），就是由穴居和巢居演变而来的（图1-1-1、图1-1-2）。

在人类社会产生初期，极端低下的生产力让人类只能依靠集体劳动获得有限的生活资料。在没有衣食保障的情况下，当时的人类祖先对住所的需求极为原始和简单。

图1-1-1　山顶洞人穴居遗址

1.1.2 新石器时代

图 1-1-2 巢居

新石器时代距今八九千年，此时出现了农业和畜牧业，人类由于有了可靠的生活来源，开始了定居生活。农耕文明的出现，原始先民生活的日趋安定，使得他们逐渐可以运用自己的劳动来创造生活、把握命运，也必然导致人工营造屋室的出现。

中国新石器时代的建筑基址遗迹，被广泛发现于当时的遗址中，尤其在以定居农业为基础的新石器文化中大量地存在，甚至有些构成规模较大、布局有序、房屋毗连的聚落。新石器时代原始建筑一般包括壕堑、围墙一类的防卫设施，中小型的住房，公共性质的大房子，牲畜栏圈，大量的贮藏窖穴，以及特殊的祭祀性建筑等。其主要建筑类型则是居住使用的房屋。由于各地气候、地理、建筑材料等条件的不同，新石器时代原始建筑的营造方式也多种多样，其中具有代表性的房屋主要有两种：一种是黄河流域由穴居发展而来的木骨泥墙房屋；另一种为长江流域多水地区由巢居发展而来的干栏式建筑。晋代张华在《博物志》中有"南越巢居，北朔穴居"之说。由穴居而野处，发展到半地下式的木骨泥墙建筑和木质榫卯结构的干栏式建筑，中国的建筑开始了木结构的历史。

随着生产力的提高和文化的进步，新石器时代的建筑技术也经历了逐步发展的过程，积累了多样的营造经验。例如，空间与体形的处理方面，由单间发展到套间和连间；墙体的构造方面，由木骨泥墙、乱石墙发展为土坯墙和版筑墙；柱基础由掺杂料姜石、陶片等骨料的夯筑发展到础石的应用；居住面、墙面由简易的草筋泥抹面发展到石灰抹面；墙上出现绘彩装饰以及整个建筑由地下（穴居）、树上（巢居）转到地面营造甚至夯筑台基等。中国新石器时代的建筑是当时居民劳动创造的一项重要成就，它奠定了中国古典建筑体系的基础。

1. 聚落选址和布局

目前中国发现了公元前6000年到公元前2000年间的大量的新石器聚落遗址。这些遗址表明，当时的居住地点一般都背坡面水，选择在河谷阶地和沼泽边缘，这主要是为了接近水源，以适应生活和生产用水的要求。这样，河谷就成了各聚落之间交往的通道，而更多的聚落则分布在交通便利的河流交汇处。已发现的大量新石器时代聚落遗址，多数为现代村镇甚至城市所叠压，或在其附近，这说明当时的居民点选址是相当合理的，因此被沿用至今。

仰韶文化时期，居民点的建设已有明确的区划，一般是分为居住区、陶窑生产区和墓葬区三部分，如陕西宝鸡北首岭、西安半坡、临潼姜寨、河南洛阳王湾等聚落遗址。半坡遗址东西最宽处近200米，南北最长为300余米，总面积约5万平方米，其中居住区约占3万平方米。北部五分之一的面积已发掘，有较为完整的房屋基址40余座，其中大约27座是同时存在的。根据同时期的墓葬分布，并结合民族学材料推测，这些或圆或方的建筑，可能是母系氏族成年妇女过对偶生活的住房。住房之间散置许多贮藏窖穴，另有两座牲畜栏圈。住房建筑群环绕一个广场布置。中央偏东，面向广场处有一座大房子，可能是氏族首领及氏族公社的老幼病残成员的住所，兼作氏族成员聚会的场所。姜寨遗址的总面积约5万平方米，居住区近2万平方米，有5组建筑群环绕中心广场，每组都是由若干小住房环绕一座大房子。北首岭遗址约6万平方米，居住区约2万平方米，也设有中心广场，整个聚落发现两座大房子。总之，住房围绕中心广场布置，大房子面向广场或在成组小型住房的中央,这几乎成为当时原始公社居住区的一种典型布局。这一时期,如半坡、姜寨所见,在居住区的周围还有壕堑环绕,这种防御性的设施兼作雨水的排放沟。半坡的壕堑宽、深各5～6米,壕底发现有残存的桩木,推测跨堑可能架有木桥,以便居住区内外的交通。

龙山文化时期的聚落布局有了明显的变化。从汤阴白营、安阳后冈、石楼岔沟和武功赵家来等遗址来看,此时已没有仰韶文化时期聚落那种居住址与陶窑场的明确分区,陶窑多分布在居住区内,这似乎反映了以父系家庭为单位的生产方式。同时,住房内常设窖藏,这或许意味着对家庭私有财产的守护。另外,居住区已不见中心广场的布置,住房多呈圆形,有的两三座在一起,屋门可以相互呼应,其中有的住房开有两门更便于互相联系,这可能同属一个人口较多的家庭居住。

2. 穴居、半穴居、地面建筑

现已发现的保存较好的新石器时代穴居、半穴居和地面建筑遗迹,集中在黄河流域的中、上游。这一带广阔而丰厚的黄土层主要为马兰黄土,其地质构造为大孔性并呈垂直节理,既易于挖掘又能长期壁立而不塌陷,很适于横穴和竖穴的制作。在母系氏族公社进入农耕为主的经济社会,从而在生活上提出定居要求之后,穴居在黄土地带遂成为主要的居住形式而得以很快发展。黄土地带的穴居当始于横穴居址。黄土阶地断崖提供了制作横穴的理想地段。横穴具有以下优点:横穴纯系掏挖出来的空间,不需要较为复杂的增筑技术,容易制作;其保持了黄土的自然结构,比较牢固安全;它不但可以满足遮阴蔽雨的要求,而且由于为较厚的土地所覆盖,所以有很好的防寒避暑的功能。因此其原型一直被保留下来,并得以不断改进而延续到现代,成为这一地带民间常见的居住形式——窑洞。

目前所发现的最古老的横穴居址在山西石楼岔沟遗址,其中一座为仰韶文化遗存,余属龙山文化。这批横穴遗迹保持着早期形式,其平面呈方圆形,入口缩小,火塘设在中央。龙山文化的横穴中,还掏有贮藏之用的小横穴。在断崖上掏挖横穴的技术进一步发展,即可在陵阜坡地上营穴,这种洞穴的制作,需要斜下掏挖才能保证不塌,这样便开始了向竖穴居址的过渡。竖穴为口小膛大的袋型,故又称袋穴。仰韶文化的河南偃师汤泉沟遗址6号坑,提供了成熟的有固定顶盖的袋穴实例,其用树木枝干扎结骨架,用植物茎叶和泥土覆盖制成袋穴顶盖。随着制作技术的发展,其形体不断加大,以至无须把竖穴挖得很深即可获得足够的空间,这样便产生了半穴居的形式。在河南密县莪沟、河北武安磁山和甘肃秦安大地湾等处,都发现有公元前五六千年的半穴居房子。初期穴壁内收,仍遗留脱胎于袋穴的痕迹,如大地湾371号房子。到仰韶文化时,大部分已改进为直壁,如半坡21号房子(图1-1-3)。半穴居顶盖构筑技术成熟,便有了穹庐式屋的发明。山西芮城东庄遗址201号房子的复原,提供了仰韶文化穹庐屋的实例。它属于原始地面建筑的一种形式,在平地环形埋设细长的树木枝干,顶端扎结构成穹庐骨架,上覆茅草之类。成熟的穹庐屋可以半坡6号房子为代表,它具有内柱和屏蔽隔墙以及涂泥屋面。依据其遗迹所做的复原,可由陕西户县出土的仰韶文化陶制穹庐屋模型得到佐证。由于穹庐骨架的选料有很大局限性,进一步发展,遂将浑然一体的围护构件,改进为一部分直立、一部分倾斜的两种杆件扎结成的屋架,直立部件是墙体,倾斜部件是屋盖。初期沿袭半穴居结构的概念,墙体不高,入口仍开在屋盖上,陕西武功游凤出土的仰韶文化陶屋模型和半坡39号房子即此类。再进一步发展,则形成半坡3号房子(圆形)(图1-1-4)及24号房子(方形)(图1-1-5)那样的成熟形式,即在较高墙体上架设斜坡屋盖,入口开在墙上。武功游凤出土的仰韶文化的出檐、有囱的圆形陶屋,江苏邳县大墩子出土的大汶口文化的有后窗的方形陶屋模型等都属此类。

第1章 中国建筑历史文脉

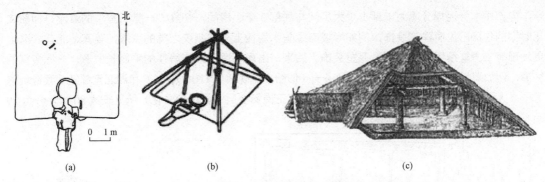

图 1-1-3　仰韶文化的半穴居方形房子（半坡遗址 21 号房子）
（a）平面图；（b）构架示意图；（c）复原图

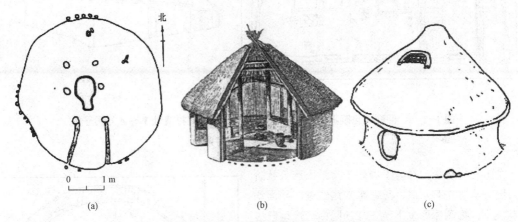

图 1-1-4　仰韶文化的半穴居圆形房子（半坡遗址 3 号房子）
（a）平面图；（b）构架示意图；（c）复原图

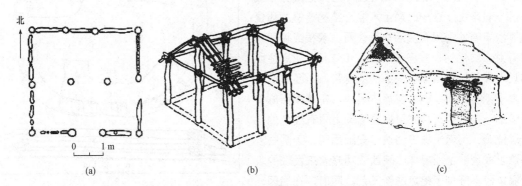

图 1-1-5　仰韶文化的长方形房子（半坡遗址 24 号房子）
（a）平面图；（b）构架示意图；（c）复原图

上述的半穴居房子以及初期地面建筑，大约都是母系氏族的对偶住房，不论圆形或方形，面积一般多在 9～36 平方米。半坡住房内部的使用情况是：一般在门内右侧（南向屋则为西南隅）设卧寝，有的这部分居住面高出 10 余厘米，坚硬光滑，略似"土炕"。门内左侧储存炊具杂物。南向屋的东北隅，中央火塘后部一带，面向入口，光线较好，是炊事、进餐的地方，因此有的火塘北面设置拦护坎墙，以免近火操作时灼烤衣着。与母系对偶住房同时存在的大房子，空间体量为全聚落之冠。半坡大房子经复原的面积约 160 平方米，4 个中柱直径近 0.5 米，外围泥墙高约 0.5 米，厚 0.9～1.3

米,内部由木骨泥墙分隔为前部1个大房间与后部3个小房间,初具"一堂三室"的雏形。仰韶文化时期的住房已见有建筑装饰,例如半坡卤缘防水泥棱上有锥刺纹之类的点缀,姜寨、北首岭遗址更发现有二方连续图案的几何形泥塑装饰。后来,出现了适于家族居住的平面长方形、一栋多室的房屋,例如郑州大河村遗址的1~4号房子(仰韶文化晚期)(图1-1-6)和湖北宜都红花套遗址的房子(大溪文化)。进一步则发展为河南淅川下王岗第5层(屈家岭文化)所见长达80米,分为29间、17个单元的长屋形式。

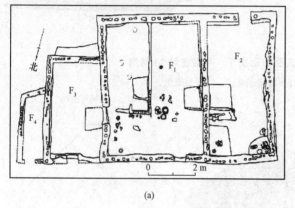
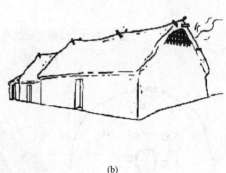

(a) (b)

图1-1-6 仰韶文化晚期的一栋多室地面建筑(大河村遗址1~4号房子)
(a)平面图;(b)复原图

龙山文化阶段,社会发展处于父系氏族公社阶段。西安客省庄有双联、三联半穴居遗迹,平面均不甚规则,推测体形也不端正。汤阴白营遗址已被揭露的部分,发现40多座圆形房子,门大部分朝南,有的设两门,邻屋相互呼应,可知是成组布置的。一般来说,这一时期土木混合结构建筑的质量提高,普遍发现用石灰涂抹居住面、墙根或墙裙。河南龙山文化的一些房子(图1-1-7)白灰居住面的灶地外围,还用颜色勾描一圈宽带。山西襄汾陶寺发现刻有几何纹的白灰墙皮残块。宁夏固原麻黄剪子的一座齐家文化方形房屋墙壁上更有红色的几何形壁画。河南永城王油坊、安阳后冈、汤阴白营等遗址发现的土坯墙体,陕西武功赵家来发现的版筑墙体,均开创了建墙的新工艺。同时,在后冈、王油坊还发现在墙基内和柱基下埋放儿童、成人的现象,推测其属于奠基牺牲。值得注意的是,山东龙山文化的日照东海峪遗址,新出现了在夯土台基

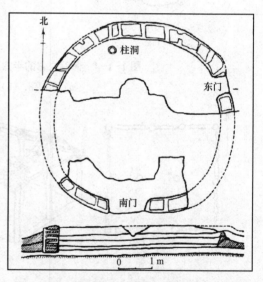

图1-1-7 河南龙山文化的土坯墙白灰面圆形房子(后冈遗址12号房子)
上 平面图;下 剖面图

上营造的地面房屋建筑,标志着建筑工程上的突出发展。内蒙古包头阿善遗址第三期遗存,年代约与龙山文化时期相当,发现了地面起建的石墙房址以及环绕居住区的石砌围墙,这是原始建筑的又一新成就。此外,在辽宁喀左东山嘴遗址发现了方坛、圆坛遗迹,并出土了陶塑女像残片和玉器等遗物;在建平牛河梁还发现有性质类似的房屋建筑遗迹。这是前所未见的原始宗教祭祀遗存,有的遗迹或可径称为原始宗教的坛庙。

3. 干栏式建筑

《礼记·礼运》在追述原始住房情况时说:"昔者先王未有宫室,冬则居营窟,夏则居橧巢。"由此可知在穴居的同时,也曾有巢居。早期的巢居是借助自然树木架屋,即《韩非子·五蠹》中所谓"构木为巢",关于这一点象形文字提供的佐证。但树上的巢居不可能再有遗存,仅有民族学材料可供参考。现在考古发现的已属进一步发展的形式,即栽立柱桩、架空居住面的房屋,后世称作"干栏",原系西南少数民族语音,汉语可称为"栅居"。这种架空居住面的木结构建筑,通风和防潮都比较好,适于气候炎热和地势低下潮湿的地带居住,在中国长江流域及其以南地区长期存在。目前发现的最早干栏实例见于河姆渡遗址第4文化层遗留大批公元前5000年左右的干栏长屋遗物。建筑主要使用木材,包括桩、柱、大梁、地板、席箔(或席壁)以及树皮屋面等。从桩木布置来看,一座干栏建筑的残长就有25米,进深约7米,前檐有1.3米宽的走廊。出土的木构件上带有榫卯,而且梁头榫上还有销钉孔,同时发现了企口板。许多构件有重复利用的迹象,说明使用木结构已有相当长的历史。

※ 1.2 夏、商、周时期的建筑

公元前21世纪,夏王朝的建立标志着中国历史从此进入了奴隶社会。从原始社会末期到夏商时期,古代建筑艺术虽然已经得到了长足的发展,但仍没走出"茅茨土阶"的阶段。这一时期的建筑开创了中国宫殿建筑的先河,并出现了"前堂后室"的划分,建造工艺的夯土技术也趋于成熟。

1.2.1 夏朝建筑

夏朝处于新石器时代的晚期和青铜时代的早期。夏朝人活动的范围大体在黄河中下游,其中心在今河南西北部和山西西南部。夏朝的生产力水平不断发展,据历史记载,夏朝人已经开始使用铜器,并有计划地使用土地,还掌握了基本的天文历法知识。人们不再听从自然摆布,初步懂得了开挖沟渠以排泄洪水,从而保障生命安全,以及进行灌溉可确保农业丰收。

根据学者考证,夏朝文明已经脱离了彩陶文化,进入龙山文化中的黑陶文化,由于烧陶技术的进步,夏朝统治时,陶窑四处林立,制造出大量的精美黑陶。正是这些高超的制陶技术,间接推动了房屋建材的大改革,也推动了夏朝建筑的发展。砖瓦的出现,是住屋材料的"划时代改革",在夏朝之前,不论是半穴居、干栏屋或者黄帝发明的合宫,其屋顶皆以茅草混合树叶、草茎土或黏土做成,其材料并不能完全有效阻隔风雨霜雪的侵袭,且室内空气质量也变得较差。这些缺点在砖瓦建材发明后被完全改善,根据《古史考》记录"夏禹时,乌曹作'砖'",《本草纲目》记录"夏桀,始以泥坯烧作'瓦'"可得,砖瓦在夏朝已被使用在建筑上。与此同时,夏朝的建筑还有一个重大成就,就是建造城池与开凿沟洫。城池有御敌护城之作用,沟洫有给水排水之功能,这些功能,实为现代化城市建设之先驱。

据推测,河南偃师西南的二里头遗址(图1-1-8)是夏末都城斟鄩所在,其中1号宫殿的遗址被确定为夏朝的宫殿建筑遗址,是目前我国发现最早的规模较大的木架夯土建筑和庭院遗址。

二里头遗址反映了中国早期庭院的面貌。宫殿基址位于二里头遗址中部,高出自然地面80厘米,是一个近似方形的黄土夯筑而成的台基。台基东西长108米,南北宽100米,沿台基的四周有一圈回廊,回廊南、北两面有复廊,回廊东、西两侧是单面半开敞式廊子。南廊正中有九开间的缺口,估计是整组建筑群的入口大门。在台基的北端正中部,又有一块长36米,宽25米的长方形台面，这是殿堂的基座，基座上有一圈柱穴，底部都垫有卵石为柱础。根据文献记载可以推测这是一座面阔八间、进深三间，木骨为架，草泥为皮，四坡出檐的大型木构宫殿建筑。在这座建筑的大门外东西两侧，有一圈廊庑式建筑，廊庑采用木骨泥墙的做法，其形状的设置既隔绝宫廷内外，又突出中间殿堂这一主体建筑。总而言之，堂、庑、庭、门等单位建筑合成一组，共同构成了这座主次分明、分布严谨、颇为壮观的宫殿建筑。

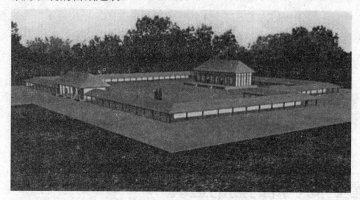

图 1-1-8　二里头遗址复原图

1.2.2　商朝建筑

商朝始于成汤，终于辛纣，最后为周所灭，前后经历 500 余年。"商"本来是族名，因为后来迁都于殷，所以商朝也叫殷朝、殷商等。商朝出现了我国最早的文字——甲骨文，我国开始有了文字记载的历史，已发现的记载当时史实的商朝甲骨卜辞已有 10 余万片。大量的商朝青铜礼器、生活用具、兵器和生产工具，反映了青铜工艺已达到了相当纯熟的程度，手工业专业化分工已很明显。手工业的发展、生产工具的进步以及大量奴隶劳动的集中，使建筑技术水平有了明显提高。

《考工记》和《韩非子》中都记载先商宫殿是"茅茨土阶"式。商代曾多次迁都，早期的有河南偃师尸沟乡商城遗址（图 1-1-9、图 1-1-10、图 1-1-11）、湖北黄陂盘龙城遗址（图 1-1-12）、河南郑州商城遗址。1983 年在河南偃师二里头遗址以东五六千米处的尸沟乡发现的一座早商城址，

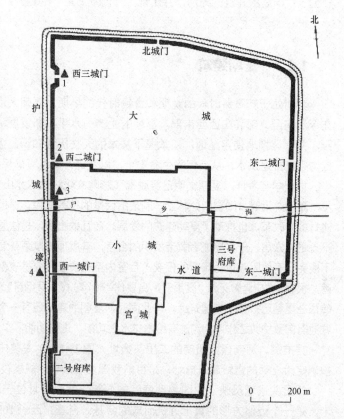

图 1-1-9　偃师商城西城墙发掘位置示意图
1. 西三城门；2. 西二城门；3. 西城墙中段转折处；4. 西一城门外

由宫城、内城、外城组成。宫城位于内城南北轴线上，外城则是后来扩建的。宫城中已发掘的宫殿遗址上下叠压三层，都是庭院式建筑，其中主殿长达90米，是迄今所知最宏大的早商单体建筑遗址。在郑州商代遗址中发现，夯土城垣周长近7千米，城北东北部有夯土的大面积宫殿遗址，夯层匀平，可见在商朝时期，夯土技术已达到成熟阶段。晚期的有河南安阳小屯村的殷墟。

图1-1-10　偃师商城遗址第四号宫殿基址平面图　　图1-1-11　偃师商城遗址第四号宫殿建筑复原图

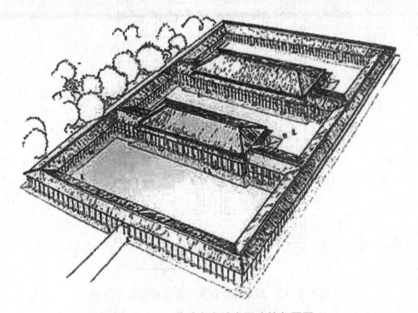

图1-1-12　黄陂盘龙城宫殿建筑复原图

1.2.3　西周建筑

西周洛邑王城位于今河南洛阳，遗址已荡然无存，只能依《考工记》及其他文献大致推测。《考工记》载："匠人营国，方九里，旁三门。国中九经九纬，经涂九轨，左祖右社，前朝后市，市朝一夫。"宫殿位于王城中央最重要的位置，将太庙和社稷挟于左右，说明西周时君权已凌驾于族权、神权之上，中国宫殿的总体格局已大体初定。

已发掘周朝建筑基址有山西岐山凤雏和扶风召陈二处。在山西岐山与扶风两县之间的周原是周朝的发祥地和早期都城遗址。周人自古迁至周原，此处一直是早周都邑。武王灭商后，将周原分封给周、召二公做采邑。在贺家村北，包括董家、凤雏村、朱家在内有一座周城遗址，云塘村亦有四方周城一座。

1. 凤雏建筑基址

凤雏建筑基址有两组：凤雏甲组（图1-1-13）西周早期宫室建筑基址，该址发掘于1976年，基址位于京当乡凤雏村西南，是目前我国西周考古发现的一处最完整的群体建筑。建筑坐北朝南，面积1469平方米，是一座高台建筑。建筑分前后两进院落，沿中轴线自南而北布置了广场、照壁、门道及其左右的塾、前院、向南敞开的堂、南北向的中廊和分为数间的室（又称寝）。中廊左右各有一个小院，室的左右各设后门。三列房屋的东、西各有处于南北方向的分间厢房，其南端突出塾外，在堂的前后，东西厢和室的向内一面有支廊可以走通，整体平面呈日字形。此处建筑的墙用黄土夯筑而成，一般厚0.58～0.75米。墙表与屋内地面均抹有以细砂、白灰、黄土混合而成的"三合土"。墙皮厚0.1厘米，表面坚硬，光滑平整。从基址上的堆积物推测，屋顶结构可能是采用立柱和横梁组成的框架，在横梁上承檩列椽，然后覆盖以芦苇把，再抹上几层草秸泥，厚7～8厘米，形成屋面，屋脊及天沟用瓦覆盖。此外这组建筑还附有排水设施。乙组基址位于甲组西侧，坐北朝南，墙内发现有柱础石，建造结构与甲组宫殿相同。

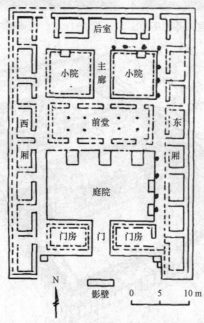

图1-1-13　岐山凤雏西周甲组宫殿基址平面图

凤雏宫室建筑基址恰在城内中心部位，即小盂鼎铭"王格周庙"之周庙，亦即先周之京宫；古城即先周京都岐邑。岐山宫殿是中国已知最早最完整的四合院，已有相当成熟的布局水平。堂是构图主体，最大，进深达6米，堂前院落也最大，其他房屋进深一般只达到它的一半或稍多，院落也小，室内和院落一般都有合宜的平面关系和比例。室内外空间通过廊作为过渡联系起来。各空间和体量有较成熟的大小、虚实、开敞与封闭及方位的对比关系。这种四合院式的建筑形式规整对称，中轴线上的主体建筑具有统率全局的作用，使全体具有明显的有机整体性，合成大小不同的群体的布局，是中国古代建筑最重要的群体构图方式，得到长久的继承。

2. 召陈建筑基址

召陈建筑基址（图1-1-14）已发掘出15座，布局不按中轴对称，总体规划不甚严谨。其中规模较大，保存较好的是3号、5号和8号。3号基址也是一座夯土高台建筑，台基高出当时地面0.7米左右，东西长22米，南北宽14米。东西有7排柱础，南北纵列5～6个柱础。2号房基的东边和南边保存有用小鹅卵石铺成的散水，宽0.6米。遗址中出土了大量的瓦，种类分为板瓦、筒瓦和瓦当三种。板瓦和筒瓦又分为大、中、小三型。板瓦的正面饰细绳纹，筒瓦的正面饰三角纹和回纹。有些板瓦和筒瓦正面和背面带有固定位置的瓦钉或瓦环1～2个。瓦当均呈半圆形，分素面和花纹两种，花纹一般为菊花纹和回纹。

目前学术界对这两处建筑基址的年代和性质在认识上还未达成一致。一种意见认为它们应始建于周初，毁于犬戎战火，是周人的宗庙或宫殿建筑。另一种意见认为两者都属于西周中晚期，很可能是当时贵族的住宅。

图1-1-14　召陈建筑基址复原图

1.2.4　春秋建筑

春秋时期，由于铁器和耕牛的使用，社会生产力水平有很大的提高，贵族的私田大量出现，奴隶社会的井田制日益崩解，封建生产关系开始出现，手工业和商业随之也相应发展，相传著名木匠公输班（鲁班），就是春秋时期涌现的匠师。春秋时期，建筑上的发展是瓦的普遍使用和作为诸侯宫室用的高台建筑（或称台榭）的出现。在高大的夯土台上再分层建造木构房屋已经成为宫殿建筑的新风尚。这种土木结合的方法，外观宏伟，位置高敞，非常符合宫殿的目的要求。遗留至今的台榭夯土基址还很多。

从山西侯马晋故都、河南洛阳东周故城、陕西凤翔秦雍城遗址中，还出土了长36厘米、宽14厘米、高6厘米的砖以及质地坚硬、表面有花纹的空心砖（两者均为青灰色砖）。说明中国早在春秋战国时期就已经开始了用砖的历史。

春秋时期存在着大大小小一百多个诸侯国。各诸侯国的经济不断发展，生产水平逐步提高，能维持不断增长的城市人口的消费，而财富也集中于城市中，再加上各诸侯国之间战争频繁，用夯土筑城自然成为当时一项重要的防御工程。同时，各诸侯国出于政治、军事统治和生活享乐的需要，建造了大量高台宫室，一般是在城内夯筑高数米至十几米的土台若干座，上面建殿堂屋宇。如侯马晋故都新田遗址中的夯土台，面积75米×75米，高7米多，而今高台上的木架建筑已不存在。随着诸侯日益追求宫室华丽，建筑装饰和色彩更为发展，如《论语》描述的"山节藻棁"（斗上画山，梁上短柱画藻纹），《左传》记载的鲁庄公"丹楹"（红柱）、"刻桷"（刻椽），就是例证。

春秋时期社会生产力发展引起社会变革，到战国时，地主阶级在许多诸侯国内相继夺取政权，宣告奴隶时代的结束。地主阶级夺取政权后，进一步改变所有制，其中秦国经过商鞅变法，一跃成为强国，经过战争，终于攻灭六国，统一全国，建立了我国历史上第一个中央集权的封建国家。

1.2.5 战国建筑

战国时期，奴隶社会结束、封建社会开始。社会生产力的进一步提高和生产关系的变革，促进了封建经济的发展。

春秋以前，城市仅作为奴隶主诸侯的统治据点而存在，手工业主要为奴隶主贵族服务，商业不发达，城市规模小。战国时期，城市发展达到一个高潮。手工业、商业发展，城市繁荣，其规模日益扩大，诸侯国势力发展，各国纷纷大力建设都城，出现了一个城市建筑的高潮，如齐国的临淄、赵国的邯郸、魏国的大梁，都是工商业大城市，又是诸侯统治的据点。据记载，当时临淄的居民达到 7 万户，街道上车轴相击，人肩相摩，热闹非凡（《史记·苏秦列传》）。根据考古发掘得知，战国时齐故都临淄城南北长约 5 千米，东西宽约 4 千米，大城内散布着冶铁、铸铁、制骨等作坊以及纵横相交的街道。大城西南角有小城，其中夯土台高达 14 米，周围也有作坊多处。

农业和手工业进步的同时，建筑技术也有了巨大发展，特别是铁质工具——斧、锯、锥、凿的应用，促使木架建筑施工质量和结构技术大为提高。筒瓦和板瓦在宫殿建筑上广泛使用，并出现了在瓦上涂上朱色的做法。装修用的砖也出现了。尤其突出的是在地下所筑墓室中，用长约 1 米，宽三四十厘米的大块空心砖做墓壁和墓底，墓顶仍用木料做盖。

※ 1.3 秦汉建筑

秦汉建筑在商周已初步形成的某些重要艺术特点的基础上发展而来，秦汉的统一促进了中原与吴楚建筑文化的交流，建筑规模更为宏大，组合更为多样。秦汉建筑类型以都城、宫殿、祭祀建筑（礼制建筑）和陵墓为主，到汉末，又出现了佛教建筑。都城规划由西周的规矩对称，经春秋战国向自由格局骤变，又逐渐回归于规整，到汉末以邺城为标志，已完成了这一过程。宫殿结合宫苑，规模巨大。祭祀建筑是汉代的重要建筑类型，其主体仍为春秋战国以来盛行的高台建筑，呈团块状，取十字轴线对称组合，规模巨大，形象突出，追求象征含义。

1.3.1 秦朝建筑

秦始皇统一全国后，一方面大力改革政治、经济、文化，统一货币和度量衡，统一文字，这些措施对巩固统一的封建国家起了一定积极作用；另一方面，又集中全国人力、物力与六国技术成就，在咸阳修筑都城、宫殿、陵墓。历史上著名的阿房宫、骊山陵，至今遗址犹存。

1. 宫殿建筑

秦始皇时咸阳城不断扩建，据记载，他每灭亡一个国家，就在咸阳附近按该国宫殿图样建造一处宫殿（即六国宫）。统一六国后，为防止叛乱，其又将各国富户集中在咸阳，原有城市容纳不下，就在渭水南岸新建阿房宫。阿房宫规模宏大，穷奢极侈（图 1-1-15）。

2. 陵墓建筑

秦始皇为了安排身后的归宿，还大肆修筑陵墓。他为自己精心设计的坟墓——骊山陵（图 1-1-16），自他 13 岁即位起便开始修筑，被征召修筑骊山陵园的民夫最多时达 70 多万人，陵墓主要材料都运自四川、湖北等地，但直到公元前 210 年他病死时尚未修完，后由秦二世接着修了两年才勉强竣工,前后历时39年。始皇陵在临潼县东5千米处,背靠骊山,脚蹬渭河,左有戏水,右有灞河,南产美玉,北出黄金,真乃风水宝地。陵园呈东西走向,面积近8平方千米,有内城和外城两重,围墙大门朝东。墓冢位于内城南半部,呈覆斗形,现高76米,底基为方形。据推测,秦始皇的"陵寝"应在陵墓的后面,即西侧。据《史记·秦始皇本纪》载:墓室一直挖到很深的泉水以后,然后用铜烧铸加固,放上棺椁。墓内修建有宫殿楼阁,里面放满了珍奇异宝。墓内还安装有带有弓矢的弩机,若有人开掘盗墓,触及机关,将会成为后来的殉葬者。墓顶有夜明珠镶成的天文星象,墓室有象征江河大海的水银湖,具有山水九州的地理形势。还有用人鱼膏做成的灯烛,欲求长久不息。安葬完毕后,秦二世下令将宫内无子女的宫女和修建陵墓的工匠全部埋入墓中殉葬。后人对司马迁充满神奇色彩的记载一直半信半疑,但从近几十年的考古成果中发现,司马迁的记载基本是可信的。在皇陵东面还发现了举世闻名的大型兵马陶俑坑,内有武士俑约7 000个、驷马战车100多辆、战马100余匹,以及数千件各式兵器,被誉为"世界第八大奇迹"。

图1-1-15 阿房宫复原鸟瞰图　　　　　　图1-1-16 骊山陵

3. 防御及交通工程

(1)长城。长城原是战国时期燕、赵、秦诸国加强边防的产物。当时,居于中国北部大沙漠的匈奴时时南侵,为了对付这种侵扰,北方各国便各自筑城防御。秦时始皇帝派大将蒙恬率三十万大军北伐匈奴,又将原来燕、赵、秦三国所建的城墙连接起来,加以补筑和修整。补筑的部分超过原来三国长城的总和,长城"起临洮(今甘肃岷县),至辽东,延袤万余里",是古代世界上最伟大的工程之一(图1-1-17)。

图1-1-17 秦长城示意图

(2) 驰道与沟渠。秦朝建设还包括修驰道、筑沟渠。秦时的驰道东起山东半岛,西至甘肃临洮,北抵辽东,南达湖北一带,主要线路宽达五十步,道旁植树,工程十分浩大,是筑路史上的杰出成就,加上其他水陆通道,形成了全国规模的交通网;疏浚鸿沟(河南汴河)作为水路枢纽,通济、汝、淮、泗诸水。公元前214年,秦始皇令史禄监修长达30多千米的灵渠,沟通了湘、漓二水。

1.3.2 汉朝建筑

暴虐的秦王朝被推翻后,取而代之的是由汉高祖刘邦所创立的汉朝。经过西汉初年的休养生息,华夏大地又重现了往日的安宁与欢笑——中国自此进入了一个相对长的繁荣时期。两汉时期可谓中国建筑青年时期,建筑事业极为活跃,史籍中关于建筑的记载颇丰,建筑组合和结构处理上日臻完善,并直接影响了中国两千年来民族建筑的发展。然而由于年代久远,至今没有发现一座汉朝木构建筑。但有关这一时期建筑形象的资料却非常丰富,汉朝屋墓的外廊或是庙堂、外门、墓内庞大的石柱、斗拱,都是对木构建筑局部的真实模拟,寺庙和陵墓前的石阙都是忠实于木构建筑外形雕刻的,它们表现出木结构的一些构造细节。但这些"准实例"唯一的不足之处是无法显示室内或内部构造。但大量的汉朝画像砖、画像石和明器,对真实建筑的形象、室内布置,以及建筑组群布局等方面都做出形象具体的补充。根据这些,人们对汉朝建筑的认识才充实丰富起来。

汉朝是中国古代建筑的第一个高峰。此时高台建筑减少,多屋楼阁大量增加,庭院式的布局已基本定型,并和当时的政治、经济、宗法、礼制等制度密切结合,足以满足社会多方面的需要——中国建筑体系已大致形成。

1. 宫殿

汉长安城遗址(图1-1-18)位于西安龙首塬北坡的渭河南岸汉城乡一带,距今西安城西北约5千米。其作为都城的历史近350年,实际使用年代近800年,是中国古代最负盛名的都城,也是当时世界上最宏大、繁华的国际性大都市。公元前202年,高祖刘邦在秦兴乐宫的基础上营建长乐宫,揭开了长安城建设的序幕。公元前199年,丞相萧何提出"非壮丽无以重威",营建未央宫,立东闹、北闹、前殿、武库、太仓。惠帝三年、五年筑长安城墙,六年建西市。武帝元朔五年,在城南安门外建太学。元鼎二年修柏梁台。太初元年,在城西上林苑修建章宫,其东修凤阙,高20余丈①;其北开凿太液池,中有蓬莱、方丈、瀛洲、壶梁,并建神明台、井干楼,高50余丈。太初四年又在长乐宫北建明光宫。至此,西汉长安城规模初定。平帝元始四年,在长安城南修建明堂、辟雍,从而结束了西汉王朝对其都城的营建。王莽篡位后下令拆除汉上林苑中建章、承光、包阳、大台、储元宫等10余处建筑,将所得材料在城南营建新朝九庙,耗资数百万,卒徒死亡近万人。光武帝灭莽后东汉建立,刘秀修建高庙和西汉十一陵,并修长安宫室。

汉长安城三大宫之一的长乐宫位于城东南,周长约10千米,面积约6平方千米,占汉长安城面积的1/6,宫内共有前殿、宣德殿等14座宫殿台阁。未央宫(图1-1-19)位于城西南,始终是汉代的政治中心,史称西宫,其周长约9千米,面积约5平方千米,占城面积1/7,宫内共有40多个宫殿台阁,十分壮丽雄伟。建章宫是一组宫殿群,周长10余千米,号称"千门万户"。汉长安城以其宏大的规模、整齐的布局而载入都城发展的史册,汉朝以后,虽还有几个小王朝建都于此,但长安城永远失去了盛汉时的光彩。

---

① 1丈=3.333 3米。

第1章 中国建筑历史文脉

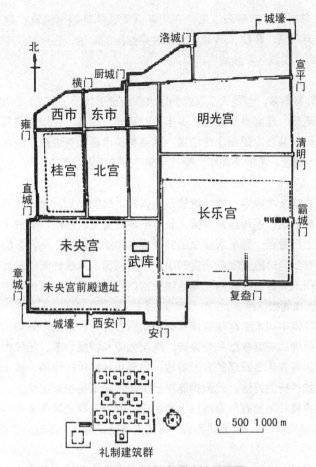

图 1-1-18 汉长安城遗址平面图

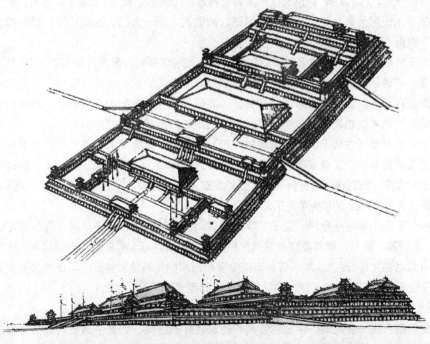

图 1-1-19 陕西西安汉长安城未央宫遗址前殿复原设想图

东汉初期，光武帝刘秀定都洛阳以后，在周朝成周城的基础上修筑扩建起一座更大规模的都城，自此这座城市作为东汉、曹魏、西晋、北魏时期全国的政治、经济和文化中心长达330多年之久，学术界将它概称为"汉魏洛阳故城"。

2. 陵墓

汉陵基本上和秦陵差不多，也是人工筑起的巨大四棱锥形坟丘（上方）。坟丘上建寝殿供祭祀，周以城垣，驻兵，设苑囿，迁富豪成陵邑，多半死前筑陵，厚葬，并以陶俑殉。东汉时废陵邑，但坟前立碑、神道、墓阙、墓表，使纪念性增强。墓结构技术亦大有进步，防水防雾，且出现空心砖墓，砖穹窿，取代了木椁墓。墓的平面布局受住宅建筑影响而渐趋复杂。

3. 楼阁

西汉末叶，台榭建筑渐次减少，楼阁建筑开始兴起。战国以来，大规模营建台榭宫殿促进了结构技术的发展，有迹象表明已逐渐应用横架。长时期建造阁道、飞阁，促进了井干和斗拱构造的发展，在许多石阙雕刻上已看到一种层层叠垒的井干或斗拱结构形式。从许多壁画、画像石上描绘的礼仪或宴饮图中可以看到当时殿堂室内高度较小，不用门窗，只在柱间悬挂帷幔。文献所记西汉宫殿多以辇道中相属，而未央宫西跨城做飞阁通建章宫，可见当时宫殿多为台榭形制，故须以阁道相连属，甚至城内外也以飞阁相往来。

木构楼阁的出现可谓中国木结构建筑体系成熟的标志之一。东汉中后期的墓中，炫耀地主庄园经济以及依附农民、奴婢的成套模型和画像砖、陶制楼阁和城堡、车、船模型大量出土，具有明显的时代特征。明器中常有高达三四层的方形阁楼，每层用斗拱承托腰檐，其上置平坐，将楼划分为数层，此种在屋檐上加栏杆的方法，战国铜器中已见，汉朝运用在木结构上，满足遮阳、避雨和凭栏眺望的要求。各层栏檐和平坐有节奏地挑出和收进，使外观稳定又有变化，并产生虚实明暗的对比，创造出中国阁楼的特殊风格，南北朝盛极一时的木塔就是以此为基础建造的。

4. 阙

阙是我国古代在城门、宫殿、祠庙、陵墓前用以记官爵、功绩的建筑物，用木或石雕砌而成。一般是两旁各一阙，称"双阙"；也有在一大阙旁再建一小阙的，称"子母阙"。古时"缺"字和"阙"字通用，就是由于把两阙之间的空缺作为道路。阙的用途表示大门，城阙还可以登临瞭望，因此也有把"阙"称为"观"的。

现存的汉阙都为墓阙。高颐阙位于四川省雅安市城东汉碑村，是我国现存30座汉代石阙中较为完整的一座。它建于东汉，是东汉益州太守高颐及其弟高实的双墓阙的一部分。东西两阙相距13.6米，东阙现仅存阙身，西阙即高颐阙保存完好。高颐阙由红色硬质长石英砂岩石堆砌而成，为有子阙的重檐四阿式仿木结构建筑，其中上下檐之间相距十分紧密。阙顶部为瓦当状，脊正中雕刻一只展翅欲飞、口含组绶（古代玉佩上系玉用的丝带）的雄鹰；阙身置于石基之上，表面刻有柱子和额枋，柱上置有两层斗拱，支撑着檐壁。檐壁上刻着人物车马、飞禽走兽。高颐阙造型雄伟，轮廓曲折变化，古朴浑厚，雕刻精湛，充分表现了汉朝建筑的端庄秀美。它经历1 700多年的风雨剥蚀和地震仍巍然屹立，亦反映出汉时精湛的工艺水平。

冯焕阙位于四川渠县赵家坪，建于东汉，是四川现存诸阙中时代最早者。现仅存左阙主阙。通高4.6米，由台基、阙身、楼部及顶盖四部分构成，用灰黄砂石五层垒砌，形似楼阁式木建筑。阙身正面柱间有隶书铭文两行："故尚书侍郎南京令豫州幽州刺史冯使君神道"。此阙造型典雅，雕刻精炼。冯焕于公元121年遭陷害入狱，卒后始平反，此阙当建于平反之后。

5. 明堂辟雍

"明堂辟雍"是一座建筑，但它包含两种建筑名称的含义，它是中国古代最高等级的皇家礼制建筑之一。明堂是古代帝王颁布政令，接受朝觐和祭祀天地诸神以及祖先的场所。辟雍即明堂外面环绕的圆形水沟，圆形像辟（辟即璧，皇帝专用的玉制礼器），环水为雍（意为圆满无缺），象征王道教化圆满不绝。

西汉元始四年建造的明堂辟雍（图1-1-20），位于长安南门外大道东侧，符合周礼明堂位于"国之阳"的规定。明堂方位正南北，有方形围墙，墙正中辟阙门各3间，墙内四隅各有曲尺形配房1座。围墙外绕圆形水沟，就是所谓的辟雍。四阙门轴线正中为明堂，建在一个圆形夯土基上面。根据遗址结构和一些间接资料，可以推测出它原是一个十字轴线对称的3层台榭式建筑。上层有5室，呈井字形构图；中层每面3室，是明堂（南）、玄堂（北）、青阳（东）、总章（西）四"堂"八"个"即"四向十二室"；底层是附属用房。至于明堂"上圆下方"之说，据现有结构推测，有可能上层中央太室顶上为圆形屋顶，也可能另有所指。中心建筑（即明堂）的尺度，如不计算四面敞廊，每面约合28步（每步6尺，每汉尺0.23米），恰与《考工记》所记"夏后氏世室"即春秋战国时的理想方案相同。

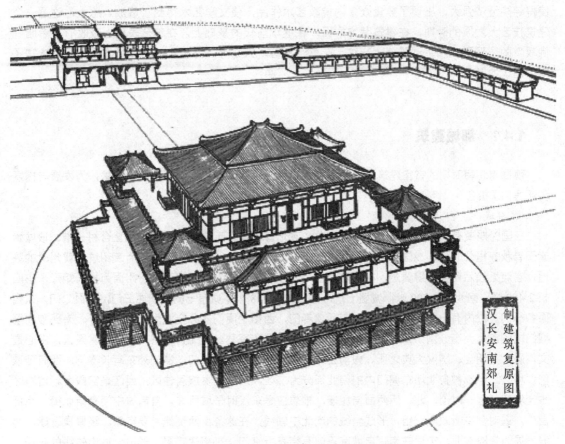

图1-1-20 汉长安南郊明堂辟雍复原图

※ 1.4 魏晋、南北朝建筑

从东汉末年经三国两晋到南北朝这一时期，是我国历史上政治不稳定、战争破坏严重、国家长期处于分裂状态的一个阶段。在这300多年间，社会生产的发展比较缓慢，在建筑上也不及两汉期间有那样生动的创造和革新。但是，佛教的传入引起了佛教建筑的发展，使得高层佛塔出现了，并带来了印度、中亚一带的雕刻、绘画艺术，这不仅使中国的石窟、佛像、壁画等有了巨大发展，而且也影响到中国建筑艺术，使汉朝比较质朴的建筑风格，变得更为成熟、圆淳。

此时期为中国大分裂、大动荡的时代，北方游牧民族南下入侵中原（五胡乱华），与此同时，专制王权衰退，士族势力扩张，特权世袭，形成门阀政治。汉族和游牧民族，游牧民族和游牧民族之间无休止的战争使广大劳动人民的生活十分痛苦，一些地方货币停止使用，华北地区甚至倒退到了自然经济阶段。在这种动荡的环境下，劳动人民生活没有保障，只有在佛教中寻找安慰；各族的统治者们今天可能是一个皇帝，明天也许就会沦为一名俘虏或一个异族的奴隶，于是他们在佛教中求得寄托，同时也看到了佛教的传播对于安定社会起了很大的作用。因此，正如古诗中写到的"南朝四百八十寺，多少楼台烟雨中"，佛道大盛，统治阶级大量兴建寺、塔、石窟等，使得寺院经济强大，出现了数量众多的佛教艺术作品，使文学艺术得到了解放。总之，这是一个建筑技艺大发展的时期，在建筑装饰方面，在继承前代的基础上，在工艺表现上吸收有"希腊式佛教"的表现形式和生动雕刻、饰纹、花草、鸟兽、人物等，乃脱汉时格调，作风创新，丰富了中华建筑的形象。

1.4.1 都城建筑

魏晋南北朝时期的宫室建筑因各政权相互争斗，地点不断变更，于是建设频繁，为发展与探索创新提供了机会。

1. 邺城

三国时期最有代表性的都城是邺城，在今河北省临漳县西南17.5千米处的三台村一带。该城始建于春秋齐桓公时代，战国时属魏国，魏文侯曾派西门豹前往治理。三国初为袁绍统领冀州时的驻地，官渡之战后曹操夺得冀州，在邺城设丞相府，开始进行大规模建设。它平面为横长矩形，东西长2 400米，南北宽1 700米，城墙土筑，基宽15～18米。城有七门，南面三门，北面二门，东西面各一门。城内有一条东西向大街，东通建春门，西接金明门，分全城为南北两部分。南部被南墙城门内的南北大街分割为四区，布置居住的里坊、市和军营。城北为官署，正中即宫殿区，中心是文昌殿，是朝会、国家大典之所。殿前正对端门，端门前有止车门，端门外东有长春门，西有延秋门。城之北半部被自北墙东偏门内的南北街分为二区，东区是贵族居住区，西区是宫殿区。宫殿区占全城四分之一以上，北、西两面倚城墙，推想应是东汉时子城所在。自南城中门有南北街，北抵宫门，遥对宫中听政殿一组，形成全城的南北中轴线。在这条街两侧建主要官署。经曹操改建，邺城发展为宫殿在北，市里在南，自城南正门有街直抵宫门，夹街建官署，形成全城中轴线的布局，开中国古代都城的新模式。

铜雀园（亦名铜爵园）是王家苑囿，园内因城为基修筑了铜雀台（亦名铜爵台）、金虎台、冰井台。铜雀台高10丈，有屋101间；金虎台高8丈，有屋109间；冰井台高8丈，有屋145间，内有冰室，室中有深15丈的深井，藏冰及石墨（即煤），还有粟窖、盐窖，存储物资以备不测。三台以浮桥相连，浮桥以绳固定。邺城在中国都城中首创中轴线与对称布局，又将宫城、官署、民居分开，三台巍然崇举，其高若山，又象征了统治者的政治权威，对其他都城建设有重要示范作用（图1-1-21）。

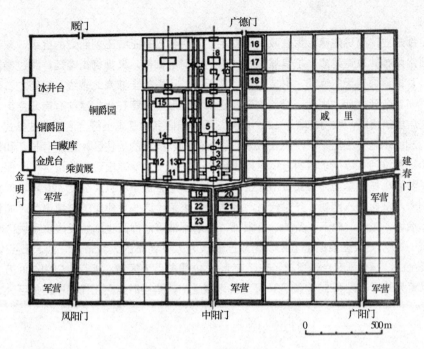

图 1-1-21 曹魏邺城复原图
1. 司马门；2. 显阳门；3. 宣阳门；4. 升贤门；5. 听政殿门；6. 听政殿；7. 温室；8. 鸣鹤堂；9. 木兰坊；10. 楸梓坊；11. 南止车门；12. 延秋门；13. 长春门；14. 端门；15. 文昌殿；16. 大理寺；17. 宫内大社；18. 郎中令府；19. 相国府；20. 奉常寺；21. 大农寺；22. 御史大夫府；23. 少府倾寺

2. 洛阳

魏晋时期的洛阳，乃是西晋和北魏的都城。曹魏立国之初先修北宫和官署，其余仍保持东汉十二城门、二十四街的基本格局。公元227年，魏大举修建洛阳宫殿及庙、社、官署，以邺城为蓝本，正式放弃南宫，拓建北宫，把原城市轴线西移，使其北对北宫正门，在这条大道两侧建官署。又按《考工记》"左祖右社"之说，在大道南段东西分建太庙和太社，北端路旁陈设铜驼。曹魏时还在洛阳城西北角增建突出城外的三个南北相连的小城，称金墉城或洛阳小城，南北长1 080米，东西宽250米，内建宫室，城上楼观密布，严密设防，是受邺城西北所建三台的影响而建的防守据点，是当时战争环境下的产物。洛阳城内的居住区和商业区仍是封闭的里和市。随着魏晋实力的增强，洛阳的城外也出现了市和居住区。西晋统一全国后，洛阳遂成为全国的首都。其特点是宫殿在北面正中，宫门前有南北街直抵城南面正门，夹街建官署、太庙、太社，形成全城主轴线，其余地段布置坊市。由于它是东汉以后统一王朝的首都，故无论是后继者东晋还是北方相继出现的十六国政权，都以它为模式，所建都城都不同程度地效法和比附洛阳。可见，魏晋洛阳对隋以前的中国都城有重要影响。

北魏统治者修复洛阳城及宫殿时没有做大的改动，在城外四周拓建坊市，形成东西20里[①]、南北15里的外郭。北魏洛阳外郭有墙，其内也划分为封闭的矩形的坊和市，并形成方格网状街道。北魏对内城的改造主要是调直街道，把主要官署集中到宫南正门外南北御街铜驼街上，以加强城市的中轴线，突出宫城在城中的重心地位。新建的外郭在坊市方正和规模上都超过两汉的长安和洛阳。北魏洛阳城已荡然无存，但从遗址出土的建筑材料可以想见其建筑物的华丽。另外，从甘肃天水麦积山的壁画中，也可以见到当时北方城市建筑的模样。

---

① 1里=500米。

3. 建康

东晋定都建业，改称建康。为在政治上立足，表明自己是正统王朝西晋的继续，东晋在都城建设上按魏晋洛阳模式改造建康。把宫城东移，南对吴时的御街，又把御街南延，跨过秦淮河上的朱雀航浮桥，直抵南面祭天的南郊，形成正对宫城正门、正殿的全城南北轴线。御街左右建官署，南端临秦淮河左右分建太庙、太社。经此改建，建康城内形成宫室在北，宫前有南北主街、左右建官署、外侧建居里的格局，城门也增为12个，并沿用洛阳旧名，基本上符合洛阳建城模式。建康南迁人口甚多，加上本地士族，遂不得不在城东沿青溪外侧开辟新的居住区。建康有长江和诸水网航运之便，舟船经秦淮河可以从东西两方抵达建康诸市，沿河及水网遂出现一些聚落。为保卫建康，在其四周建了若干小城镇军垒；为安置南迁士民，又建了一些侨寄郡县。公元420年，刘裕代东晋立宋，史称刘宋，从此进入南朝，齐梁代兴，经济更为繁荣。这些环建康的城镇聚落，如石头城、东府、西州、冶城、越城、白下、新林、丹阳郡、南琅琊郡等，周围也陆续发展出居民区和商业区，并逐渐连成一片。史载在梁朝全盛期，建康已发展为人兴物阜的大城市，它西起石头城，东至倪塘，北过紫金山，南至雨花台，覆盖了东西南北各40里的巨大区域，拥有人口约200万。建康未建外郭，只以篱为外界，设有56个篱门，可见其地域之广，是当时当之无愧的中国最巨大、最繁荣的城市。

1.4.2 佛教建筑

这个时期最突出的建筑类型是佛寺、佛塔和石窟。佛教在东汉初就已传入中国，至南北朝时统治阶级予以大力提倡，兴建了大量的寺院、佛塔和石窟。梁武帝时，建康佛寺达500所，僧尼有10万多人。十六国时期，后赵石勒大崇佛教，兴立寺塔。北魏统治者更是不遗余力地崇佛，建都平城（今大同）时，就大兴佛寺，开凿云冈石窟。迁都洛阳后，又在洛阳伊阙开凿龙门石窟。

中国的佛教由印度经西域传入内地，初期佛寺布局与印度相仿，而后佛寺进一步中国化，不仅把中国的庭院式木架建筑用于佛寺建造，而且使私家园林也成为佛寺的一部分。

佛塔是为埋藏舍利，供佛徒绕塔礼拜而作，具有圣墓性质。传到中国后，佛塔缩小成塔刹，和中国东汉已有的各层木构楼阁相结合，形成了中国式的木塔。除木塔外，还有石塔和砖塔。

永宁寺是北魏皇家在洛阳所建最大的寺院。史载永宁寺为平面矩形，四面开门，南门三层，高20丈，形制似魏宫端门，东西门形式与南门极近，但高只有二层。寺内中间有见方14丈的台基，上建九层木塔。塔面阔九间，各开三门六窗，门上皆有朱漆金钉，塔各层四角悬铃，是此期间北魏所建最高大豪华的木塔。塔北有大佛殿，形式似魏宫正殿太极殿，殿内供奉高一丈八尺的金佛。此外，寺中还建有僧房楼观1 000余间。从该寺设南门似魏宫端门、建佛殿如太极殿看，它是典型的宫殿化寺庙。

南北朝时，一些新建的大寺院，如北魏洛阳永宁寺，仍采取以塔为中心，四周由堂、阁围成方形庭院的布局。历史记载中的最大木塔是北魏时建造的洛阳永宁寺塔，高1 000尺，百里以外便能望见。可惜这座塔建成不久便被焚毁了。由于木塔易遭火焚，不易保存，又发展出仿木结构砖塔，并在楼阁式基础上发展出密檐式，还有小型单层的亭阁式。塔的装饰十分华丽，柱子围以锦绣，门窗涂红漆，门扉上有五行金钉，并有金环铺首。考古探查发现，永宁寺塔基础由夯土筑成，约百米见方，上有包砌青石的台基，长宽均为38.2米，高2.2米，周边有石栏杆，四面中部各有一斜坡道。塔身四角加厚成墩，使塔显得十分稳定。塔建在永宁寺内中心，四周包围廊庑门殿，是早期中心塔型佛寺的代表。

自此以后，砖塔逐渐增加，木塔逐渐减少。到10世纪以后，新建的木塔已极为稀有了。中国此时期的木塔已一无所存，唯在日本法隆寺有一座五重木塔（乃隋时高丽僧依魏齐之法所建）和中国云冈石窟内的方形塔柱可为旁证。

中国现存最古老的塔是公元520年建的河南嵩山嵩岳寺的十二角十五层密檐式砖塔（图1-1-22）。此塔造型特殊，砖建密檐式，平面为正十二边形，佛塔中仅见此一座，塔身有用莲瓣做柱头（希腊风格）和柱基的八角柱，有用狮子做主题的佛龛（波斯风格），有火焰形的券间（印度风格），形式十分优美。

图1-1-22 嵩岳寺塔

南北朝时期的寺院作为实物存留的有石窟寺，石窟寺是在山崖上开凿出的窟洞型佛寺。自佛教从印度传入中国后，开凿石窟的风气在全国迅速传播开来，这个时期的石窟以云冈石窟和敦煌早期石窟为代表。中国最早凿建的石窟寺在新疆地区，始于东汉，具有明显的南亚次大陆风格特征。十六国和南北朝时，经由甘肃河西走廊一带传到中原，并向南方发展。中原地区早期石窟的建筑，沿袭南亚次大陆于窟内立塔柱为中心的做法，并明显受到汉化建筑庭院布局影响。例如，4世纪末建成的云冈第六窟，窟室方形，中心立塔柱，四壁环以有浮雕的廊院，北面正中雕殿形壁龛，即是一例。这些石窟中规模最大的佛像都由皇室或贵族、官僚出资修建，窟外还往往建有木建筑加以保护。石窟中所保存下来的历代雕刻与绘画是我国宝贵的古代艺术珍品，这些壁画、雕刻、前廊和窟檐等所表现的建筑形象，是我们研究南北朝时期建筑的重要资料。

1.4.3 园林建筑

魏晋以来，士大夫标榜旷达风流，园林多崇尚自然野致，此时贵族舍宅为寺之风盛行，佛寺中亦多名园。北魏末期贵族们的住宅后部往往建有园林，园林中有土山、钓台、曲沼、飞梁、重阁等，叠石造山的技术亦已提高。三国魏明帝起景阳山于芳林园中，重岩复岭，深溪洞壑，高林巨树，悬葛垂萝，崎岖石路，涧道盘纡，景色自然。于今，陵台城北隅，台城外，并种橘树，其宫墙内则种石榴，其殿庭及三台、三省，悉列植柳树，其宫南夹路，出朱雀门，悉种垂柳与槐也。

因政治动荡,佛道盛行,厚葬之风渐衰,皇陵规模均小,南朝诸陵不起坟,不封土,不植树,亦无台阙,墓饰则精美富于变化,砖石结构更加普遍。胡汉的交流使得国人的起居习惯发生变化,胡床渐渐普及,椅子和凳子传入民间,传统的卧床增高,且附床顶、矮屏及几,屏风也发展出多折多叠式。南北朝时印度、西亚纹样随同佛教艺术传入,线条流畅,活跃飞动,其中莲花、卷草纹和火焰纹的运用最为广泛。

1.4.4 建筑特色

1. 建筑结构

在魏、晋、南北朝三百余年间（220—589年）,中国建筑发生了较大的变化,特别是在进入南北朝以后变化更为迅速。建筑结构逐渐由以土墙和土墩台为主要承重部分的土木混合结构向全木构发展;砖石结构有长足的进步,可建高数十米的塔;建筑风格由古拙、强直、端庄、严肃、以直线为主的汉风,向流畅、豪放、遒劲活泼、多用曲线的唐风过渡。

在魏、蜀、吴三国至东晋十六国这二百年间（220—420年）,建筑技术没有大的进步,南北方的宫殿等大型建筑基本沿袭传统做法。史载东晋建康太庙建于公元387年,长十六间,墙壁用壁柱、壁带加固,可知仍是土木混合结构建筑。当时北方比南方落后,南方如此,则北方可知。

北魏在建都平城的中后期（460—493年）建筑,除了山墙、后墙承重的土木混合结构外,还出现了屋身土墙承重,外廊全用木构架的做法。这在云冈石窟中有很清楚的表现。迁都洛阳后,北魏受中原和江南的影响,摆脱北方地区特色,建筑水平有所提高,进一步向全木构架发展。从龙门北魏石窟中所雕建筑形象可知,这时木构架的形式已发生变化,由一行柱列上托长数间的阑额改为每间一阑额,插入两边柱顶的侧面,同时起拉结和支撑作用,增强了柱网的抗倾斜能力。这时在柱网上又出现由柱头枋、斗拱交搭组合成的水平铺作层,加强了构架的整体稳定性。经此改进,一般中小型建筑可以用全木构建造了。但是,特别大型的建筑,仍是土木混合结构,最突出的例证是公元516年所建的洛阳永宁寺塔,塔为九层方塔,面阔九间,中心五间。北魏宣武皇帝景陵前方全用土坯填充,以保持稳定。

砖石结构建筑在两汉已逐步有所发展,拱券主要用于地下墓室,地上则出现了石拱桥。晋朝造桥技术有所发展,西晋在洛阳建有巨大的石拱桥七星桥,在洛阳城濠及河道上还建有很多梁式石桥。据文献记载,在西晋洛阳还造有砖塔。南北朝以后,除地下砖砌拱壳墓室继续存在外,砖石建的塔、殿有很大发展。北魏建都平城时,建有三级石塔、方山永固石室。公元477至493年间,还建有五重石塔、园舍石殿。迁都洛阳后又建了很多砖石塔,目前唯一保存下来的是建于公元523年的河南登封嵩岳寺塔。塔为砖砌成,平面为正十二边形,高39.5米,内部上下贯通,加木楼板。塔外观一层四角砌出壁柱,南面开门,东西面开窗,余八面砌出塔形龛。一层塔身之下为基座,上为密叠的十五层塔檐,最上收顶,上建覆莲座及石雕塔刹。全塔实际是一用砖砌的空筒,向外叠涩挑出十五层檐,上用叠涩砌法封顶。塔身砌砖包括壁柱、塔形龛、叠涩屋檐等都使用泥浆,不加白灰等胶结材。各层塔檐叠涩和素平的基座都用一顺一丁砌成,转角交搭处两面都用顺砖。塔门为二券二伏的正圆券,小塔门用一券一伏,虽没有后世砌法成熟而规范化,但也能基本保持砌体之整体性,故能屹立1 400余年而不毁。由于大量建造佛塔,砖砌结构由汉朝只砌墓室转到地上建筑并取得了很大的进步。

2. 建筑风格

单栋建筑在原有建筑艺术及技术的基础上进一步发展,楼阁式建筑相当普遍,平面多为方形。

斗拱方面，额上施一斗三升拱，拱端有卷杀，柱头补间铺作人字拱，其中人字拱的形象也是由起初的生硬平直逐渐发展到后来优美的曲脚人字拱的；令拱替木承转，栌斗承栏额，额上施一斗三升柱头人字补间铺作，还有两卷瓣拱头；栏杆是直棂和勾片栏杆兼用；柱础覆盆高，莲瓣狭长；台基有砖铺散水和须弥座；门窗多用板门和直棂窗；屋顶愈发多样，尾脊已有升起曲线，东晋壁画中出现了屋角起翘的新样式，且有了举折，使体量巨大的屋顶显得轻盈活泼；梁枋方面有使用人字叉手和蜀柱的现象，栌斗上承梁尖，或栌斗上承栏额，额上承梁；柱有直柱和八角柱等，八角柱和方柱多具收分。敦煌壁画中的北魏建筑形象有高高的重楼，略显幼稚的屋顶曲线和鸱尾，体现了当时的建筑风格。

从现存汉阙、汉壁画、画像砖、明器中都可看到，汉代建筑的柱阑额、梁枋、屋檐都是直线，外观为直柱、水平阑额和屋檐，平坡屋顶，没有用曲线或曲面之处，风格端庄严肃。三国两晋时大多沿用汉朝旧式，尚无重大改变。到南北朝后期，随着较大规模兴建宫室、寺庙活动的推动，木构架技术开始出现变化，除前文所述改汉以来柱列上承长阑额为每间用一阑额，增强柱列抗侧向倾倒能力外，还出现了两种新的做法：其一是使正侧面柱列都向内并向明间方向倾斜，称"侧脚"；其二是使每面柱子自明间柱到角柱逐间增高少许，称"生起"。采取这两种新做法的主要目的是使柱网在承受上部荷重后，柱头内聚，柱脚外撇，有效防止倾侧扭转，加强柱网稳定性。但这同时也使得立面上柱子由汉式的垂直、同高、阑额为水平线，变为内倾、至角逐渐增高和阑额呈两端上翘曲线。随阑额上翘，檐檩、挑檐檩也上翘，因而屋檐也呈两端微微上翘曲线。汉朝屋顶本是直坡的，但往往把主体建筑四周回廊的屋檐做得略低于主体屋顶，斜度也稍平缓一些，以便室内多进些阳光，遂出现了二阶段两折屋顶。为减轻直屋顶的沉重感，在东汉后期已出现把正脊和垂脊、角脊头加高显曲线的做法，利用屋脊上翘造成屋顶轻举效果。

这两种做法随着立面和屋檐出现斜线、曲线而有所发展，最终形成下凹的曲面屋顶。在屋角部分，汉以来的做法是用一根四十五度角梁，屋身以外挑出部分的椽尾就插在角梁两侧的卯口里。因屋檐平直，卯口偏在角梁下部，为构造上弱点。檐口出现上翘以后，就可以顺势把卯口抬高使椽背与角梁背同高，这就加强了檐口至屋角处翘起的程度，形成了中国建筑中特有的翼角起翘做法。生起、侧脚和翼角起翘大约出现于南北朝的中后期，与旧式直柱、直檐口做法并行一个时期，进入隋唐后逐渐成为主流，完成了由汉至唐建筑外观和风格上的变化，由端庄严肃变为遒劲活泼。

※ 1.5 隋唐五代建筑

隋唐是中国古代建筑史上的一个富有创造力的高潮时期。从盛唐（8世纪）开始，中国建筑吸收融合外来文化因素，逐渐形成完整的建筑体系，创造出前所未有的绚丽多姿的建筑风貌。中国古代的宫殿、寺院、第宅等的布局和形式至此已基本定型。高座式家具形式也已稳定下来。到了五代十国时期，中原残破，十国中如南唐、吴越、前蜀、后蜀却保持着相对安定的局面，建筑仍有发展，并影响到北宋前期的建筑。

1.5.1 隋朝建筑

隋朝建筑上承六朝，下启唐宋，为中国传统建筑趋向成熟的一个过渡期。隋朝虽短，但因隋炀帝大兴土木,大建行宫别苑,建筑技术得到快速的进步。因隋一统分裂多时的南北两朝,南北建筑技术交流空前繁盛,为唐朝成熟的建筑体系铺路。隋朝时期是中国古建筑体系的成熟时期。

隋初创建大兴城,采取北齐邺城、北魏洛阳城先例,严格区分宫殿、官署同坊(里)、市的界限;全城循中央轴线均衡对称,是里坊制城市的典型。大兴城面积84平方千米,约为明清北京城的2.5倍,居古代世界城市之首。后因关中漕运不便,隋炀帝即位后又营建东都洛阳,洛阳城重视漕运和水利的开发,而不强调形式上的均衡对称。大兴城在唐朝称长安城,继续营建,成为当时世界上最大的城市。其城市布局规模宏大,建筑风格气魄雄浑,影响到东北地区渤海国上京龙泉府以及日本的平城京和平安京的规划。隋朝建造了规划严整的大兴城,开凿了南北大运河,为防御突厥族,又在北方修筑长城。隋朝皇室崇信佛教,颁令各重要州城建仁寿舍利塔。

在建筑材料方面,砖的应用逐步增多,砖墓、砖塔的数量增加;琉璃的烧制比南北朝进步,使用范围也更为广泛。建筑技术方面也取得了很大的进展,木构架的做法已经相当正确地运用了材料性能,出现了以"材"为木构架设计的标准,从而使构件的比例形式逐步趋向定型化,并出现了专门从事绳墨绘制图样和施工的都料匠。建筑与雕刻装饰进一步融合、提高,创造出了统一和谐的风格。住宅根据主人等级的不同,其门厅的大小、间数、架数以及装饰、色彩等都有严格的规定,体现了中国封建社会严格的等级制度。这一时期遗存下来的殿堂、陵墓、石窟、塔、桥及城市宫殿的遗址,无论布局或造型都具有较高的艺术和技术水平,雕塑和壁画尤为精美,是中国封建社会前期建筑的高峰。其建筑特点是:单体建筑的屋顶坡度平缓,出檐深远,斗拱比例较大,柱子较粗壮,多用板门和直棂窗,风格庄重朴实。

隋朝遗存实物很少,仅有砖石结构留下,木构建筑烟灭不存。留存当中比较著名的有赵州安济桥及一些砖石塔。隋朝建造的赵州安济桥,保留至今,是世界上最早的敞肩石拱桥(图1-1-23)。桥在城南五里的洨水上,仅一石券,横跨38米,桥两端撞券部分各砌两小券,做成空撞券。在欧洲,直到1883年,法国在亚哥河上修建的安顿尼特铁路石拱桥和卢森堡建造的大石桥,才揭开欧洲建造大跨度敞肩拱桥的序幕,比赵州桥晚了近1300年。隋朝虽国祚不长,但建筑规模宏大,影响深远。

图1-1-23 赵州桥(安济桥)

1.5.2 唐代建筑

唐朝(618—907年)是中国封建社会经济文化发展的高潮时期,建筑技术和艺术也有巨大发展。唐朝建筑的风格特点是气魄宏伟,严整开朗。在此时,建筑发展到了一个成熟的时期,形成了一个完整的建筑体系。这个时期的建筑规模宏大,气势磅礴,形体俊美,庄重大方,整齐而不呆板,华美而不纤巧，舒展而不张扬，古朴却富有活力，正是当时时代精神的完美体现。从唐至今，许多唐朝建筑历经千年，颓灭殆尽，如今中国仅存的4座唐代木构建筑，包括大名鼎鼎的"佛光寺"在内，都在山西省境内。

唐朝国势强盛，北却突厥，西联吐蕃，势力越过帕米尔高原，同波斯有密切的经济和文化来往。其都城长安，是当时世界东方的中心。除了长安和洛阳外，还出现扬州、广州、益州、明州、登州等繁荣的城市。有些商业城市，如扬州，在晚唐时突破封闭的市和夜禁制度，形成商业长街和夜市。唐朝地方城市有规模和形制的等级差别，在州（刺史）、军（节度使）所在地，普遍采取在大城内另建子城的制度，对宋朝城市制度深有影响。

1. 宫殿

唐长安宫室，除沿用隋建太极宫（西内）外，又建大明宫（东内）和兴庆宫（南内）。武则天执政时，在洛阳大事营建，所建明堂、天堂等，是中国古代著名的宫殿建筑群。

大明宫（图1-1-24）是唐长安城规模最大的一处宫殿区，选址在唐长安城宫城东北侧的龙首原上，利用天然地势修筑宫殿，形成一座相对独立的皇宫。宫城的南部呈长方形，北部呈南宽北窄的梯形。周长7 628米，面积约3.2平方千米，为明清北京紫禁城的4.5倍，相当于500个足球场。平面形制是一南宽北窄的楔形，西墙长2 256米，北墙长1 135米，南墙（即长安城北墙的一段）长1 674米，东墙的北部偏西12度多，由东墙东北角起向南（偏东）1 260米，转向正东，再304米，又折向正南长1 050米，与宫城南墙相接。宫墙墙面与太极宫一样为夯土版筑，只有各城门两侧及转角处内外表面砌有砖面。城基的宽度，据考古实测，除南面墙基与郭城北墙宽约9米外，其他三面墙基均宽13.5米、深1.1米。城墙筑在城基中间，两边比城基各窄进1.5米左右，底部宽10.5米，构筑十分坚固。

图1-1-24　大明宫复原图

此外，在宫城北部之外，东、西、北三面都构筑有平行于宫城墙的夹城，亦为版筑土墙。北面夹城最宽，距宫城墙宽160米。东西两面夹城距宫城墙宽均为55米。夹城的修筑，在宫城的后部，配合宫城城墙共同构成严密的防卫体系结构。

宫城共有九座城门，南面正中为大明宫的正门丹凤门，东西分别为望仙门和建福门；北面正中为玄武门，东西分别为银汉门和青霄门（又称凌霄门）；东面为左银台门；西面南北分别为右银台门和九仙门。除正门丹凤门有五个门道外，其余各门均有三个门道。在宫城的东西北三面筑有与城墙平行的夹城，在北面正中设重玄门，正对着玄武门。宫城外的东西两侧分别驻有禁军，北门夹城内设立了禁军的指挥机关——"北衙"。整个宫城可分为前朝和内庭两部分，前朝以朝会为主，内庭以居住和宴游为主。丹凤门以南，有宽176米的丹凤门大街，以北是含元殿、宣政殿、紫宸殿、蓬莱殿、含凉殿、玄武殿等组成的南北中轴线，宫内的其他建筑，也大都沿着这条轴线分布。含元殿、宣政殿、紫宸殿为三大殿，正殿为含元殿。含元殿以北有宣政殿，宣政殿左右有中书、门下二省，及弘文、史二馆。在轴线的东西两侧，还各有一条纵街，是在三道横向宫墙上开边门贯通形成的。有名的麟德殿大约建于唐高宗麟德年间，位于大明宫北部太液池之西的高地上。此外有别殿、亭、观等30余所。

2. 陵墓、宗庙

唐朝陵墓有因山设陵和平地起陵两种，因山设陵创自唐太宗的昭陵，而以唐高宗和武后合葬的唐乾陵最为宏伟。各陵基本因袭汉朝四向开门的平面，但强调南侧神道的前导布局，设两重阙和石柱、石兽、石人等。这种形制基本为宋朝陵墓沿用，影响及于明清。

唐朝崇儒尚礼。东汉儒家倡导的以周礼为本的一套祭祀宗庙、天地、社稷、五岳等并营造有关建筑的制度，至唐朝臻于完备，基本上为后世所遵循。

3. 佛寺

唐朝对各种宗教兼容并蓄，伊斯兰教、摩尼教、祆教（拜火教）、景教（基督教之一支）均占一席之地，最盛者仍推佛教。佛寺遍布全国，多数采取以殿阁为主体的布局。塔由寺的中心位置改为建在别院，这是佛教中国化的表现之一。中国现存的唐朝木构建筑有四处，即五台南禅寺大殿和佛光寺大殿，芮城五龙庙正殿，平顺天台庵正殿，都在山西省，都是以材分为基本模数建造的。其中佛光寺大殿属殿堂型构架，其余为厅堂型构架。

4. 塔

唐朝木塔已无遗存，而砖石塔存留尚多，以西安地区、北京房山、河南嵩山一带较集中。有密檐式，如嵩山法王寺塔、西安荐福寺塔；有楼阁式，如西安慈恩寺塔、兴教寺玄奘塔；还有单层塔。塔的形式富于变化，有方、圆、六角、八角等多种平面造型，造型装饰也丰富多样。云南大理南诏时期所建崇圣寺千寻塔，仿照中原密檐塔式，造型优美。朝鲜新罗时期也有仿唐塔式的砖石塔。

5. 石窟

唐朝继续营造石窟，其雕刻和壁画吸收外来文化精华，创造出有中国特色的高水平艺术品，与宗教建筑完美结合，达到了中国古代雕刻、绘画的高峰。唐朝又倡行密宗，崇奉大日如来（卢舍那佛）、观世音等，风行建大佛像，造大佛阁，如龙门石窟奉先寺大佛，敦煌石窟、张掖和乐山的大佛，以及幽州悯忠寺悯忠阁等。

建筑技术到唐朝已达到成熟阶段，其标志是技术要求和空间处理以及造型艺术融合为一，而且运用了模数制。唐朝的许多技术为宋朝沿用。宋《营造法式》一书就保存了不少唐朝的建筑做法、制度。

1.5.3　五代建筑

五代十国时期，中原政权中心由长安东移至洛阳，再移汴州（开封）。汴州原为唐宣武军治所，其子城扩建为宫城，后周时罗城之外再建外罗城。十国之中，以蜀和南唐境内较为安定富庶，故成都、金陵的营建颇具规模。

在建筑上，五代时期主要是继承唐朝传统，很少有新的突破。前后蜀和南唐的陵墓已发掘，木构则留存很少，仅存北汉平遥镇国寺大殿，仍保持唐朝风格。吴越国以太湖地区为中心，在杭州、苏州一带兴建寺塔、宫室、府第和园林。建造时间最早并留存至今的南方砖塔均为吴越所建，如苏州云岩寺塔（图1-1-25）、杭州雷峰塔（图1-1-26），后者开创砖身木檐塔型，成为后来长江下游主要塔型。南京的南唐栖霞寺舍利塔和杭州灵隐寺吴越石塔，石刻精美，富于建筑形象。

图 1-1-25 苏州云岩寺塔

图 1-1-26 杭州雷峰塔

※ 1.6 两宋建筑

　　宋朝在经济、手工业和科学技术方面的发展，使得宋朝的建筑师、木匠、技工、工程师、斗拱体系、建筑构造与造型技术达到了很高的水平。建筑方式也日渐趋向系统化与模块化，建筑物慢慢出现了自由多变的组合，并且逐渐形成成熟的风格，拥有更专业的外形。为了增强室内的空间与采光度，宋朝建筑采用了减柱法和移柱法，梁柱上硕大雄厚的斗拱铺作层数增多，更出现了不规整形的梁柱铺排形式，跳出了唐朝梁柱铺排的工整模式。

　　宋朝建筑物的类型多样，其中杰出的建筑就是佛塔、石桥、木桥、园林、皇陵与宫殿。由于园林设计特意追求把自然美与人工美融为一体的意境，所以这一时期的建筑，一改唐朝雄浑的特点，建筑物的屋脊、屋角有起翘之势，给人一种轻柔的感觉。油漆得到大量使用，故颜色十分突出。窗棂、梁柱与石座的雕刻与彩绘的变化十分丰富，柱子造型更是变化多端。

　　数千年来，建筑智慧多依靠口耳相传，子承父业传承下来，但关于建筑的文献亦早已存在，在传世的中国画中描绘的建筑物也让历史学家更好地了解了宋朝建筑的配搭。宋朝的建筑文献——《营造法式》对施工和度量的描述非常深入，比以前的文献更有组织，为后世朝代的建筑提供了可靠依据。朝廷设立了专门负责建筑营造及相关的官职与机构——将作监以掌管宫室建筑，使建筑技术的传承更加系统。

　　北宋木构建筑总趋向是结构精巧、组合复杂、装饰多样，可以太原晋祠圣母殿、正定隆兴寺摩尼殿为代表。小木作制品如藻井、帐龛、门窗、经橱、钩栏之类，日趋华美繁缛。室内高座式家具由唐中期开始流行，至宋成为主流，品类完备，式样定型。建筑色彩由于使用琉璃和彩绘而复杂华丽，不同于汉、唐明朗简朴的风格。彩画中碾玉装饰渐居优势，成为明朝旋子彩画的先声。石雕刻、木雕刻用于建筑的部位日益增多，不同品类按复杂程度分级，已形成一门专业工艺。南宋木建筑有较强的地方特色,构架以厅堂型为主,风格雅洁。

著名匠师、开宝寺大塔的设计者喻皓撰写的《木经》和李诫编修的《营造法式》是北宋时期的两部建筑专著。前者已佚,后者保存至今。《营造法式》详列北宋官式建筑各工种的技术规范和劳动定额,材料预算定额,以及某些材料配方、几何计算、测定方位和水平的方法等。尤为重要的是其中有关于材分制度的记述,材分制度是一种建筑上的模数制度,是木结构技术发展到成熟和定型阶段的产物。《营造法式》是研究中国古代建筑技术最重要的文献。

1.6.1 两宋都城

1. 北宋汴梁

北宋(960—1127年)定都汴梁(图1-1-27),又称东京(当时称洛阳为西京),即今之开封市,是当时全国最大的城市,水陆交通发达,商业、手工业繁盛,人口逾百万。到北宋中期,开封的里坊制逐渐废弛,出现了开放的商业街、居民巷体制的街巷制。城市的管理,如疏浚河流、修桥铺路、防火设施和殡葬、救济、施药等,均有机构执掌,形成制度,在当时世界上居于先进地位。汴梁宫城范围有限,宫殿规模不大;宫城宣德门至汴河州桥间两侧建有长廊的御街,以及工字形平面的宫殿组合,对金、元两朝的建筑有直接影响。宋朝皇帝崇信道教,所建宫观建筑是玉清昭应宫(真宗时)和根据道士奏议而造的上清宝箓宫、神霄万寿宫、艮岳(徽宗时)等。

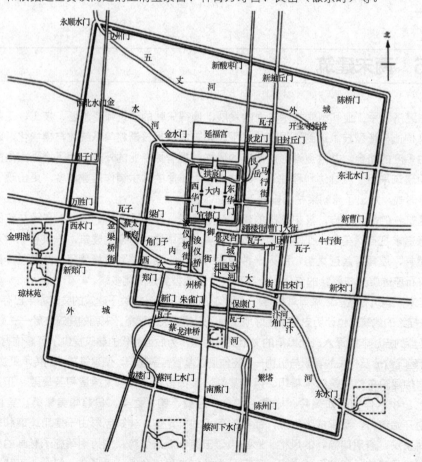

图1-1-27 北宋汴梁城示意图

2. 南宋临安

南宋偏安江南，以杭州为"行在"，改称临安，即今之杭州。临安在南宋时期发展为拥有百万人口的城市。其他重要城市有成都、襄阳、寿州、明州、广州、泉州等，后三者是对外贸易港口。

临安南倚凤凰山，西临西湖，北部、东部为平原，城市呈南北狭长的不规则长方形。宫殿独占南部凤凰山，整座城市街区在北，形成了"南宫北市"的格局，而自宫殿北门向北延伸的御街贯穿全城，成为全城繁华区域。御街南段为衙署区，中段为中心综合商业区，同时还有若干行业市街及文娱活动集中的"瓦子"，官府商业区则在御街南段东侧。遍布全城的商业区、手工业区在城中占有较大比重。居住区在城市中部，许多达官贵戚的府邸就设在御街旁商业街市的背后，官营手工业区及仓库区在城市北部。以国子监、太学、武学组成的文化区在靠近西湖西北角的钱塘门内。临安不仅将城市与优美的风景区相结合，而且还有许多园林点缀其间（图1-1-28）。

图1-1-28 南宋临安复原图

1.6.2 陵墓、祠庙

北宋陵墓区在嵩山北麓，今河南巩县境内。陵制模仿唐朝，但规模远逊于唐朝；又因受风水之说的支配，一反常规，陵墓选前高后低的地形。遗留在地面上的大量石雕刻品是宋朝雕刻技艺的珍贵遗物。西夏王陵位于国都兴庆府（今银川）以西贺兰山麓，明显受宋陵制度的影响。

位于今山西省太原市西南的晋祠是我国古代祠庙建筑中规模最大、内容最丰富、历史最悠久的一例。晋祠，初名唐叔虞祠，是为纪念晋国开国诸侯唐叔虞，在其封地之内选择了这片依山傍水、风景秀丽的地方而建，因为他的努力，该地政兴人和。叔虞的儿子燮父继位后，因境内有晋水流淌，故将国号由"唐"改为"晋"，这也是山西简称"晋"的由来。如今的山西省太原市因为在晋水之北，水之北谓阳，所以在当时便叫"晋阳"。

晋祠主殿圣母殿（图1-1-29）和鱼沼飞梁（图1-1-30）是北宋遗物。其标志性建筑圣母殿创建于北宋天圣年间（1023—1032年），是现在晋祠内最为古老的建筑。晋祠内圣母殿的宋塑侍女（泥塑）、老枝纵横的周柏（齐年柏）、长流不息的难老泉，并称"晋祠三绝"。

图1-1-29　圣母殿

图1-1-30　鱼沼飞梁

鱼沼飞梁，全沼为一方形水池，池中立34根小八角形石柱。柱顶架斗拱和梁木承托着十字形桥面，就是飞梁。整个造型犹如展翅欲飞的大鸟，故称飞梁。这种形制奇特、造型优美的十字形桥式，在中国现存实物仅此一例。它对于研究中国古代桥梁建筑很有价值。

1.6.3　佛教建筑

宋朝佛教日益中国化、世俗化，各地普遍修筑寺、塔。现存砖塔多数创建于宋朝，类型繁多，巧思迭出，结构合理。这一时期是砖塔发展的高峰时期，大塔如河北定县开元寺塔、景县开福寺塔、山东长清县灵岩寺塔；砖木混合塔如松江兴圣教寺塔、杭州六和塔（南宋）、苏州报恩寺塔（南宋）；琉璃塔如开封祐国寺塔等。宋朝铸造铁塔工艺精美，以当阳玉泉寺铁塔为代表。赵县陀罗尼经幢（图1-1-31），雕刻精致，形体高大，在中国古代首屈一指。

广州有大量阿拉伯侨民，建造了最早的清真寺建筑，如广州怀圣寺光塔（图1-1-32）等。福建盛产花岗石，石工技术精湛，自五代至南宋，福建出现石造塔、桥甚多，如北宋泉州洛阳桥、南宋漳州虎渡桥和泉州开元寺双石塔（图1-1-33）。

图1-1-31　赵县陀罗尼经幢　　　图1-1-32　广州怀圣寺光塔　　　图1-1-33　泉州开元寺双石塔

南宋保持汉族固有建筑传统，但无大规模建设。木构建筑有较强的地方特色，风格含蓄雅洁。

1.6.4　园林建筑

宋朝的园林可分为四大类别：供帝王休息享乐的皇家园林，宗室外戚、高官富商所拥有的私家园林，寺观园林和陵寝园林。一般来说，一个成熟的园林都有自己要表现的内容与主旨，配以假山、人造池、廊、亭、堂、榭、阁、花木与动物。虽然宋朝国力不比唐朝强，园林规模也比较小，但园林内的设计更见精巧。

宋朝园林中的个体建筑与群体形象都是千变万化的，这一点从现存的宋画中可以看得出来。譬如王希孟的《千里江山图》中见到一字形、折带形、丁字形、十字形、工字型等布局，造型各异，如架空、复道、两坡顶、九脊顶、五脊顶、平顶、平桥、廊桥、亭桥、十字桥、拱桥、九曲桥等。倚山临水、架岩跨洞都是院落的基本模式，充分发挥了其衬托风景的效用。

北宋的皇家园林——艮岳是中国古代著名的宫苑。其由宋徽宗于政和七年（1117年）下令在开封的东北部兴建，在宣和四年（1122年）完工，初名万岁山，后改名艮岳、寿岳，或连称寿山艮岳，亦号华阳宫。根据八卦，艮代表东北方，又代表山。艮岳位于东华门内以北，景龙江以南，占地大约750亩[①]。艮岳以一山三峰的形状设计，突破了汉朝以来的传统营造模式，不再强调模仿真实山水。宋徽宗是一位具有高深艺术文化修养的皇帝、天才艺术家，他对诗画艺术

① 1亩=666.6667平方米。

迷恋，对奇石着迷，对美的追求近乎苛刻。为了营造寿山艮岳的假山，他搜集苏州盛产的具有"皱、透、瘦、漏"四大特色的太湖石，并且在苏州设立应奉局。他又深信道教，自称"教主道君皇帝"。建造艮岳的主旨是追求意境，不拘泥细节而强调神似，把诗情画意加入园林之中，典型山水成了主题。他对置石、挖池、叠山等技术非常讲究，园内山峦起伏，众山环列，东有艮岳，南有寿山，西有万松岭，园林中央只有小小的平地，但山峡之间却有池水与瀑布。除了自然景观，园中还添置了不少建筑物，譬如药寮、田圃筑室、栈道、介亭、书馆和八仙馆屋。因此艮岳是历史上规模最大、结构最巧妙、以石为主的假山所组成的皇家园林。最后，北宋为金所灭，这个皇家园林也被拆毁。

※ 1.7 辽、金、西夏及元代建筑

1.7.1 辽代建筑

契丹族原是辽河上游西拉木伦河流域的游牧民族，建立辽国后设置五京：上京临潢府（今内蒙古林东）、中京大定府（今内蒙古宁城）、东京辽阳府（今辽宁辽阳）、南京析津府（今北京）、西京大同府（今山西大同）。辽上京、中京城遗迹尚存，辽陵在上京附近。辽南京城是明清北京城的最早基础，附近有大批辽墓、辽塔（北京天宁寺塔、易县泰宁寺塔、涿县智度寺塔等）。从蓟县独乐寺山门和观音阁木构楼阁可以清楚地看到辽对唐朝建筑的继承。辽宁义县的辽代奉国寺大殿，是现存古代最大木构建筑之一。西京大同及其附近，留存下来一批珍贵的辽代木构建筑，如华严寺下寺薄伽教藏殿、善化寺大殿、应县佛宫寺释迦塔等。释迦塔历经地震、大风、炮击的危害，屹立近千年，为中国仅存的大型木塔。

总地说来，辽代建筑保留了浓厚的唐朝作风。但是密檐砖塔很特殊，形制多是实心，底层立于须弥座、平坐钩栏和莲瓣之上，塔身八角或六角，仿木构的斗、柱、枋、门窗，上做层檐。辽塔一般色白或浅黄，极醒目。金朝颇多仿建。

1.7.2 金代建筑

金代立国后，先建都上京会宁府（今黑龙江阿城），后迁至中都大兴府（今北京），最后迁至南京开封府。中都建设规模宏伟，宫殿用汉白玉为台基栏杆，绿琉璃瓦，色彩强烈，装饰华丽，奠定了元、明宫殿建筑的基本风格。现存重要的金代建筑有大同善化寺的三圣殿和山门，五台山佛光寺文殊殿，朔县崇福寺，繁峙岩山寺等。后二者保存的大幅金代壁画，是现存最早的寺院壁画遗物。

金代统治者崇儒，修复曲阜孔庙，又修理诸岳庙、渎庙和后土庙。重修后留下的镌刻平面图碑，是关于古代建筑群的重要资料。

金代建筑颇富创造性，所谓"制度不经"，如采用大额承重梁架，大量减柱移柱（如佛光寺文殊殿、崇福寺弥陀殿），对元代建筑颇有影响。

宋、辽、金时期仿木砖作常见于砖石塔、砖石墓室。侯马金代董氏墓中的砖雕舞台场景是中国剧场建筑的最早资料。

1.7.3 元朝建筑

元朝是蒙古族建立的幅员广大的多民族国家。元朝建筑上承宋、辽、金，下启明、清，有如下成就。

1. 都城

元建首都大都城于金中都的东北郊，为今天北京城的前身。大都城的规划明显比附《考工记》中的王城制度。它是继隋唐长安城、洛阳城以后中国最后一座平地起建的都城，在体制上是按街巷制建造的。大都城水源充沛，利用城内河道和预建的下水道网，排水便利，街道和居住区布置得宜，反映了当时城市规划的先进水平。元朝开凿自大都经通州、临清抵达杭州的大运河，使南北经济联系加强；又分全国为若干行省，急递铺和驿站由大都辐射至全国各地。这些措施为明清继承下来，奠定了600多年以北京为中心的统一国家的局面。

2. 宫殿

元朝宫殿形制继承宋、金，而室内布置却仍然表现出蒙古族习俗的要求，又点缀个别中亚、阿拉伯的浴室、畏兀儿殿堂等建筑，反映了当时的政治、文化背景。汉族传统的祭奉天地、社稷、宗庙、五岳、四渎的坛庙祠祀建筑和孔庙、学宫等，都得到修缮或重建。现存元朝最大木构建筑是曲阳的北岳庙德宁殿。

3. 宗教建筑

元朝宗教建筑风格多样。佛教寺庙中以藏传佛教寺庙最盛。忽必烈在大都建万安寺，建筑比拟宫殿，其中主要建筑是尼泊尔名匠阿尼哥设计的大圣寿万安寺塔，明朝称妙应寺白塔。藏传佛教建筑的装饰题材和装銮方法也传入中原。江南地区佛寺仍继承南宋以来的特点，今存者如上海真如寺大殿、浙江金华天宁寺、武义延福寺大殿。西藏地区的寺院，如夏鲁寺在藏式建筑基础加入汉式殿屋，斗拱明显带有元朝特点，反映出汉藏建筑艺术的交流。道教在元朝也受到尊信，为元朝皇帝祈福而建的永乐宫由少府官匠参加建设，基本反映了金元之际官式建筑的特点。元朝伊斯兰教建筑随色目人移民遍布全国各地，重要遗存有新疆吐虎鲁克玛扎、泉州清净寺、杭州真教寺等，前二者属中亚样式，后者在窑殿上加入汉式屋顶，出现同中国传统建筑结合的趋势，至明朝遂发展出采用汉族建筑式样为主的清真寺。

4. 天文建筑

天文学在元朝有很大发展。著名的天文学家、数学家、水利工程专家郭守敬曾主持修建大都司天台和河南登封测景台。

※ 1.8 明清建筑

元朝严酷的统治终被推翻，中国又恢复了汉人掌权。但一心想恢复汉唐雄威的明朝皇帝并没有给中国带来另一次辉煌——封建制度没落的颓势已无法挽回。在明朝，中央集权进一步加强，宰相被废除，皇帝成为官僚之长。特务政治也发展到极致，东西厂、锦衣卫等特务组织十分发达。封建统治者大力提倡儒学，但此时的儒学早没有了先秦时的朝气，其消极因素越来越显现出来。随着生产力的发展，手工业与生产技术的提高，国内外市场的扩大，资本主义在中国出现了萌芽。但面对儒学强大的势力，资本主义始终没有发展成型。此时期中国的科技发展出现了最后一个高峰，近代西方文化开始传入中国，利玛窦、徐光启合译《几何原本》的前6卷、李时珍编著《本草纲目》、宋应星著有《天工开物》。明末对农民严酷的剥削引起的大规模农民起义推翻了明朝。清朝统治者南下夺取了胜利的果实,延续明之君主独裁。他们歧视汉人,对汉族实行民族同化政策,但怀柔与高压并行,鼓励醉心利禄的奴才思想,且大兴文字狱,使学术发展受到阻碍。在经历了短暂的"康乾盛世"后,国势陡转,八旗子弟的弓箭长矛终敌不过洋人的坚船利炮,中国几千年的封建社会被迫终结,进入了灾难深重的半封建半殖民地社会。

在建筑方面,明清到达了中国传统建筑最后一个高峰,呈现出形体简练、细节烦琐的形象。官式建筑由于斗拱比例缩小,出檐深度减少,柱比例细长,生起、侧脚、卷杀不再采用,梁枋比例沉重,屋顶柔和的线条消失,因而呈现出拘束但稳重严谨的风格,建筑形式精练化,符号性增强。

明清时期,官式建筑已完全定型化、标准化,清朝政府颁布了工部《工程做法则例》。由于制砖技术的提高,此时期用砖建的房屋猛然增多,且城墙基本都以砖包砌,大式建筑也出现了砖建的"无梁殿"。由于各地区建筑的发展,区域特色开始明显。在园林艺术方面,清朝的园林有较高的成就。

明清建筑突出了梁、柱、檩的直接结合,减少了斗拱这个中间层次的作用。这不仅简化了结构,还节省了大量木材,从而达到了以更少的材料取呈现大建筑空间的效果。明清建筑还大量使用砖石,促进了砖石结构的发展。其间,中国普遍出现的无梁殿就是这种进步的具体体现。总之,明清时期的建筑艺术并非一味地走下坡路,它仿佛是即将消失在地平线上的夕阳,依然光华四射。

明清时期,城市数量迅速增加,都市结构也趋于复杂,全国各地均出现了因各种手工业、商业、对外贸易、军事据点、交通枢纽而兴起的各类市镇,如景德镇、扬州、威海卫、厦门等,此时大小城市均有建砖城、护城河、省城、府城、州城、县城,皆各有规则。现存保存比较完好的是明西安城墙。它始建于明洪武三至十一年(1370—1378年),是在唐长安皇城的基础上扩建而成的,明隆庆四年(1570年)又加砖包砌,留存至今。明西安城的西、南两面城墙基本和唐长安皇城的城垣相同,东、北两面墙向外扩移了约三分之一。城墙高12米,顶宽12~14米,底宽15~18米。城呈长方形,南垣长4 255米,北垣长4 262米,东垣长1 886米,西垣长2 708米,周长约13.7千米。城四面各筑一门,每座城门门楼三重:闸楼在外,箭楼居中,正楼最里,正楼为城的正门。箭楼与正楼之间与围墙连接形成瓮城。在城墙四角各筑角楼一座。城墙上相间120米还有敌台(马面、墩台)98个,台上筑有敌楼,供士兵避风雨和储存物资用。城墙顶部外侧还修有雉堞(垛墙)共5 984个,上有垛口,供射箭和瞭望用,内侧修有矮墙(女墙),无垛口,以防行人坠落,城外有护城河环绕。整个城墙气势雄伟,构成一个科学严密的古城堡防御体系。

此时期建筑组群采用院落重叠纵向扩展,与左右横向扩展配合的建造模式,以通过不同封闭空间的变化来突出主体建筑,其中以明清北京故宫为典型,此时的建筑工匠对组织空间的尺度感相当敏锐。

1.8.1 单体建筑

明清建筑具有明显的复古取向,官式建筑不如唐宋的浪漫柔和,反而建立严肃、拘谨而硬朗的基调,明朝的官式建筑已高度标准化、定型化,而清朝则进一步制度化,不过民间建筑之地方特色十分明显。但也有极少数特例,例如,万荣县解店镇东岳庙内的飞云楼(图1-1-34),相传始建于唐,现存者是明正德元年(1506年)重建。楼面阔五间,进深五间,外观三层,内部实为五层,总高约23米。底层木柱林立支撑楼体,构成棋盘式。楼体中央,四根分立的粗壮天柱直通顶层,这四根支柱是飞云楼的主体支柱。通天柱周围,有32根木柱支擎,彼此牵制,结为整体。平面正方,中层平面变为折角十字,外绕一圈廊道,屋顶轮廓多变;第三层平面又恢复为方形,但屋顶形象与中层相似,最上再覆以一座十字脊屋顶。飞云楼体量不大,但有四层屋檐,12个三角形屋顶侧面,32个屋角,给人以十分高大的感觉。各层屋顶也构成了飞云楼非常丰富的立体构图。屋角宛若万云簇拥,飞逸轻盈。此楼楼顶以红、黄、绿五彩琉璃瓦铺盖,木面不髹漆,通体显现木材本色,醇黄若琥珀,楼身上悬有风铃,风荡铃响,清脆悦耳。飞云楼楼体精巧奇特,像这样造型繁丽的建筑在宋元绘画中出现很多,但实物保存极少,所以它具有重要的价值。

图 1-1-34 飞云楼

1.8.2 宗教建筑

现存的佛寺,多数为明清两朝重建或新建,有数千座,遍及全国。汉化寺院显示出两种风格,一是位于都市内的,特别是敕建的大寺院,多为典型的官式建筑,布局规范单一,总体规整对称。大体是:山门殿、天王殿,二者中间的院落安排钟、鼓二楼;天王殿后为大雄宝殿,东配殿常为伽蓝殿,西配殿常为祖师殿。有此二重院落及山门、天王殿、大殿三殿者,方可称寺。此外,法堂、藏经殿及生活区之方丈、斋堂、云水堂等在后部配置,或设在两侧小院中,如北京广济寺、山西太原崇善寺等。二是山村佛刹多因地制宜,布局在求规整中有变化。分布于四大名山和天台、庐山等山区的佛寺大多属于此类。明清大寺多在寺侧一院另辟罗汉堂,现全国尚存十多处,尚有新建或重建者。为了便于七众受戒,经过特许的某些大寺院常设有永久性的戒坛殿。明清时期,在藏族、蒙古族等少数民族分布地区和华北一带,新建和重建了很多喇嘛寺。它们在不同程度上受到汉族建筑风格的影响,有的已相当汉化,但总是保留着某些基本特点,使人一望而知。

此时期中国佛寺建筑上出现一种拱券式的砖结构殿堂,通称为"无梁殿",如五台山显通寺、南京灵谷寺、宝华山隆昌寺中都有此种殿堂建筑。这反映了明朝以来砖产量的增加,使早已应用在陵墓中的砖券技术运用到了地面建筑中来。五台山显通寺内的无量殿为用砖砌成的仿木结构重檐歇山顶的建筑，高20.3米。这座殿分上下两层，明七间暗三间，面宽28.2米，进深16米，砖券砌成，三个连续拱并列，左右山墙成为拱脚，各间之间依靠开拱门联系，形制奇特，雕刻精湛，宏伟壮观，是我国古代砖石建筑艺术的杰作。无量殿正面每层有七个阁洞，阁洞上嵌有砖雕匾额。无量殿有着很高的艺术价值，是我国无梁建筑中的杰作。

明清佛塔多种多样，形式众多。在造型上，塔的斗拱和塔檐很纤细，环绕塔身如同环带，轮廓线也与以前不同。由于塔的体形高耸，形象突出，在建筑群的总体轮廓上起很大作用，丰富了城市的立体构图，装点了风景名胜。佛塔的意义实际上早已超出了宗教的规定，成了人们生活中一个重要的审美对象。因而，不但道教、伊斯兰教等建造了一些带有自己风格意蕴的塔，民间也造了一些风水塔（文风塔）、灯塔。在造型、风格、意匠、技艺等方面，它们都受到了佛塔的影响。以广胜寺飞虹塔为例进行说明。飞虹塔在距山西洪洞县城东北17千米的广胜寺中，为国内保存最为完整的阁楼式琉璃塔。塔身外表通体贴琉璃面砖和琉璃瓦，琉璃浓淡不一，晴日映照，艳若飞虹，故得名。塔始建于汉，屡经重修，现存为明嘉靖六年（1527年）重建，天启二年（1622年）底层增建围廊塔平面八角形，十三级，高47.31米。塔身由青砖砌成，各层皆有出檐，塔身由下至上渐变收分，形成挺拔的外轮廓。同时模仿木构建筑样式，在转角部位施用垂花柱，在平板枋、大额枋的表面雕刻花纹，斗拱和各种构件亦显得十分精致。形制与结构都体现了明朝砖塔的典型作风。该塔外部塔檐、额枋、塔门以及各种装饰图案（如观音、罗汉、天王、金刚、龙虎、麟凤、花卉、鸟虫等），均为黄、绿、蓝三色琉璃镶嵌，玲珑剔透，光彩夺目，形成绚丽繁缛的装饰风格，至今色泽如新，显示了明朝山西地区琉璃工艺的高超水平。塔中空，有踏道翻转，可攀登而上，为我国琉璃塔中的代表作。

1.8.3 民居建筑

北京四合院（图1-1-35）是北方合院建筑的代表。它院落宽绰疏朗，四面房屋各自独立，彼此之间有游廊连接，起居十分方便。四合院是封闭式的住宅，对外只有一个街门，关起门来自成天地，具有很强的私密性，非常适合独家居住。院内，四面房子都向院落方向开门，一家人在里面和和美美，其乐融融。由于院落宽敞，可在院内植树栽花，饲鸟养鱼，叠石造景。居住者不仅享有舒适的住房，还可分享大自然赐予的一片美好天地。

南方地区的住宅院落很小，四周房屋连成一体，称作"一颗印"，适合于南方的气候条件，南方民居多使用穿斗式结构，房屋组合比较灵活，适于起伏不平的地形。南方民居多用粉墙黛瓦，给人以素雅之感。在南方，房屋的山墙喜欢做成"封火山墙"。在古代人口密集的一些南方城市，这种高出屋顶的山墙，确实能起到防火的作用，同时也起到了一种很好的装饰效果。

客家土楼（图1-1-36）是世界上独一无二的神话般的山村民居建筑。土楼分方形土楼和圆形土楼两种。圆形土楼最富于客家传统色彩，最为震撼人心。客家人原是中国黄河中下游的汉民族，1900多年前在战乱频繁的年代被迫南迁。在漫长的历史动乱年代中，客家人为避免外来的冲击，不得不恃山经营，聚族而居。起初用当地的生土、砂石和木条建成单屋，继而连成大屋，进而垒起多层的方形或圆形土楼，以抵抗外力压迫，防御匪盗。这种奇特的土楼，后来传布到福建、广东、江西、广西一带的客家地区。从明朝中叶起，土楼愈建愈大。在古代乃至解放前，土楼始终是客家人自卫防御的坚固的楼堡。

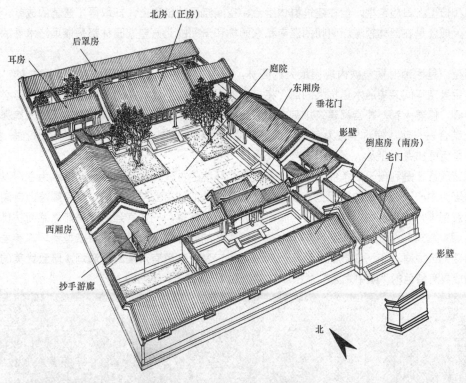

图 1-1-35 北京典型四合院住宅

图 1-1-36 客家土楼

此外，我国其他地方的民居也都很有特色。总之，民居是劳动人民智慧的结晶，形式比较自由，不受"法式""则例"等条条框框的约束，其中有很多东西值得我们借鉴。

1.8.4 园林建筑

明清时期是中国古代建筑体系的最后一个发展阶段。这一时期，中国古代建筑虽然在单体建筑的技术和造型上日趋定型，但在建筑群体组合、空间氛围的创造上，却取得了显著的成就。明清建筑的最大成就是在园林领域。明朝的江南私家园林和清朝的北方皇家园林都是最具艺术性的古代建筑群。

西苑，是明清时期皇城内规模最大的园林，它的历史可以远溯到辽代在这里建立的"瑶屿行宫"，金大定年间又疏通水道扩大湖面，将挖出的泥土堆成小岛，并沿湖修建离宫。元忽必烈以这里为中心，修建大都，将宫阙建筑排列在太液池的东西两岸，巧妙地将巍峨的宫阙和旖旎秀丽的水上风光结合在一起，使这里成为皇城内御苑。明清两代在此基础上进一步营建亭台阁榭，堆山叠石，使景色更加秀丽宜人。

西苑风景区是利用天然条件，以人工点缀美化环境的古代园林范例。全园以水为主，以高耸的琼岛白塔为中心。自琼岛前方观览，巍峨的团城和葱茏的琼岛上殿阁相连，金碧辉煌，自湖北岸遥望，碧波荡漾，琼岛及白塔浮现湖上，长桥卧波，湖岸蜿蜒，一洗宫廷庄严呆滞之感而仿佛进入仙境。沿湖除北岸几组梵刹殿宇外，基本上是平缓柔和的轮廓线，散落布置着造型精巧、参差错落、临水而建的五龙亭，华丽庄严的小西天，天王殿，东岸一带更有清幽的濠濮涧，雅致优美的画舫斋等，构成具有特色的"园中之园"（图1-1-37、图1-1-38）。

图1-1-37　西苑鸟瞰图

图 1-1-38 西苑风景区

明清皇家的离宫主要在北京西郊一带。这里山峦起伏，水道纵横，经过历代开拓经营而越发秀美，佛寺、禅林、园林、别业点缀其间，早就成为贵族文人宴游咏唱的胜地。又经明清两代大力兴建，特别是清朝在这一带大规模的施工几无虚日，涌现出著名的畅春园、圆明园、玉泉山静明园、香山静宜园、万寿山清漪园（即颐和园）等"三山五园"。其中现今保存最完整和规模最大的园林为颐和园。

颐和园（图 1-1-39）地处北京西北郊，距城 10 千米，附近玉泉山有清冽的泉水，金代时山上即建有行宫，玉泉山泉水汇成瓮山前的大片湖泊（七里泊），元朝时曾由此引水到大都，对运输及京都用水起过重要作用。明朝称七里泊为西湖，瓮山前有长堤直延，山上建有圆通寺，湖中遍植莲菱，远处西山隐然如画，湖光山色，宛然江南意趣，已成为人们流连忘返之处。清乾隆皇帝为了给其母庆贺六十寿辰，开始了以瓮山西湖为主体的清漪园大规模营建工程，并将瓮山更名为万寿山，西湖更名为昆明湖。清漪园的修建共用 15 年时间，其间扩展了昆明湖面积，傍山临湖大兴土木，又在后湖沿岸修建仿江南的临水街市，基本上具备了今天的规模。造园耗费大量财力，该园在 1860 年、1900 年两次遭到英法联军及八国联军的焚烧洗劫，慈禧太后为了满足其穷奢极欲的生活又两次挪用巨款进行修复，并更名为颐和园。

图 1-1-39 颐和园

颐和园作为封建皇帝的离宫，集当时南北园林建筑之长而兼备宫廷、庭院之特色。全园包括以仁寿殿为中心的政治活动区，乐寿堂、玉澜堂、德和园等生活区及以万寿山、昆明湖为主的湖山游览区。政治活动区及生活区的建设基本上是遵循严谨的殿堂形制，装饰布置豪华富丽，但园中布置假山，遍植花木，一定程度上减弱了宫廷严肃呆滞的气氛，与园林相映成趣。

万寿山和昆明湖是全园的主体，占据了绝大部分面积，较成功地利用天然地势精心进行了点缀营建。万寿山是全园制高点，隆起于昆明湖北岸，在前山从下到顶布置了一系列气势宏伟的建筑群，层层排列，雕梁画栋、金碧辉煌，从山腰的排云殿至山麓的佛香阁、智慧海而达高潮，在中轴线主体建筑的两旁还布置有不同风格的亭台楼阁，登之可鸟瞰全湖景色。这些富丽的殿阁，以精美的形制和鲜明的色彩与山势和葱绿的树色相结合，构成壮丽优美的形象。而横贯山下的一条全长728米的彩画长廊像一条彩带将湖山游览区与生活区连贯起来，万寿山前广阔的昆明湖，碧波荡漾，又筑以长堤将湖面分为三部分，堤上遍植桃柳，又布置种种不同风格的桥，在形象及色彩上都增添了变化。纵目西望，玉泉及西山诸峰尽收眼底，其巧妙地将园外景色收入园内，用借景手法扩大了视野，使景色更加壮美。

颐和园后湖、后山古树参天，曲径通幽，与前山相比别有清幽境界，山上原建筑有藏式庙宇，临湖有仿江南市肆的街道，它们也都别具一格。颐和园湖滨及环山还布置了许多精巧的亭榭及优美庭院，特别是位于后湖东端的谐趣园，园中池水清澈，周围用曲折的游廊连接亭台楼阁，仿自无锡寄畅园，具有江南特色。

遭到八国联军焚烧破坏而成为一片废墟的圆明园，是清朝皇家园林中难得的杰作。圆明园始建于清朝康熙年间，以后150多年中续有修建。圆明园及其附园长春园、万春园，共占地5 000多亩，有风景点100多处，被誉为"万园之园"，其规模及建筑艺术水平都超过颐和园。

圆明园建筑形式丰富多彩，布局设计灵活生动。其中，有供皇帝朝会的正大光明殿及官员的朝房，景色开阔的九洲清晏，湖面浩茫的福海，海中有按宋赵伯驹《仙山楼阁图》画意设计的蓬岛瑶台，园中还有包括300多间游廊殿宇的宗教建筑舍卫城，收藏《四库全书》的藏书楼文源阁，刊刻《淳化阁帖》的淳化轩，娱乐演戏的同乐园，仿江南市肆的喧闹的街道和仿农村景物的北远山村。其他如仿杭州西湖、苏州狮子林、海宁安澜园、江宁瞻园等名迹建造的景物更是举不胜举。值得注意的是圆明园还建造了西洋式的建筑群，并覆以中国式的彩色琉璃屋顶，楼前安装人工喷泉，将中西建筑形式成功地加以融合。这些不同的景色被匠师们巧妙而协调地分布于园内，各带有庄严、富丽、活泼、清幽、纯朴、雄奇、平淡、新奇等特色，与自然环境相结合，构成绝妙的天然图画。

圆明园在清朝帝王生活中占有特殊地位，他们一年中的大部分时间在此园居住，使圆明园成为仅次于紫禁城的政治中心，在优美的宫苑殿阁中所收蓄的文物书画珠宝奇珍，更使其成为宏伟富丽的艺术之宫（图1-1-40、图1-1-41）。

图1-1-40　圆明园全景复原图

图 1-1-41　圆明园复原图——远瀛观

　　位于河北省北部的承德，是清朝帝王夏季避暑和从事政治活动的地方。承德北部的山区森林密布，还是清朝帝王秋季狩猎的极好围场。因此，从康熙到乾隆的 80 余年间，这里先后建成了宫廷、园林、庙宇相结合的避暑山庄和外八庙，由于这里群山环抱，奇峰叠出，景色雄伟，因此富有另一番天然意趣。山庄的宫殿区，以澹泊敬诚殿为中心，其采用木结构，不加彩饰，在隆重庄严的造型中具有古朴的风致。以热河泉构成的湖区风景，多数模仿江南景色，而北岸平原区的万树园古木参天、绿草如茵、麋鹿成群，具有天然野趣，清帝常在这里搭设毡包篷帐野宴蒙古王公贵族。庄外东面和北面的山麓分别建有溥善寺、溥仁寺、普乐寺、安远庙、普宁寺、普佑寺、须弥福寿之庙、普陀宗乘之庙、殊像寺、广安寺等，其中普陀宗乘之庙系于乾隆三十六年（1771 年）仿拉萨布达拉宫样式建成，为接待青海新疆各族上层人物而建。须弥福寿之庙系乾隆四十五年（1780 年）为了接待后藏宗教首领班禅六世到承德朝觐，而仿照他在日喀则居住的扎什伦布寺的形式兴建的。这两庙在外八庙中规模最大，分别仿前后藏藏传佛教寺庙的风格，并融入汉族建筑艺术，以大红台为主体，镏金铜瓦顶，风格独特，蔚为壮观（图 1-1-42）。

图 1-1-42　承德避暑山庄

私人园林在明清时期也有极大的发展，一些官僚士大夫、巨商富户的深宅大院之中常有精致的园林池榭，风景幽胜处又建有别墅。他们或装点山林，或优游林下以娱晚年，因此，择地叠石造园蔚然成风。特别是在经济繁荣、达官文人荟萃之地苏州、扬州、无锡、松江、杭州、嘉兴一带更为发达。前朝园林得到修整与改建，新修园林争奇斗胜，私人造园出现前朝未有的盛况。

苏州在明清为工商繁盛、文人荟萃、诗文书画及工艺美术异常发达的城市，名园众多为各地之冠。如沧浪亭（始建于宋），狮子林（始建于元），拙政园、留园、五峰园（始建于明），怡园、耦园、网师园、鹤园等（均始建于清）皆比较完整地保存到今天，致使苏州成为世界著名的美丽的花园城市。扬州在清朝为盐商聚集之所，又是文人云集之地，清帝数次南巡，大事铺张，更促成此地区园林之繁盛。至乾隆时自扬州北门沿瘦西湖至平山堂一带，楼台相接，园林相望，花香鸟语，箫鼓楼船，城中名园亦不下数十，此一盛况在《扬州画舫录》一书中可见其胜概。今存之瘦西湖各风景点及城中个园等犹见该时期同材建造的高超水平。其他如上海豫园、南翔古漪园、北京勺园、铜陵漫园均为著名之园林。

※ 1.9 近现代建筑

按照史学的说法，中国近代建筑史是从 1840 年鸦片战争开始的，中国现代建筑史是从 1919 年五四运动开始的。但一般论述建筑的历史时，学界基本上认为中国近代建筑史是从西学东渐开始，中国现代建筑史则以 20 世纪 50 年代为起点。

1923 年苏州工业专门学校设立建筑科，迈出了中国人创办建筑学教育的第一步。国民政府定都南京，以南京为政治中心，上海为经济中心。1929 年制订了"首都计划"和"上海市中心区域计划"，展开了一批行政办公、文化体育和居住建筑的建设活动。在这批官方建筑活动中，渗透了中国本位的文化方针，明确规定公署和公共建筑物要采用"中国固有形式"，促使中国建筑师集中地进行了一批"传统复兴"式的建筑设计探索。20 世纪 20 年代，建筑留学生回国人数增多，相继成立了基泰、华盖等建筑事务所。1925 年，在中外建筑师参与的南京中山陵设计竞赛中，吕彦直、范文照、杨锡宗分获一、二、三等奖。1929 年中山陵建成，标志着中国建筑师规划设计大型建筑组群的诞生。1927—1928 年中央大学、东北大学、北平大学艺术学院相继开设建筑系。1927 年上海市建筑师学会成立，后改名为中国建筑师学会，1931 年上海市建筑协会成立，这两个协会分别出版了《中国建筑》《建筑月刊》。中国营造学社也于 1930 年成立并出版了《中国营造学社汇刊》。20 世纪 30 年代末到 40 年代末，中国近代化进程趋于停滞，建筑活动很少。梁思成于 1947 年在清华大学营建系实施"体形环境"设计的教学体系，为中国的现代建筑教育播撒了种子。

1.9.1 近代建筑

1. 19 世纪末以前的中国建筑

19 世纪中叶的鸦片战争，敲开了中国古代闭关自守的大门，我国城市建设渐渐地具有了近代城市的性质和特征。1842 年《南京条约》中规定，开放广州、福州、厦门、宁波、上海等城市为对外通商口岸。这些城市最先从古代格局走向近代格局。许多西方建筑类型在中国出现，如教堂、医院、学校、旅馆、商业建筑、工业建筑、住宅等。

鸦片战争到甲午战争（1840—1895年），是西方近代建筑开始传入中国的阶段。这个时期中国主要有两方面的新建筑活动。一方面是帝国主义者在中国通商口岸租界区内大批建造各种新型建筑，如领事馆、工部局、洋行、银行、住宅、饭店等，在内地也零星地出现了教堂建筑，如上海徐家汇天主教堂（图1-1-43）、北京西什库教堂（图1-1-44）。这些建筑绝大多数是当时西方流行的砖木混合结构房屋，外观多呈欧洲古典式，也有一部分是券廊式。后者是西方建筑传入印度、东南亚一带，为适应当地炎热气候而加上一圈拱券回廊而出现的，当时称之为"殖民式建筑"。另一方面是洋务派和民族资本家为创办新型企业所营建的房屋，这些建筑多数仍是手工业作坊那样的木构架结构，小部分引进了砖木混合结构的西式建筑。上述两方面的建筑虽然为数不多，但标志着中国建筑开始突破封闭状态，酝酿着新建筑体系。

2. 20世纪初的中国建筑

甲午战争到五四运动（1895—1919年），是西式建筑影响扩大和新建筑体系初步形成的阶段。19世纪90年代后，帝国主义国家纷纷在中国设银行，办工厂，开矿山，争夺铁路修建权。银行建筑引人注目厂房建筑数量增多，火车站建筑陆续出现。第一次世界大战期间是中国民族资本成长的"黄金时代"，轻工业、商业、金融业都有长足发展，所以引进西式建筑，成为中国工商事业和城市生活的普遍需求。在这个时期，中国近代居住建筑、工业建筑、公共建筑的主要类型已大体齐备。水泥、玻璃、机制砖瓦等近代建筑材料的生产能力有了初步发展，有了较多的砖石钢骨混合结构，初步使用了钢筋混凝土结构。中国近代建筑工人队伍逐渐壮大，施工技术和工程结构也有较大提高。辛亥革命后为数不多的在国外学习建筑设计的留学生学成归国，成为中国第一批建筑师。

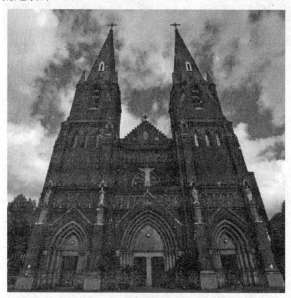

图1-1-43　上海徐家汇天主教堂

图1-1-44　北京西什库教堂

3. 20世纪中叶的中国建筑

所谓20世纪中叶，大体是指20世纪二三十年代，与西方建筑在中国流行的同时，"民族形式"的建筑运动也呈现活跃的姿态。其中最有特色的是基本模仿古代，只是用钢筋混凝土浇筑出来的建筑，如南京博物院（原为国立中央博物院）"大殿"是一座展览大厅，从整体到细部，形式完全模仿辽代北方建筑，南京的灵谷寺阵亡将士纪念塔和北京大学未名湖塔也采用钢筋混凝土建造，形式模仿宋塔和辽塔，中山陵园藏经楼是清朝汉式藏传佛教寺庙形式的再现。

中山陵建于1926年，是由中国青年建筑师吕彦直设计的。吕彦直设计的图案，平面呈警钟形，寓有"唤起民众"之意，祭堂外观形式给人以庄严肃穆之感，整个建筑朴实坚固，合乎中国观念，而又糅合西方建筑精神，融汇了中国古代建筑与西方建筑的精华，符合孙中山先生的气概和精神。中山陵各建筑在形体组合、色彩运用、材料表现和细部处理上均取得极好的效果，音乐台、光华亭、流徽榭、仰止亭、藏经楼、行健亭、永丰社、永慕庐、中山书院等建筑众星捧月般环绕在陵墓周围，构成中山陵景区的主要景观，色调和谐统一，更增强了庄严的气氛，这些建筑既有深刻的含意，又有宏伟的气势，且均为建筑名家之杰作，具有极高的艺术价值。因此，中山陵被誉为"中国近代建筑史上第一陵"（图1-1-45）。

图 1-1-45　中山陵

1.9.2　现当代建筑

我国的现代建筑，一般是指新中国成立至20世纪末的建筑，但从实际情况来讲，中国的现代建筑进程分前后两个阶段：前30年，由于种种原因，成效不多；后20年的成效甚大。

新中国成立之初，百废待兴，其建设的重点在工业建筑和住宅方面，至于建筑艺术和建筑美学，还不是主要着眼之处。直到抗美援朝之后，建筑的文化艺术等方面才开始被注意到。中国自改革开放以来，建筑艺术步入健康发展的轨道，出现了大量优秀作品。但与传统建筑和西式建筑相比，中国建筑师并没有形成自己的优势及独立风格，对于现代建筑，大多仍处于模仿借鉴阶段，在中国大地上开花结果的更多的是外国作品。

为迎接中华人民共和国成立10周年，中央人民政府决定在首都北京建设包括人民大会堂在内的国庆工程，由于这项计划大体上包括10个大型项目，故又称"十大建筑"。这十大建筑分别是人民大会堂（图1-1-46）、中国历史博物馆与中国革命博物馆（两馆处于同一建筑内，即今中国国家博物馆）、中国人民革命军事博物馆、民族文化宫、民族饭店、钓鱼台国宾馆、华侨大厦（已被拆除，现已重建）、北京火车站、全国农业展览馆和北京工人体育场（图1-1-47）。

图 1-1-46　人民大会堂

图 1-1-47　北京工人体育场

中国在1976年10月粉碎"四人帮"后，特别是1978年12月中国共产党第十一届三中全会以后，进入了建设社会主义现代化国家的新时期。从1976年10月到1978年12月，建筑活动基本上仍然延续前一时期的设计思想和创作方法，建成的大型建筑有毛主席纪念堂等。从1979年起，建筑工作者思想上解除了禁锢，建筑学术思想日趋活跃，主要表现是：①对外国建筑理论和西方现代建筑经验进行再认识；②出版了一批中国建筑学家和建筑师的学术著作；③广泛开展设计竞赛和专题学术讨论；④政府主管部门提倡繁荣建筑创作，开展评选优秀建筑设计的活动。这些活动活跃了禁锢多年的建筑思想，提高了中国的建筑学术水平。

在改革开放的形式下,中国建筑发展不但加快步伐,同时开始讲究建筑美,重视建筑美学。广东、北京、上海及全国许多大中城市,优秀作品不断涌现,令人欣喜。

香港中银大厦(图1-1-48)自1982年底开始规划设计,至1990年3月19日银行乔迁开始营业,历时7年有余,大厦基地面积约8 400平方米,高315米。中银大厦是一个正方平面,对角划分成4组三角形,每组三角形的高度不同,节节高升,使得各个立面在严谨的几何规范内变化多端。玻璃帷幕墙使得建筑线条更为简洁流畅。大厦东西两侧各有一个庭园,园中有流水、瀑布、奇石与树木,流水顺着地势潺潺而下,与周围嘈杂的道路形成对比。建筑与环境和谐相处,为人挤楼拥的香港创造了精致的室外空间,诚乃可贵之举。

东方明珠电视塔(图1-1-49)是上海的标志性文化景观之一,位于浦东新区陆家嘴,塔高约468米。该建筑于1991年7月兴建,1995年5月投入使用,承担上海6套无线电视信号发射业务,覆盖地区半径80千米。东方明珠电视塔是多筒结构,以抗风作用作为控制主体结构的主要因素。此建筑由3条竖塔和3个球体组成,主干是3根直径9米、高287米的空心擎天大柱,大柱间有6米高的横梁连接;在93米标高处,塔身由3根直径7米的斜柱支撑着,斜柱与地面呈60°交角。该建筑有入地12米的425根基桩,分别悬挂在塔身112米、295米和350米高空的是3个上千吨钢结构圆球,钢筋混凝土的建筑主体以及3根近百米高的斜撑。该塔稳定性高,时代感强,是中国现当代建筑中的优秀作品。

图1-1-48 香港中银大厦

图1-1-49 东方明珠电视塔

第 2 章　世界建筑发展文脉

※ 2.1　古埃及建筑发展文脉

　　埃及是世界上最古老的国家之一，古埃及长达 3000 年的历史，绝大部分是在稳定而统一的王朝中度过的。古埃及的最高统治者称为法老（Pharaoh），因其被神化崇拜，所以为法老建造陵墓，便成为举国上下的大事，因而这里产生了人类第一批巨大的纪念性建筑物。

　　尼罗河贯穿古埃及境内，在尼罗河周边地区形成了一定范围的绿洲。古埃及包括上下埃及两部分：上埃及是尼罗河中游峡谷，下埃及是河口三角洲。尼罗河对古埃及文化与建筑有着重要的影响，尼罗河两岸富足的灌溉农业可以使大量人口脱离农业生产，而参与到建筑劳动中来。同时，河流为人们提供了芦苇、纸草和泥土等建筑材料，芦苇和纸草同时又是建筑中重要的装饰材料。峡谷和三角洲的自然景观培养了古埃及人的审美经验和形象构思的特点。另外，尼罗河还是古埃及运输石材的主要水道。由于尼罗河年年泛滥成灾，古埃及人在大规模的水利建设中发展了几何学、测量学，创造了起重运输机械，学会了组织几万人的劳动协作，这使得古埃及的建筑都具有了壮观的特点。

2.1.1　古王国时期

　　大约在公元前 3000 年，埃及成了统一的奴隶制帝国。埃及的奴隶主直接从氏族贵族演化而来，氏族公社没有完全破坏，公社成员受奴隶主的奴役，地位同奴隶相差无几。因此国家机器特别横暴，形成了中央集权的皇帝专制制度。这时候，氏族公社的成员还是主要劳动力，作为皇帝陵墓的庞大金字塔就是他们建造的。皇帝崇拜还没有脱离原始社会的拜物教，纪念性建筑物作用单纯，处于视野开阔的空间中。

　　这个时期的建筑至今尚存的以陵墓（"马斯塔巴"、金字塔）为主。古埃及人迷信人死后会复活并从此得到永生，所以法老与贵族们千方百计地建造能保存自己躯体的陵墓。

　　最简单的、人们容易明确识别的形状如正方形、正三角形和圆形，给人的印象最为深刻，也最具纪念性。金字塔就是这样：平面是正方形，四个斜面接近正三角形，整体形象为正四棱锥体，这些都是极其简单而稳定的形体。

　　金字塔是古埃及社会制度的反映：只有在可以长期地大量地占有无偿劳动的奴隶社会中，它才能建立起来。

　　公元前 2570 年左右，在三角洲的吉萨（即今开罗近郊）建造完工了三座金字塔，这三座金字塔是古埃及金字塔最成熟的代表，也就是我们常说的大金字塔（图 1-2-1）。大金字塔主要由胡夫金字塔、哈夫拉金字塔、孟卡拉金字塔及大狮身人面像组成，周围还有许多"马斯塔巴"与小金字塔。

图 1-2-1　吉萨金字塔群

胡夫金字塔是其中最大的，它的形体呈立方锥形，四面正对四方方位。胡夫金字塔原高 149 米，现为 137 米，底边各长 230 米，占地 5.3 公顷[①]，用 230 余万块平均重约 2.5 吨的石块砌成。塔身斜度为 51°52′，表面原有一层磨光的石灰岩贴面，今已剥落。胡夫金字塔入口在北面离地 17 米高处，通过长甬道与上、中、下三墓室相连，处于皇后墓室与法老墓室之间的甬道高 8.5 米、宽 2.1 米，法老墓室有两条通向塔外的管道，室内摆放着盛有木乃伊的石棺，地下墓室可能是存放殉葬品之处。据希罗多德《历史》记载，为建造这座规模巨大的陵墓，法老胡夫征召了 3 000 名民工和军工，先后用了 33 年才完成。这座灰白色的人工大山，以蔚蓝天空为背景，屹立在一望无际的黄色沙漠上，是千百万奴隶在极其原始的条件下的劳动与智慧结晶，也是古埃及建筑神秘之美最杰出的代表。

每个金字塔的东面都有祭庙，这三座金字塔中居中的一座哈夫拉的祭庙保存还比较完整。献祭的队伍从东面远远的门厅进入，向西通过一条封闭、黑暗、狭小、长达几百米的石砌甬道到达祭堂，祭堂内有许多石柱。沿着石柱继续前行，就进入一个开敞的露天庭院，这个庭院紧靠金字塔脚下，迎面就是沐浴在阳光下的皇帝雕像。雕像后耸立着摩天掠云的金字塔。这一明一暗，一开一合以及尺度和体量上的强烈对比，产生了震撼人心的艺术效果。哈夫拉金字塔祭堂旁边还有一座借岩石凿就的狮身人面像，名为斯芬克斯，它是第四王朝法老哈夫拉在位时期修建的。哈夫拉命令工匠仿照自己的面目雕凿了这座长 45.7 米、高 19.8 米，仅面部就宽 4.1 米、口大 2.6 米的巨型狮身人面像。这座巨型石像建成后，被埃及人尊为神，历代都进行维修。它仿佛是金字塔的守护神，增加了金字塔的威势。斯芬克斯浑圆的头颅和躯体与远处金字塔的方锥形体产生鲜明对比，丰富了群体造型，也增添了神秘气氛。

朝拜金字塔的行进方向之所以从东到西，是因为人们认为人的一生也正像太阳的运行一样，从东方开始，到西方落下。长长的黑暗的甬道象征死亡以后必须度过的漫长的三千年；沐浴在阳光下的庭院则象征在极乐世界的再生与永存。

金字塔的巨大体量，在大沙漠的灼人阳光下和空旷无垠的原野里很有表现力，非常适合古埃及的自然环境特色。那高大而单纯的形体，与尼罗河三角洲的自然风光构成了一种有机的组合，折射出一种原始浑朴的美，不愧为古埃及文化最伟大的象征。人们匍匐在这些奇大无比的冷漠的物质堆的脚下，显得多么渺小，心中油然而生一种崇高神圣的情感，不禁要膜拜最大奴隶主法老的无上权威。与巨大的体量相比，金字塔的内部空间却是如此的微不足道，与我们日常生活中的"建筑"概念如此不同，所以有人认为金字塔不是建筑，不如把它称为雕塑更加恰当。

[①] 1 公顷 =1 万平方米。

2.1.2 中王国时期

约公元前 2040 年，埃及进入中王国时期，首都迁到上埃及的底比斯，这里峡谷狭窄，两侧都是悬崖峭壁。由于地理位置、自然环境，都发生了较大的变化，适合在大漠里建造的金字塔，在这里完全不适应。因此，中王国时期的建筑以石窟陵墓为代表。

在中王国时期，手工业和商业发展起来，出现了一些有经济意义的城市。皇帝崇拜逐渐从原始拜物教脱离出来，产生了祭祀阶层。皇帝的纪念物也从借助自然景观、以外部表现力为主的陵墓逐渐向以在内部举行神秘的宗教仪式为主的庙宇转化。

这个时期主要的建筑活动集中在首都底比斯周围，现存的建筑以庙宇为主，有些规模很大并且巧妙地与地形相结合。

这一时期的建筑已采用梁柱结构，能建造较宽敞的内部空间。建于公元前 2000 年前后的曼都赫特普三世墓（图 1-2-2）和哈特什帕苏墓（图 1-2-3）是典型实例。

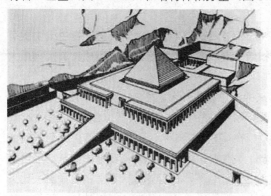 

图 1-2-2　曼都赫特普三世墓复原图　　　　图 1-2-3　哈特什帕苏墓

曼都赫特普三世的陵墓建筑群有严正的纵轴线，说明人们已经认识到对称构图的庄严性以及美学效果，雕像和建筑物，院落和大厅做纵深序列布置，增强了纪念性建筑物内部艺术的意义。

在曼都赫特普三世墓里，内部空间和外部形象的重要性处于同等水平，前者的重要性已经大大增加，而后者还保持着作为主体的重要性。它的金字塔是古王国传统的遗迹。金字塔打断了内部空间的序列，妨碍着强有力的内部空间艺术的发展。旧传统与新形制、新构思矛盾尖锐，标志着这个时期处于过渡阶段。

哈特什帕苏墓建筑群的布局和艺术构思同曼都赫特普三世墓基本一致，但规模更大，正面更开阔，同悬崖的结合更紧密，轴线也更长，整体感觉更加壮丽。它的一个重要性进展是彻底淘汰了金字塔。

在中王国时期，贵族府邸的布局形制已很发达。三角洲上的卡宏城（Kahune），可能是给建造大金字塔的作为公社成员的工匠们和一些管理工程的官员和贵族们居住的，那里的贵族府邸，有的占地达到 60 米×45 米，有几重院落，房间 70 多间，有的有楼层。当地气候炎热，住宅布局注重遮阳和通风，其采用内院式，主要房间朝北，前面有敞廊，以减弱阳光的辐射热。屋顶是平的，大小房间之间有高低差，利用这个高低差开侧高窗通风。房间分男用、女用两组，朝院子开门窗，外墙基本不开窗，力求和街道隔离，私密性很强。

另外，随着奴隶制的发展和氏族公社的进一步解体，皇帝专制制度强化了，相应地，在中王国时期，人们幻想太阳神在天上取得了统治地位。到了新王国时期，适应专制制度的宗教形成了，皇帝同高于一切的太阳神结合起来，被称为太阳神的化身，皇帝崇拜摆脱了自然神崇拜，从"伟大的神圣"变成了"统治着的太阳"。祭司们的势力迅速强大起来。

从此，太阳神庙就代替了与原始拜物教联系的陵墓而成为皇帝崇拜的纪念性建筑物，占了最重要的地位，在全国范围内被普遍建造。

神庙的形制在中王国时期基本定型。先是有一些贵族的祀庙，取法于贵族府邸的中央部分并加以发展，在一条纵轴线上依次排列着高大的门、围柱式院落、大殿和一串密室。从柱廊经过大殿到密室，屋顶逐层降低，地面逐层升高，侧墙逐层内收，空间因而逐层缩小。后来底比斯的地方神阿蒙（Amon）的庙便采用了这个布局。太阳神成为主神之后，和作为新首都的底比斯的阿蒙神合而为一，于是太阳神庙也采用了这个形制，而在门前增加了一两对作为太阳神标志的方尖碑。

2.1.3 新王国时期

公元前1553年至公元前1085年，是埃及新王国时期。在这个时期，埃及不断对外用兵，使得版图扩大一倍，因此这一时期又称为埃及帝国时期。

新王国时期形成了适应专制制度的宗教，太阳神庙代替陵墓成为主要建筑类型。它主要由围有柱廊的内庭院、接受臣民朝拜的大柱厅和只许法老和僧侣进入的神堂密室三部分组成。其规模最大的是卡纳克的阿蒙神庙（图1-2-4）。

卡纳克的阿蒙神庙是在很长时期里陆续建造起来的，总长366米，宽110米。前后一共造了6道大门，而以第一道门最为高大，门高43.5米、宽113米。神庙的大殿内部净宽103米、进深52米，密排着134根柱子（图1-2-5）：中央两排12根高21米、直径3.57米，上面架设着9.21米长的大梁，重达65吨；其余的柱子高12.8米、直径2.74米。早在古王国末期，有些石柱的细长比已经达到1∶7，柱间净空2.5个柱径。中王国时期的一些廊柱，比例更小。但这座大殿里的柱子细长比只有1∶4.66，柱间净空小于柱径，可见，用这样密集的、粗壮的柱子，是有意制造神秘、压抑的效果。这些柱子上满布阴刻浮雕，上着彩色；柱梁之间的交接非常简洁，比例十分匀称；承重构件与被负荷构件之间在视觉上是均衡的，艺术上很成熟，美学效果十分完美。

图1-2-4 阿蒙神庙

图1-2-5 阿蒙神庙大殿柱子

2.1.4 希腊化时期

从公元前11世纪起，埃及逐渐衰落，先后被利比亚人、埃塞俄比亚人、亚述人和波斯人所征服。

由于铁器开始取代青铜器和石器，石材加工工艺开始退化，建筑工艺也随之衰退。但埃及的文化对地中海西部、西亚和波斯都产生了很大影响，波斯人从埃及掳走了大量的工匠去建造他们的宫殿。

公元前一千纪的中叶，古希腊文化逐渐繁荣，对地中海东部沿岸地区产生了重大的影响。埃及的工艺品和美术品趋向模仿希腊的样式。一些希腊商人在尼罗河三角洲定居，建造住宅、旅馆之类，带来了希腊的建造传统。

公元前4世纪中叶，马其顿的亚历山大大帝（前356—前323年）崛起，一直向东征战到印度河流域。在这个广阔疆域里，他大力提倡希腊文化。公元前332年，亚历山大驱逐了当时占领着埃及的波斯人，成为埃及的统治者，在地中海岸建设亚历山大里亚城。

公元前323年亚历山大去世之后，帝国分裂，地中海东部进入了"希腊化"时期。亚历山大的一个将军——希腊人托勒密在埃及建立了托勒密王朝（Ptolemy Dynasty，前305—前30年），以亚历山大里亚城为首都。整个城市完全是希腊式的，它的图书馆和灯塔都是古代重大的建筑成就。公元前30年，埃及并入罗马帝国的版图。

※ 2.2 亚洲建筑发展文脉

2.2.1 古西亚建筑

古西亚位于幼发拉底河和底格里斯河流域，由美索不达米亚平原（两河下游）和伊朗高原（两河上游）组成。这一区域是亚非欧三洲文化交会的地域，气候炎热多雨，盛产黏土，缺乏木材和石材，因此建筑常有土夯的台基。这一时期的建筑从夯土墙开始，到土坯砖、烧砖的筑墙技术，并以沥青、陶钉、石板贴面及琉璃砖保护墙面，使材料、结构、构造与造型有机结合，创造了以土作为基本材料的结构体系和墙体饰面装饰方法，集技术、艺术、功能于一体。这反映了古西亚人民的建筑美学理念，这种理念对后来的拜占庭建筑和伊斯兰建筑影响很大。

历史学家普遍认为，古西亚约在公元前3500年至公元前4世纪。包括早期的阿卡德—苏马连文化，以后依次建立的奴隶制国家为古巴比伦王国、亚述帝国、新巴比伦王国和波斯帝国，这一时期是两河下游文化最灿烂的时期。纷乱复杂的历史进程促进了文化的交流，但没有形成稳定的、有长远影响的建筑传统，外来的各种建筑文化常常糅杂在一起，给人一种各种文化融合在一起的美的感受。

古西亚长期流行拜物教，所以没有神秘的、威严的建筑形制和风格，世俗建筑占主导地位。代表性建筑主要有位于乌尔的山岳台，萨尔贡王宫，波斯波利斯王宫和"空中花园"等。

1. 山岳台

山岳台，又译为观象台、月神台、庙塔，是古代西亚人崇拜山岳、天体，为观测星象而建的多层塔式高台建筑。

古西亚人认为山岳支撑着天地，山里蕴藏着生命的源泉，天上的神住在山里，山是人与神之间交通的道路，所以他们把庙宇叫作"山的住宅"，并将其造在高高的台面上。他们用土坯砌筑或夯实成的多层高台，外形呈阶梯状，四角正对四方方位，顶上有神堂，由阶梯或坡道到达台顶。山岳台的坡道有正对着主体的，有沿正面左右分开的，也有呈螺旋式的。

乌尔山岳台（图1-2-6）由生土夯筑，外贴一层砖饰面，砌着薄薄的凸出体。第一层基底面积为65米×45米，高9.75米，有三条大坡道通向第一层，一条垂直于正面，两条贴着正面。第二层的基底面积为37米×23米，高2.50米，二层以上残毁，据估算，山岳台总高约21米。

图1-2-6　乌尔山岳台遗址

2. 萨尔贡王宫

两河上游的亚述统一了西亚，征服了埃及之后，它的建筑除了具有当地的石建筑传统之外，又大量汲取两河下游和埃及的经验。皇帝们大兴土木，修建都城，建设规模大于以前西亚任何一个国家，其中最重要的建筑遗迹是萨尔贡王宫（图1-2-7）。

萨尔贡王宫平面为方形，每边长约2千米，城墙厚约50米，高约20米，上有可供四马战车奔驰的大坡道，还有碉堡和防御性门楼。宫殿与观象台同建在一高118米，边长300米的方形土台上。这种由四座碉楼夹着三个拱门的宫城门是两河下游的典型建筑形式。

从地面通过宽阔的坡道和台阶可达王宫宫门，而王宫的宫殿由30多个内院组成，功能分区明确，有200多个房间。王宫正面的一对塔楼突出了中央的券形入口。宫墙贴满了彩色琉璃面砖，上部有雉堞，下部有高3米余的石板贴面，其上雕刻着人首翼牛像，其中最大的是大门处的一对人首翼牛像，高约3.8米，它们守护着宫殿，象征着智慧和力量。

人首翼牛像（图1-2-8）是萨尔贡王宫宫殿裙墙转角处的一种建筑装饰。它们的正面表现为圆雕，侧面为浮雕。正面有两条腿，侧面有四条，转角一条在两面共用，一共五条腿。因为它们巧妙地符合观赏条件，所以并不显得荒诞。它们的构思不受雕刻题材的束缚，把圆雕和浮雕结合起来，很有创新精神。人首翼牛像是亚述常用的装饰题材，通过喜特人和腓尼基人传来，象征健壮、智慧和力量，可能和埃及的狮身人面像有联系。

图1-2-7　萨尔贡王宫

图1-2-8　人首翼牛像

3. 波斯波利斯王宫

公元前6世纪到公元前4世纪，西亚的波斯帝国国势进入强盛时期。波斯人曾创立横跨亚非欧的伟大帝国，他们信奉拜火教，露天设祭，没有庙宇。按部落特有观念，皇帝的权威不是由宗教建立的，而是由他所拥有的财富建立的，因此波斯皇帝的掠夺和聚敛不择手段，他们的宫殿极其豪华壮丽，却没有宗教气氛。

波斯波利斯王宫（图1-2-9）建于公元前518年至公元前460年。宫殿建在依山筑起的平台上，台高约15米、长460米、宽275米，主要用伊朗高原的硬质彩色石灰石建造。宫殿北部为两座仪典大殿，东南是财库，西南为王宫和后宫，周围有花园和凉亭，布局规整，但整体无轴线关系。宫殿正面入口前有大平台和大台阶。台阶两侧墙面刻有浮雕群像，象征八方来朝的行列，这些浮雕群像与大台阶的外形相适应，逐级向上升高，与建筑形式协调统一。

两座仪典大殿平面都为正方形，石柱木梁枋结构。前面一座是薛西斯一世接待殿，76.2米见方。殿内有石柱36根，柱高19.4米，柱径与柱高之比为1:12，柱中心纵横间距均为8.74米。大殿四角有塔楼，塔楼之间是两进柱廊，高约为大殿的一半。大殿开高侧窗。西面柱廊为检阅台，可以俯瞰朝贡的外国使节。另一大殿是大流士百柱殿，68.6米见方，有石柱100根，柱高11.3米，石柱上的雕刻非常精致，覆钟形的柱础上刻有刻花瓣纹，柱础之上为半圆线脚。石柱的柱身有40到48条凹槽。而石柱的柱头由覆敞、仰钵、几对竖立的涡卷和一对相背而跪的雄牛像组成（图1-2-10）。两座大殿结构轻盈、空间宽敞，在古代建筑中是罕见的。宫殿外墙面贴黑白两色大理石或琉璃面砖，上面有彩色浮雕。木枋和檐部贴有金箔。大厅内墙满饰壁画。

图1-2-9　波斯波利斯王宫遗址

图1-2-10　波斯波利斯王宫石柱

4. 巴比伦"空中花园"

公元前18世纪前半期，古巴比伦王国汉谟拉比王统一两河流域，建筑了巴比伦城，即以此为国都，同时这里成为祭祀马尔杜克神的中心。巴比伦在阿卡德语中意为"神之门"。公元前689年，巴比伦城为亚述王辛那赫里布所毁，不久又经新巴比伦王国重建。新巴比伦国王尼布甲尼撒二世在位时，该城达到极盛。新巴比伦人学会了用色彩明快的上釉砖建造主要纪念物，所以巴比伦城的色彩令人吃惊。著名的例子就是"空中花园"（图1-2-11）。

"空中花园"是古代的世界七大奇迹之一，又称悬园。"空中花园"据说采用立体造园手法，将花园放在四层平台之上，由沥青及砖块建成，平台由25米高的柱子支撑，并且有灌溉系统，奴隶不停地推动连接着齿轮的把手。花园以亮丽的蓝色为底色，由白、黄两色组成的狮子、公牛和龙的图案散布在城墙各处，由上到下一层一层地排列着，昂首阔步，栩栩如生。园中种植各种花草树木，远看犹如花园悬在半空中。由于时代久远，战火不断，美丽的"空中花园"现已不复存在。

图 1-2-11 16 世纪的画家绘画的巴比伦"空中花园"

2.2.2 古印度建筑发展文脉

古印度包括印度河和恒河流域,也是四大文明古国之一。那里是佛教、婆罗门教和耆那教的发祥地,后来又有伊斯兰教流行。各种文化的交织既留下了丰富的文明,也留下了无数的建筑,这些建筑风格各异,赋予了印度建筑多元之美。

公元前 3000 年,印度就出现了摩亨佐·达罗和哈拉帕这两座宏伟的大都市。特别是摩亨佐·达罗城,从现存遗址来看,其显然曾经经过严格的规划:全城分成上城和下城两个部分,上城住祭司、贵族,下城住平民;城市的街道很宽阔,拥有很完整的下水道;城里有各种建筑,包括宫殿、公共浴场、祭祀厅、住宅、粮仓等,功能很明确。

宗教是印度古文化最重要的内容,宗教建筑是印度建筑的核心内容。在印度,宗教呈现出种类多样,思想混杂,充满矛盾的多元性特征,这也使得印度的建筑呈现出独特的多元之美。

1. 佛教建筑

(1) 窣堵波。窣堵波是一种用来埋葬佛骨的半球形建筑,中文也称"塔""浮屠"。世界上最大的窣堵波在桑吉(图 1-2-12),约建于公元前 250 年,半球体直径 32 米,高 12.8 米,下为一直径 36.6 米,高 4.3 米的鼓形基座。桑吉窣堵波的半球体用砖砌成,红色砂岩饰面,顶上有一圈正方石栏杆,中间是一座亭子,名曰佛邸。窣堵波周围竖有石栏杆,四面正中均设门,门高 10 米,门立柱间用插榫法横排三条石枋,断面呈橄榄形。门上布满浮雕,轮廓上装饰圆雕,题材多是佛祖本生故事。

图 1-2-12 桑吉窣堵波

（2）石窟。印度人相信大地的深处与神灵具有某种神秘的联系，因此热衷于在坚硬的山岩峭壁上开凿各种洞穴，以供僧人修行或信徒进行宗教仪式之用，这就是石窟。

石窟主要有两种类型：一种是居住用的僧房，叫作毗诃罗窟；另一种是祭祀聚会用的圣殿，叫作支提窟。毗诃罗窟以一个方厅为核心，在其三面凿出几间方形小室，供僧侣静修用，第四面为入口，设有门廊。举行宗教仪式的支提窟为平面长方形，纵端为半圆形，半圆形的中间有一窣堵波。除入口处外，沿内墙面有一排柱子。毗诃罗窟和支提窟常相邻并存，如阿旃陀的石窟群（图 1-2-13）。

图 1-2-13 阿旃陀石窟

石窟一般在门口做一个火焰形的门洞，主要空间藏在山岩里，光线很灰暗。印度一共有 1200 多个石窟，最大的一座卡尔利石窟（图 1-2-14）属于支提窟，高 13.7 米、深达 37.8 米，里面有很整齐的两排八边形柱子和拱形的屋顶，显得非常宽敞。洞穴入口处有一道石头门廊，门廊的上方开有马蹄形的窗口做通风用。在门廊尽端，设置了一个小窣堵波作为膜拜的对象。

图 1-2-14 卡尔利石窟

（3）佛塔。某些地方的窣堵波造型逐渐发生变化，下面的台基越来越高，形成高大的塔身，而半圆形的覆钵却缩小成为顶上的一支刹，这样就出现了新的建筑类型——佛塔。印度的佛塔通身由石头砌筑，没有一层一层的檐，造型与中国的宝塔很不一样。印度最著名的佛塔就是位于菩拉迦耶的佛祖塔（图1-2-15）。佛祖塔始建于公元2世纪，14世纪重建。佛祖塔采用金刚室座式，在高高的方形台基中央有一个高大的方锥体，四角有四座式样相同的小塔，衬托出主体的雕佛。塔身轮廓为弦形，由下至上逐渐收缩，表面布满雕刻。佛祖塔造型壮观，精致华丽，是古印度人民高超的石砌、石雕艺术的杰出代表。

图 1-2-15 佛祖塔

2. 印度教建筑

印度教形成于公元2世纪左右，它是综合各种宗教，主要是婆罗门教信仰产生出来的一个新教，以梵天、毗湿奴、湿婆三神为主神。印度教继承婆罗门教的生殖崇拜传统，在圣地竖立象征性男根，这就赋予了印度教庙宇高耸的形象。印度教庙宇同时是三位一体神的象征，内部表现为3个串联的厅，外部表现为3个相连的高耸建筑。庙宇几乎一个造型，外观不反映内部实际功能和结构逻辑，屋顶和墙垣没有明显区别。印度教庙宇的原材料是石材，仿竹木梁架，结构技术不高，从台基到屋顶布满雕刻。位于瓦拉纳西的卡朱拉荷神庙（图1-2-16）是印度教建筑的杰出代表。

图1-2-16　卡朱拉荷神庙

卡朱拉荷神庙是现今保存最完整的印度教庙宇群落，是由昌德拉王朝在公元950年至1050年间建造而成的。卡朱拉荷神庙分为三个组群，其中西区部分最为重要。这些庙宇都是由基座、中层和顶端三部分组成。宽大的基座由几何形状的图案装饰，中间部分刻有男神、女仙、战神、舞女、乐师等，而庙宇顶部呈竹笋状。

3. 婆罗门教建筑

从公元10世纪起，印度各地普遍建造婆罗门教庙宇，形式和规格都参照农村的公共集会建筑和佛教的支提窟。庙宇用石材建造，采用梁柱和叠式结构。从外形看，庙宇从台基到塔顶连成一个整体，布满雕刻。

婆罗门教的建筑形式在印度各地各有不同。北部的寺院体量不大，有一间神堂和一间门厅，都是方形平面，共同立于高台基上。门厅部分的檐口水平挑出，檐口上方是密檐式方锥形顶，最上端是一个扁球形宝顶。神堂上面是一个方锥形高塔，塔身密布凸棱，塔形曲线柔和，塔顶也是扁球形宝顶。神堂是一间圣殿，四方正方位开门，整个庙宇象征婆罗门教湿婆、毗湿奴、梵天三位一体神。北方婆罗门教庙宇最杰出的代表是科纳拉克的太阳神庙（图1-2-17）。

南部寺院规模庞大，通常以神堂为主体，还有僧舍、旅驿、浴室、马厩等。周围是长方形围墙，神堂顶上，每边围墙中央的大门顶上都有高耸的方锥形塔，造型挺拔、简洁，虽满布雕刻，仍保持单纯几何体的轮廓。

图 1-2-17 太阳神庙

中部寺庙的四周有一圈柱廊，里面是僧舍或圣物库。院子中央宽大的台基正中是一间举行宗教仪式的柱厅，它的两侧和前方，对称地簇拥着 3 个或 5 个神堂。神堂平面为放射多角形，神堂上的塔不高，彼此独立，塔身轮廓为柔和的曲线，有几道尖棱直通相轮宝顶。一圈出挑很大的檐口把几座独立的神堂和柱厅殿连为一体。

4. 耆那教建筑

耆那教是印度传统宗教之一，教徒的总数约 400 万人，"耆那"一词原意为胜利者或修行完成的人。耆那教徒的信仰是理性高于宗教，认为正确的信仰、知识、操行会引导人们走向解脱之路，进而达到灵魂的理想境界。耆那教是一种禁欲宗教，它的教徒主要集中在西印度。耆那教徒不从事以屠宰为生的职业，也不从事农业，主要从事商业或工业。耆那教不讲究信神，但崇拜 24 祖，在印度建立有关 24 祖的寺庙达到 4 万多个。耆那教寺庙形制与婆罗门教庙宇差别不大，它的主要特征是有一个十字形平面的柱厅，长长的柱子支撑着八角形或圆形的藻井（图 1-2-18），藻井精雕细琢，极其华丽。整座寺庙内外皆布满数以千计的人物、动物浮雕和圆雕以及精雕细琢的各种花纹，颇有些巴洛克艺术的风范。

5. 伊斯兰教建筑

崇拜伊斯兰教的莫卧儿帝国统治印度时，在各地建造了大量清真寺、陵墓、经学院和城堡。这些建筑的形式和规格虽受中亚、波斯的影响，但已具有了独立的特征。建筑的穹顶有了很大的改进，清真寺、陵墓多以大穹顶为中心做集中式构图，四角则以体形相似的小穹顶衬托。建筑立面设有尖券的龛，墙体多用紫赭色砂石和白色大理石装饰。印度的伊斯兰教建筑广泛使用大面积的大理石雕屏和窗花，建筑轮廓饱满，色彩明朗，装饰华丽，具有强烈的美学效果。泰姬陵和红堡是印度伊斯兰教建筑的代表作品。

泰姬陵（图 1-2-19）位于阿格拉城郊，朱木拿河南岸。莫卧儿王朝第五代皇帝沙贾汗建造了许许多多的传世建筑，而这座为其宠妃泰吉·玛哈尔所造的陵墓是最得意的作品，也是为后世赞颂最多的经典之作，人称"大理石上的诗"。

图 1-2-18 耆那教建筑中部的藻井

图 1-2-19　泰姬陵

泰姬陵呈长方形，占地 17.7 万平方米，东西宽 304 米，南北长 583 米，以红砂岩围墙环护。东西围墙中央开波斯式半穹窿形门殿，南墙中央开拱形大门。陵墓整体分三大部分，南区为大门、花木庭院、院落和附属建筑物，中区为正方形的花园，北区为陵墓。一条宽阔的红石甬道从大门穿过前院、花园，直通陵墓。

南区的庭院正面宽 161 米，深 123 米，里面铺着草坪，栽满树木。穿过林荫甬道，走到庭院尽头就是第二道大门，这是一个尖券大龛式的大院落，门楣和照壁刻着《古兰经》经文，镶满不同颜色的云母片和宝石。

打开第二道大门，豁然开朗，眼前是一个梦幻般的花园——莫卧儿式花园。一条十字水渠将花园一分为四，水渠交点是一个大理石砌成的方形水池。每片花园又由一个十字小径一分为四，合计 16 个方形园圃，里面栽满奇花异木。花园尽端就是陵园的主体建筑。陵墓建在一个高 5.4 米、边长 95 米的正方形大理石平台上。寝宫平面为八角形，直径 56.7 米，连同平台通高 74 米，接近美国国会大厦圆穹高度（87.5 米）。

寝宫内部为正方形，四壁各有一扇拱门，大拱门两侧整齐地排列着 24 扇小拱门，门、窗、屏风均以镂空的大理石镶嵌琉璃、玛瑙，局部还镶以贵重的宝石，组成荷花、百合花图案和《古兰经》经文。寝宫中央上空是个直径 17.7 米的圆穹窿，顶端离地 61 米，使人一入内即有空旷、肃穆的感觉。

中央大圆穹的四周环绕着四座土耳其式的小圆穹，五穹直插蓝天，显得饱满有力。登顶即可览阿格拉城全景。平台四角各立一座圆形细塔，塔顶都有小圆穹，高 41 米，俗称邦克楼，是阿訇召唤信徒祈祷的宣礼塔。圆穹群如众星拱月，纤细的圆塔将寝堂主体烘托得更加雄伟、庄重。平台两侧各有一个水池，池侧各建一座相同的建筑物——清真寺，两座清真寺以红砂岩建筑而成，顶部是典型的白色圆顶，而兴建这两座清真寺的主要目的是维持整座泰姬陵建筑的平衡效果，以达到对称之美。

进入尖券大龛式的寝门，内有五间墓室，其中只有正中一间被使用，八扇大理石屏风围着两具镶金玉的空石棺，其中一具略小，两具大小真棺放在地下室，有金门、银吊灯，金箔贴壁，富丽无比。

朱木拿河在寝宫墙下缓缓流过，陵园倒映河中，诗情画意难以尽说。印度人说，来印度不到泰姬陵，就等于没来过印度。泰姬陵和中国的长城一样，名列"新世界七大奇迹"，是印度古老文明的象征。

印度德里红堡（图 1-2-20）坐落在德里旧城东北部、朱木拿河西岸。红堡的正式名称为"红色城堡"，是一座用赭砂石建成的壮丽宫殿群，呈不规则八角形，南北长 915 米，东西宽 548 米，高 33.5 米。城堡上竖立着用上等白色大理石筑成的小塔，小塔用黄金、钻石和宝石镶嵌装饰后，又添加了多色马赛克,并将每块宝石精心加工后再嵌入大理石板的凹槽中,最后抛光,使这些宝石更加平滑光亮。此外,城堡上还有美丽的亭阁、阳台和透雕的大理石窗户。红堡有二大三小5座门,西边的正门拉合尔门高12.05米,门上建有八角形尖圆楼房和望楼。宫殿内墙中央有一个壁龛,前面是国王的大理石宝座,高约3米,上面刻有花鸟、树木等浮雕,雕工细腻。堡内最豪华的白色大理石宫殿叫枢密宫,全部用白色大理石建造,是国王与大臣商议国家大事的地方,素有"人间天堂"之称。宫殿三面是方形组成的拱门,一面为透雕方形窗户,外形像一座雕饰华美的凉亭。宫内原有一座世界闻名的"孔雀王座",长约2米,宽1米多,用11.7万克黄金制成,上面镶嵌钻石、翡翠、青玉和其他宝石,下部镶嵌着黄玉,背部是一棵用各种宝石雕成的树,树上站着一只用彩色宝石嵌成的孔雀。宝座的底座有12块翡翠色石头,而台阶用银子铸造。

图 1-2-20 德里红堡

2.2.3 古阿拉伯建筑发展文脉

阿拉伯半岛东濒波斯湾、西临红海、南为阿拉伯海,面积约为320万平方千米,是世界上最大的半岛。7世纪中叶,伊斯兰教兴起于阿拉伯半岛,由麦加的古莱什部族人穆罕默德复兴。公元622年,半岛上建立起了以伊斯兰教为宗教信仰的国家,通过不断向外扩张,至公元8世纪,已发展成为东及印度,西至西班牙,版图横跨亚非欧的庞大的阿拉伯帝国,其先以麦地那为首都,后以大马士革为首都。

阿拉伯人本来是游牧民族,没有自己的建筑传统,但随着不断向外扩张,以及伊斯兰教的持续稳定和发展,阿拉伯的建筑形成了融多种民族和地方风格于一炉的特色。阿拉伯建筑,或称伊斯兰建筑,有着自己鲜明的特征,如喜爱在立方体形房屋上覆盖穹隆顶,喜爱使用形式多样,富有装饰性的叠涩拱券,以及大面积使用彩色琉璃镶嵌等。然而由于伊斯兰世界地域广阔,历史演变复杂,最终形成了多种地方风格和民族风格。

伊斯兰教建筑主要包含清真寺、伊斯兰学府、宫殿、陵墓等,是世界建筑艺术和伊斯兰文化的组成部分。它同印度建筑、中国建筑并称为东方三大建筑体系。

1. 清真寺

清真寺是伊斯兰教建筑的中心部分,主要表现为设计巧妙、建筑手法新颖和装饰艺术独特,堪称伊斯兰教建筑美学的典范。伊斯兰教先知穆罕默德时期修建的清真寺,采用了阿拉伯民族传统的建筑形式，其特点是：土坯或岩石结构，没有屋顶，或以树枝遮掩，室内无装饰，陈设简朴无华。这时的清真寺，大致由三部分组成：庭院、枣树枝或胶泥混制的屋顶、树墩或土筑成的"敏拜尔"（演讲台）。穆罕默德亲自主持初建的麦地那清真寺即属这一类。改建后的麦地那清真寺屋顶由一只船的残骸搭制而成，外墙东南角镶嵌有一块黑色陨石，此外再无别的装饰和设施。但经过千余年的多次扩建，原先简陋的清真寺已发展成为规模宏大的建筑群落（图1-2-21）。

　　四大哈里发时期，伊斯兰教向阿拉伯半岛外的广大地区迅速传播，穆斯林在各地修建了一大批清真寺，如埃及福斯塔特（开罗旧称）的阿慕尔清真寺，伊拉克的巴士拉、库法两座清真寺，都保持了阿拉伯民族传统的建筑风格，有的规模较大，能容纳数千人同时礼拜。阿慕尔清真寺（图1-2-22）的四座"迈纳尔"（尖塔）是伊斯兰教建筑史上最早出现的造型。

图 1-2-21　现在的麦地那清真寺

图 1-2-22　阿慕尔清真寺

八九世纪，伊斯兰教建筑师受拜占庭和罗马建筑形式的影响，在基督教、犹太教堂建筑基础上建造了一批不同于阿拉伯风格的清真寺和宫殿民用建筑。西班牙的科尔多瓦清真寺（图1-2-23）是在原有建筑基础上改建而成的，大殿内密布罗马式柱子，柱头和天花板之间重叠着两层发券，大殿的结构给人深且高的感觉。"米哈拉布"（凹壁）的工艺复杂，星座式吊灯悬挂在大殿顶部，门窗花饰也很新颖。叙利亚的大马士革清真寺（图1-2-24）、耶路撒冷的阿克萨清真寺都不同程度地受到希腊、罗马建筑风格的影响。

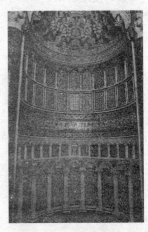

图 1-2-23　科尔多瓦清真寺大殿内部　　　　　图 1-2-24　大马士革清真寺的讲经台

随着伊斯兰教在亚洲广大地区的发展，阿拉伯传统的建筑形式与伊朗、土耳其、印度、巴基斯坦、中国等国的建筑形式相结合，在上述国家中出现了众多的、新的伊斯兰教建筑形式。伊朗、伊拉克、巴基斯坦、印度和中国新疆地区的清真寺建筑互有近似之处，属于集中式、纪念性建筑。这些清真寺以覆有巨型穹顶的大殿为中心，若干小穹顶环抱周围。大殿前有一开阔的广场，"迈纳尔"矗立四边，大殿门窗呈拱券形，门窗上的木雕窗花、大殿内的"敏拜尔""米哈拉布"都富有精美的工艺造型。墙壁上书写有《古兰经》警句。伊朗的国王清真寺（图1-2-25）、巴基斯坦的巴德夏希清真寺和中国新疆的艾提卡尔清真寺、库车清真寺都是这一形式的代表。

图 1-2-25　国王清真寺

2. 伊斯兰学府

伊斯兰学府的设计和建造与清真寺建筑有很密切的关系，有些学府甚至建于清真寺附近或其中，如埃及的爱资哈尔大学（图 1-2-26）、摩洛哥的卡拉维因大学、突尼斯的栽突那大学等，初建时规模不大而且设施简单，没有正规教室和校舍，教学活动在清真寺大殿内举行。随着伊斯兰教的传播和伊斯兰文明的发展，这些伊斯兰学府已成为传播社会知识、进行宗教教育的场所，建筑设施、教学手段不断完善，爱资哈尔大学已成为举世无双的伊斯兰大学城。

图 1-2-26 爱资哈尔大学

3. 伊斯兰宫殿

伊斯兰宫殿以西班牙的阿尔汉布拉宫（图 1-2-27、图 1-2-28）为代表，这是现存伊斯兰宫殿中最为完整的一座。它位于一个地势险要的小山上，有一圈 3 500 米长的红石围墙蜿蜒于浓荫之中，沿墙耸立着高高低低的方塔。围墙的大门叫公正门，在宫殿南边，君主在这里审理诉讼。宫殿偏于北面，它以两个互相垂直的长方形院子为中心，南北向的叫石榴院，以朝觐仪式为主，比较肃穆；东西向的叫狮子院，比较奢华，是后妃们居住的地方。

图 1-2-27 阿尔汉布拉宫

图 1-2-28　阿尔汉布拉宫中庭

建造阿尔汉布拉宫的时候，西班牙的伊斯兰国家已经十分窘促。格拉纳达王国臣服于西班牙的天主教君主，偏安一隅，屈辱求存，面临着不可挽回的没落，一种无可奈何的哀愁笼罩着宫廷。这造成了阿尔汉布拉宫独特的美学风格：精致而柔靡，绚丽而忧郁，亲切而惆怅。

4. 伊斯兰陵墓

陵墓也是伊斯兰建筑的一种重要类型，它的特点是采用集中式构图，体形简洁稳定，厚重朴实，强调垂直线，富于纪念性。古尔·埃米尔墓是当时陵墓建筑的一件杰作，它是帖木儿帝国创建者帖木儿汗的陵墓，位于中亚乌兹别克斯坦撒马尔罕城。陵墓建有阿拉伯式球锥形大圆拱顶，四周镶嵌着用玛瑙方砖组成的金碧辉煌的壁画，彩砖、金饰交相辉映，浑然一体。底部建筑用各种颜色的砌面装饰。墓门和栏杆都有精细的石、木雕刻，陵墓内壁下部全用大理石砌成，上部用彩砖嵌成各种几何图案和《古兰经》经文。一条窄梯通往地下墓室，墓室由优质砖砌成，下面还有 4 米深的地基。古尔·埃米尔墓现仅存基座部分。

2.2.4　日本建筑发展文脉

日本建筑早在公元 1 世纪便形成了它基本的特点，这便是使用木构架，通透轻盈。这些特点可能是在中国南方和南洋各地的影响下形成的，也是因为日本岛屿上盛产木材的缘故。后来，中国的影响显著地占了主导地位，木构架采用了中国式的梁柱结构，甚至也有斗拱。它们平行排架，因此空间布局也以"间"为基本单元，几个间并肩联排，构成横向的长方形。它们具备中国建筑的一切特点，包括曲面屋顶，飞檐翼角和各种细节，如鸱吻、隔扇等。

但是，日本建筑仍然具有鲜明的民族特色，很有创造性，尤其是它们的美学特征。除早期的神社外，日本古代的都城格局、大型的庙宇和宫殿等，比较恪守中国建筑形制，而住宅到后来则几乎完全摆脱了中国建筑的影响而自成一格，结构方法、空间布局、装饰、艺术风格等与中国住宅大异其趣。茶室、数寄屋之类，可以说完全是日本建筑的独创了。它们的美学特征是非常平易亲切，富有人情味，尺度小，设计得细致而朴素，精巧而素雅。日本建筑重视也擅长于呈现材料、构造和功能性因素的天然丽质，草、木、竹、石，甚至麻布、纸张，都被利用得恰到好处。

1. 神社

日本建筑中最有特色的是神社，遍布全国，有10余万所，建造年代从古迄今未尝中辍。早期神社模仿当时比较讲究的居住建筑，因为在观念上，神社是神灵的住宅，而人们只能按照自己的生活去揣摩神灵的生活，而且当时的建筑学也远远没有达到专为神灵另创一种神社形制的水平，所以这些早期神社贴近朴实的人民生活，它们的建筑风格可以代表日本建筑的基本气质。

神社纵深布局，富有层次，入口处有一座牌坊，一根大木横架在一对柱子上，左右两端伸出，有些在稍低一点的位置再横架一根木方子，这牌坊叫作"鸟居"。进了牌坊，沿正道往前走，到达"净盆"，参拜者洗手漱口再走向本殿。本殿里供奉神的象征物，一般是神镜、木偶像、"丛云剑"等，它们代表神体，叫作"御灵代"，被精心包裹着，参拜者看不到。只有大祀官可以走到本殿的最里面。

日本最神圣的神社是伊势神宫（图1-2-29），其位于三重县的海滨密林里，那里本是一块圣地。它分为内外两宫，内宫称"皇大神宫"，祭祀天照大神，大约建于公元纪元前不久。外宫大约晚于内宫500年，称"丰受大神宫"，丰受大神专司保护天照大神的食物。内外宫形式大体相同，公元7世纪的天武天皇（673—685年）确立制度，每隔20年依原式重建一次，所以现在的建筑并非早期原物，不过基本保存了原样而已。为了避免重建时无处奉祀、参拜，内外宫都有并肩两个场地，轮流建神社、拆神社。

图1-2-29 伊势神宫

内外宫相距不远，都是以"本宫"为中心的小建筑群，地段为长方形，外面围一圈栅栏。本宫面阔三间，进深二间，式样为"神明造"。下面有高高的木架形成的平台，叫"高床"，周围设高栏。除中央间的门户外，墙壁全用厚木板水平叠成，两坡顶覆茅草，厚约30厘米，松软而富弹性。屋脊是一块通长的木料，架在山墙外侧正中的柱子上。屋脊上钉"甲板"，在两面山墙挑出很多。脊上有10根前后水平出挑的"坚鱼木"，博风板在脊下交叉而向上高高斜出成"千木"。每块博风上端各平出细木条四根，叫"鞭挂"。甲板、坚鱼木、千木和鞭挂，都是从结构构件演化而来的，加以夸张，变成很有艺术表现力的装饰性构件。它们和高床、高栏一起，使本宫充满了虚实、光影和形体的对比，显得极其空灵轻巧。它们朝不同的方向伸出，使小小的本宫呈现出一种外向放射的性格。

神宫的细节处理非常精致。坚鱼木呈梭形，柱身顶端卷杀，鞭挂截面原是方形的，却在前端渐变为圆形的。它们使简洁方正的神宫柔和丰润起来,更有生气,更富人性化。坚鱼木两端、千木上、门扉上甚至地板上,恰当地装饰了一些镂花的金叶子,给温雅的素色白木和茅草点染上高贵的光泽。黄金和素木茅草相辉映,既朴实又华丽,足见审美力的敏锐和思想的通脱。场地上浮铺一层松散的卵石,把建筑物衬托得更精美。

2. 佛寺

飞鸟时代的日本社会由奴隶制向封建制过渡,为巩固封建制度和统一的专制国家,日本大量吸收中国封建朝廷的典章制度和文化,佛教便从中国经朝鲜传入日本,中国佛教建筑也从朝鲜传入日本。

圣德太子于公元607年在奈良附近兴建了第一座大型寺院法隆寺(图1-2-30)。公元670年法隆寺毁于火灾,以后又重建。法隆寺的主体是一个"凸"字形的院子,四周环以廊庑。前有天王殿,后有大讲堂,讲堂两侧分立经楼和钟楼,都和廊庑相接。大讲堂之前,院落中央,分列于轴线左右两侧的是金堂和五重塔。金堂两层,底层面阔五间,进深四间,二层各减一间。金堂采用的是歇山顶,上面有斗拱,柱子卷杀而成梭柱,但不用虹梁。下层柱只高4.5米,而出檐竟达5.6米,十分夸张。二层檐柱落在底层的金柱之上,收缩很大,更显得出檐飘洒深远。五重塔建于公元672年至685年间,自底层至四层,都是三间见方,第五层为二间。底层面阔10.84米,柱高3米多,二层柱高只有1.4米,但出檐很大,底层出4.2米之多。所以整座塔仿佛就是五层层顶的重叠,非常俊逸。塔也用斗拱,和金堂相似,有云拱和云斗,这是中国南北朝时期的做法。用单拱而不用重拱,用偷心造而不用计心造,这些都成了以后日本斗拱的重要特点。塔内有中心柱,由地平直贯宝顶。塔总高32.5米,其中相轮高9米。

图1-2-30 法隆寺

3. 府邸住宅

日本的佛教建筑基本上是中国式的,但日本的世俗建筑却逐渐产生了自己的形制。世俗建筑主要是住宅,服务于日常生活,它们既要在可能条件下满足生活的需要,又不能不考虑节俭。因此,和宗教建筑相比,它们不大墨守成规,而能适时变化。

模数在住宅建筑中也被广泛运用。房屋本身、室内面积和屏风沿房屋的立面形成开间,开间是以6英尺[①]长、3英尺宽为模数的。这一模数是地板上榻榻米的尺寸。最初,榻榻米是一个挨一个地

[①] 1英尺=0.3048米。

随便置放在一起的,直到首都在 1615 年迁到江户以后才形成模数的标准化。在那个时代,早期用来将单体建筑连接起来的回廊(走廊)已被纸屏风形成的走廊所代替。12 世纪之后,地板上安装了屏风门的滑轨,屏风可以推到一侧,创造出了一部分新的空间,在夏季还可以使房子某一面全部向庭院敞开。在早期,日本并没有传统的家具,他们坐在脚后跟上,用浅浅的钵子吃饭,在榻榻米上睡觉,这造成了两种效果,一是由于天花板很低,在室内可以观赏高出地面 2 英尺左右的庭院美景;二是这种住宅使室内的空间有了极大的灵活性,第二种是更为重要的效果。住宅通常有两块较高的地方:一块是房间地板上铺榻榻米的地方,供起居和睡眠使用,进屋前须脱掉鞋;另一块地面是用木板做的,作为回廊、走廊和盥洗室;较低处地板上不加铺设的地方是餐厅、浴室和厨房。这是一种十分灵活的住宅体系,在建筑构件大量生产的情况下,仍能保持其个性。古代日本府邸住宅的代表作是京都的二条城二之丸殿(图 1-2-31)。

图 1-2-31 二之丸殿

4. 茶室

日本的茶道是由禅僧倡导起来的。禅僧饮茶最直接的目的之一就是使他们在打禅时能保持头脑清醒,而茶室就是为茶道而建造的。禅僧们在茶道里注入了寂灭无为的生活哲理和贵胄黎庶一律平等的思想,而茶室以淡雅与之相呼应,追求自然天成。广泛流行起来的草庵风的茶室,是日本最有特色的古建筑类型之一。

草庵风茶室(图 1-2-32)一般都很小,若以榻榻米为度量单位,茶室大多是四席半,最小的只有两席。它们小而求变,内外都避免对称,也有床和棚,常用木柱、草顶、泥壁和纸隔扇。为了渲染天然,常用不加斧凿的毛石做踏步或架茶炉,用圆竹做窗棂或搁板,用粗糙的苇席做障屏。茶室的墙壁和门板是白色的或者是半透明的,为的是让地面的反射光透进来,在如此深的屋檐下,地面的反光是采光的主要来源。地板上铺着席子,家具只是狭窄的架子和陈列主要艺术品的凹龛。艺术品可能是一幅油画、一只碗或一瓶插

图 1-2-32 草庵风茶室

花，或者只是一套茶具。

5. 天守阁

随着16世纪西洋文化的输入，日本建筑发生了新的变化，除了和风住宅外，重要的还有城楼，叫"天守阁"。16世纪末和17世纪初，是天守阁建设的高潮时期。这些天守阁已经不像封建内战时期那样兼作番主的府邸，而是纯粹的军事堡垒了。

天守阁里通常有武器库、水井、厨房和粮仓，还有投石洞、射箭孔和铁炮孔等作战设施。天守阁仍然是木结构的，木材粗壮。随着火器在战争中的使用，有些天守阁加上了砖石的外围护墙，下部用大块花岗岩石砌筑，上部抹白灰。

位于兵库的姬路城天守阁（图1-2-33）是最著名的天守阁之一。姬路城城堡建造在海拔45.6米的姬山之巅，主要城郭（天守阁）高31米。细腻明亮的白灰和粗犷的花岗岩石对比强烈，产生了极强的力的冲突的视觉效果。为了扩大防卫者的视野，便于射击，姬路城的天守阁在墙上设了几个凸碉，像歇山式的山花，被称为"唐破风"。

图1-2-33 姬路城天守阁

2.2.5 东南亚其他国家建筑发展文脉

1. 朝鲜建筑

和日本一样，朝鲜自古就同中国有亲密的文化交流关系，不过朝鲜建筑接受中国建筑的影响比较早。由于交流的关系始终不断，所以中国建筑在各个历史时期的变化，在朝鲜的建筑里都有所反映。平壤西南龙内郡的双楹和平壤以北顺川郡的天王地神冢，都是约公元6世纪时的高句丽时代遗物，这两座建筑都用石材构筑，仿木结构。很像中国汉代的明器或墓葬里的做法，可见朝鲜建筑与中国建筑的关系是十分密切的。

公元7世纪，新罗国统一朝鲜半岛，封建化加速，佛教兴盛起来，各地建造了许多佛寺。庆州附近吐含山有一座公元7世纪建造的佛国寺，其平面布局同中国唐代的佛寺基本一致。

公元 10 世纪上半叶，高丽国重新统一朝鲜半岛，国家大力提倡佛教，给僧侣种种特权，一时间萧寺梵塔遍布全国，尤以金刚山地区为多。这时期的建筑，在中国晚唐、五代至北宋建筑演变的影响下，渐趋端丽而略减豪放，比较典型的例子是荣州的浮石寺殿（图 1-2-34）。

图 1-2-34　浮石寺殿

2. 泰国建筑

泰国是个全民信仰佛教的国家，地处东南亚，属于典型的热带气候，它的建筑明显受到宗教信仰和气候的影响，大多色彩斑斓，给人以浓烈的美学感受。泰国最著名最富有代表性的建筑是曼谷大王宫。

曼谷大王宫（图 1-2-35）又称"故宫"，是泰国曼谷王朝一世王至八世王的王宫。大王宫的总面积为 21.84 万平方米，位于首都曼谷市中心，依偎在湄南河畔，是曼谷市内最为壮观的古建筑群。公元 1782 年，曼谷王朝拉玛一世帕佛陀约华朱拉洛开始兴建大王宫。公元 1784 年第一座宫殿阿玛林宫建成，拉玛一世即迁入宫内主持政事。以后历代君主集泰国建筑艺术之精华，不断扩建大王宫，装饰也日益宏伟华丽，使其达到了现在的规模。大王宫四周筑有白色宫墙，高约 5 米，总长 1 900 米；建筑以白为主色，风格主要为暹罗式；庭园内绿草如茵，鲜花盛开，树影婆娑，满目芳菲。大王宫主要由几个宫殿和一座寺院组成，这座寺院就是著名的玉佛寺。

图 1-2-35　曼谷大王宫

玉佛寺（图1-2-36）位于曼谷大王宫的东北角，是泰国最著名的佛寺，也是泰国三大国宝之一，面积约占大王宫的1/4。玉佛寺是泰国王族供奉玉佛像和举行宗教仪式的场所，因寺内供奉着玉佛而得名。寺内有玉佛殿、先王殿、佛骨殿、藏经阁、钟楼和金塔。玉佛殿是玉佛寺的主体建筑，大殿正中的神龛里供奉着被泰国视为国宝的玉佛像。玉佛高66厘米，宽48厘米，是由一整块碧玉雕刻而成。每当换季时节，泰国国王都会亲自为玉佛更衣，以保国泰民安。每当泰国内阁更迭之际，新政府的全体阁员都要在玉佛寺向国王宣誓就职。每年5月农耕时节，国王还要在这里举行宗教仪式，祈祷丰收。寺内四周有长约1千米的壁画长廊，上面绘有178幅以印度古典文学《罗摩衍那》史诗为题材的精美彩色连环画，并附有泰文译诗。玉佛寺内的几块大瓷屏风上彩绘着中国《三国演义》的故事。

图1-2-36 玉佛寺

3. 柬埔寨建筑

柬埔寨于公元1世纪下半叶建立了统一的王国，历经扶南、真腊、吴哥等时期。公元9世纪至公元14世纪的吴哥王朝处于鼎盛时期，国力强盛，文化发达，创造了举世闻名的吴哥文明。在12世纪时，吴哥建筑达到了艺术上的高潮。当时建造的吴哥庙，所有的墙壁全都刻有精美的浮雕，每个平台的周围都有面向四方的长廊，连接着神殿、角塔和阶梯，长廊的墙上也全都刻有描述古代印度神话故事的浮雕。吴哥庙不仅本身规模宏大无比，庙宇的外面还有一条将近10米宽的堤路，直通庙宇的大门，堤路的两边也都竖立着巨大威严的那伽蛇神像。

吴哥窟（图1-2-37）是柬埔寨古典建筑艺术的高峰，它结合了柬埔寨寺庙建筑学的两个基本的布局：祭坛和回廊。祭坛由三层长方形有回廊环绕的须弥台组成，一层比一层高，象征印度神话中位于世界中心的须弥山。在祭坛顶部矗立着按五点梅花式排列的五座宝塔，象征须弥山的五座山峰。寺庙外围环绕一道护城河，象征环绕须弥山的咸海。吴哥窟与中国的万里长城、印度的泰姬陵和印度尼西亚的婆罗浮屠塔（千佛坛）一起，被誉为古代东方的四大奇迹。

图1-2-37 吴哥窟

4. 缅甸建筑

缅甸是佛教国家，全国人口中有89.4%为佛教徒，全国各地处处是佛塔，有"金之都"美誉。缅甸建筑的典型构造为肋形拱顶，建筑的材料是砖，以灰泥抹砖，雕上花饰，或者镶嵌以釉质灰土的彩片作为装饰。

缅甸的建筑金碧辉煌，巍峨壮丽，处处皆是佛教文化特征，其中最杰出的代表是著名的仰光大金塔（图1-2-38）。大金塔始建于公元585年，初建时只有20米高，后经历代多次修缮。现存的大金塔高112米，是公元1774年阿瑙帕雅王的儿子辛漂信王修建的，本次修建时，在塔顶安装了新的金伞。金塔底座周长427米，塔顶有做工精细的金属罩檐，檐上挂有金铃1 065个，银铃420个，并镶嵌有7 000颗各种罕见的红、蓝宝石钻球，其中有一块重76克拉的著名金刚钻。塔身经过多次贴金，现在上面的黄金已有7 000千克重。大金塔四周有68座小塔，这些小塔用木料或石料建成，有的似钟，有的像船，形态各异，每座小塔的壁龛里都存放着玉石雕刻的佛像。整座金塔宝光闪烁，雍容华贵，雄伟壮观。

图1-2-38 仰光大金塔

5. 印度尼西亚建筑

现今世界最大的佛塔遗迹位于印度尼西亚，即建于公元8世纪的婆罗浮屠塔（图1-2-39）。婆罗浮屠塔是南半球最宏伟的古迹，世界闻名的石刻艺术宝库，东方四大奇迹之一，并素有"印尼的金字塔"之称。

图1-2-39 婆罗浮屠塔

婆罗浮屠塔位于爪哇岛中部马吉冷婆罗浮屠村,大约建于公元 778 年,长宽各 123 米,高 42 米,动用了几十万名石材切割工、搬运工以及木匠,费时 50～70 年才建成。随着 15 世纪当地居民改信伊斯兰教,婆罗浮屠塔旺盛的香火日渐衰竭。后因火山爆发而遭埋没。直到 19 世纪初,人们才从茂盛的热带丛林中把这座宏伟的佛塔清理出来。1973 年,婆罗浮屠塔得到了联合国教科文组织的资助,开始了大规模的修复工程。

※ 2.3 欧洲建筑发展文脉

2.3.1 古希腊建筑

公元前 8 世纪起,在巴尔干半岛、小亚细亚西岸和爱琴海的岛屿上建立了很多小的奴隶制国家,人们向外移民,又在意大利、西西里和黑海沿岸建立了许多国家。它们之间的政治、经济、文化关系十分密切,总称为古代希腊。

古希腊是欧洲文化的摇篮,古希腊的建筑同样也是西欧建筑的开拓者。它的一些建筑物的形制和艺术形式,深深地影响着欧洲两千多年的建筑史。古希腊建筑在材质上大多以石材为主要材料,质感生硬、冷峻,理性色彩浓,缺乏人情味,但符合西方人的理性、客观、追求实际的观念。古希腊建筑建立在一个单一的建筑系统上,不仅简单实用,而且在概念上通俗易懂。在几个世纪的时期中,在形制和形式大致相同的建筑物上,古希腊人反复推敲,反复琢磨,终于达到了精细入微的境地。马克思说:"在艺术本身的领域内,某些有重大意义的艺术形式只有在艺术发展的不发达阶段上才是可能的。"这句话便适用于古希腊建筑。

1. 经典柱式

柱式的运用成为古希腊建筑的最大特色。古希腊建筑的美学原则和艺术特征可以归结为三种古典柱式(图 1-2-40):多立克柱式、爱奥尼柱式和科林斯柱式。所谓柱式并非仅指柱子、山花等简单的构成因素,而是指孕育着建筑的各要素之间及与整体之间的和谐完美的比例关系。

多立克柱是一种没有柱础的圆柱,直接置于阶座上,是由一系列鼓形石料一个挨一个垒起来的,较粗壮宏伟。圆柱身表面从上到下都刻有连续的沟槽,沟槽数目的变化范围在 16 条至 24 条之间。多立克柱又被称为男性柱。著名的雅典卫城的帕提农神庙采用的就是多立克柱式。阿波罗神庙采用的也是多立克柱式,以青灰色石灰岩作为建筑材料,与周围苍峰、大海、绿树融为一体。

爱奥尼柱式比较纤细轻巧并富有精致的雕刻,柱身较长,上细下粗,但无弧度,柱身的

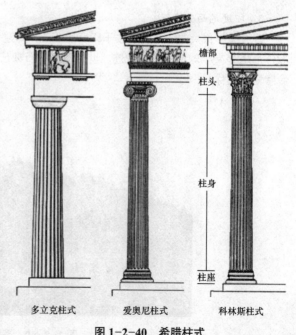

图 1-2-40 希腊柱式

沟槽较深，并且是半圆形的。上面的柱头由装饰带及位于其上的两个相连的大圆形涡卷所组成，涡卷上有顶板直接楣梁。总之，它给人一种轻松活泼、自由秀丽的女人气质，所以爱奥尼柱又被称为女性柱。爱奥尼柱由于其优雅高贵的气质，广泛出现在古希腊的大量建筑中，如雅典卫城的胜利女神神庙和伊瑞克提翁神庙。

科林斯柱式最早可能出现于雅典奥林波斯山的宙斯神庙，四个侧面都有涡卷形装饰纹样，并围有两排叶饰，特别追求精细匀称，显得非常华丽纤巧。希腊科林斯柱式的比例比爱奥尼柱更为纤细，柱头以忍冬草形象作为装饰，形似盛满花草的花篮。相对于爱奥尼柱式，科林斯柱式的装饰性更强，但是在古希腊的应用并不广泛。

2. 视差矫正

古希腊人很早就发现，从远处观察所有物体的直线边，不管它是直立的还是水平的，都可以感觉到它们在中部有轻微的凹陷，这种直线曲线化的视觉印象，称为视差。为了消除这种视差，希腊人在建造大型建筑物时就会有意识地将直线造得少许凸曲。经过这种矫正处理的建筑，由于视差和凸曲相互抵消，该直的边和线看起来就是"直"的了，整个建筑就显得更为端庄和完美。矫正值是经过精确计算而得出的，比如要使一个长60米的檐部水平线看起来很平直，就要对其中部做上调10厘米的矫正。由于这种矫正操作既费钱又费时，因而只在特别重要的建筑物上应用。矫正方法更多地运用于立柱本身，即将立柱的中上部造得肿胀少许，这样就可避免中部显细的错觉。此外，古希腊人还针对立柱所处的位置、相互间的影响等总结出一系列矫正立柱粗细、站立角度和柱间距离的方法，使立柱的阵列在远处看来更加整齐。这些精细的矫正使希腊建筑艺术达到了完美境界。

3. 著名建筑

历经几千年后，古希腊的许多优秀建筑依然保存了下来，下面简单介绍几个著名的建筑，进一步了解古希腊建筑及其美学意义。

（1）帕提农神庙。帕提农神庙（图1-2-41）是雅典卫城最重要的主体建筑。它是古希腊建筑艺术的里程碑，代表了古希腊建筑艺术的最高成就，被称为"神庙中的神庙"。帕提农神庙建于公元前447至公元前432年，设计人为伊克谛诺斯和卡里克拉特。整个建筑工程是在大雕刻家菲狄亚斯的指导和监督下完成的，神庙的雕刻都是菲狄亚斯和他的弟子创作的。

图1-2-41　帕提农神庙

帕提农神庙坐落在雅典卫城的最高处，从雅典各个方向都能看到它那宏伟庄严的形象。它采用典型的长方形的列柱回廊式形制，列柱采用多立克柱式，东西两面各为 8 根列柱，两侧各为 17 根列柱。每根柱高 10.43 米，由 11 块鼓形大理石垒成。

（2）雅典娜神庙。雅典娜神庙又名雅典娜胜利神庙，也称为无翼女神庙，位于卫城山上。雅典娜神庙建于公元前 449—前 421 年，采用爱奥尼柱式，台基长 8.15 米，宽 5.38 米，前后柱廊雕饰精美，是居住在雅典的多利亚人与爱奥尼亚人共同创造的建筑艺术结晶。

在希腊人心目中，雅典娜是代表着智慧、技艺与胜利的女神。雅典人建起这座神庙，以求给国家带来胜利。但这座神庙在公元前 480 年的一次战争洗劫中荡然无存。新庙是继帕提农神庙竣工之后建起的。神庙的建筑材料全部采用雅典附近出产的晶莹洁白的蓬泰利克大理石。其内有一座大致呈方形的内殿和一个每端各有 4 根圆柱的爱奥尼式门厅。建筑物外部，围着一条近半米宽的中楣饰带，上面装饰以高凸浮雕。庙东面的浮雕上刻有手执盾牌的雅典娜神像。雅典娜神像旁边竖立着主神宙斯像，朝南的角落里还有其他诸神像。其他各面浮雕的内容为公元前 479 年普拉迪战役中的战斗场面，其中西面是雅典人同贝奥拉提亚人作战的情景，两侧则是同波斯人作战的情景。胜利女神是巨人帕拉斯与冥河斯提克斯的女儿，她作为智慧女神雅典娜和主神宙斯的象征，在艺术品中表现为他们用手牵领着的小人儿，她手持棕榈枝或花环，在比赛胜利者头上展翅翱翔。她不仅司战争的胜利，也司其他赛事的胜利。

（3）埃皮道罗斯剧场。古希腊剧场起源很早，基本造型是利用山坡地势建造起来的，其观众席逐排升高，整体呈半圆形，并有放射形的通道。表演区是位于剧场中心的一块圆形平地，后面有化妆及存放道具用的建筑物。剧场不仅是娱乐场所，也是自由民集会的地方，因此规模巨大。

埃皮道罗斯剧场（图 1-2-42）是希腊后期古典建筑艺术的最大成就之一。埃皮道罗斯是伯罗奔尼撒半岛东北部沿海的一个城邦。公元前 4 世纪中期兴建了以最受人崇敬的医神阿斯克勒庇俄斯神庙为中心的建筑群，其中最著名的就是这个露天大剧场。它的设计者是著名雕刻家波利克里托斯的儿子小波利克里托斯。

（4）雅典列雪格拉得音乐纪念亭。"雅典得奖纪念碑"是古希腊供陈列体育或歌唱比赛所获奖品的独立的纪念性建筑物。从公元前 4 世纪起，这类纪念性建筑开始兴起，列雪格拉得音乐纪念亭（图 1-2-43）是仅留存的一座，它是公元前 335 至公元前 334 年间，雅典富商列雪格拉得为了纪念由他扶植起来的合唱队在酒神节比赛中获得胜利而建的。

图 1-2-42　埃皮道罗斯剧场

图 1-2-43　列雪格拉得音乐纪念亭

亭子底部是 2.9 米见方，高 4.77 米的基座，基座上立着高 6.5 米的实心圆形亭子，亭子四周有 6 根科林斯式倚柱。亭子顶部是由一块完整大理石雕成的圆穹顶，用来安放奖品。檐壁上有浮雕，刻着酒神狄奥尼索斯海上遇盗，把海盗变成海豚的故事。

亭子的构图特色体现了一个法则，即基座和亭子各有完整的台和檐部，各部分形成对比：基座的简洁厚重与亭子的华丽轻巧形成的对比，亭子在对比中产生稳定与优美感。这是古希腊建筑中较早使用科林斯柱式的建筑物。

2.3.2　古罗马建筑发展文脉

罗马本是意大利半岛中部西岸的一个小城邦国家，公元前 6 世纪起开始实行自由民主的共和政体。公元前 3 世纪，罗马征服了全意大利，并且逐步向外扩张，到公元前 1 世纪末，已经统治了东起小亚细亚和叙利亚，西到西班牙和不列颠的广阔地区。罗马北面包括高卢（相当于现在的法国、瑞士的大部分以及德国和比利时的一部分），南面包括埃及和北非。公元前 27 年起，罗马成了帝国。

古希腊晚期的建筑成就由古罗马直接继承，古罗马劳动者把它向前大大推进，达到了全世界奴隶制时代建筑的最高峰。在古希腊建筑的精细之美的基础上，古罗马人将建筑整体的雄壮之美发挥到了极致。古罗马建筑在空间创造方面达到了宏伟与富于纪念性的效果，在结构方面发展了东西方建筑中梁柱与拱券结合的体系，在建材上发明了天然混凝土。此外，古罗马人还把希腊柱式发展为五种柱式，在理论方面，维特鲁威著作《建筑十书》是文艺复兴以后 300 余年建筑学上的基本教材。

由于古罗马公共建筑物类型多，形制相当发达，样式和手法很丰富，结构水平高，而且初步建立了建筑的科学理论，所以其对后世欧洲的建筑，甚至全世界的建筑，产生了巨大的影响。

古罗马的建筑按其历史发展可分为三个时期：伊特鲁里亚时期、罗马共和国盛期和罗马帝国时期。

1. 伊特鲁里亚时期

公元前 8 世纪至公元前 2 世纪，伊特鲁里亚是意大利半岛中部的强国，其建筑在石工、陶瓷构件与拱券结构方面有突出成就。罗马王国初期的建筑就是在这个基础上发展起来的。这一时期的代表建筑是庞贝古城（图 1-2-44）。

图 1-2-44　庞贝古城遗址

庞贝古城是意大利著名的历史遗迹之一，历史上庞贝城的修建与改造用了600多年，是无数文明的结晶。然而，公元79年，维苏威火山的爆发把庞贝变成了一座死城。庞贝城在地下沉睡了千余年后，终于被人发掘。出土后的庞贝城东西长1 200米，南北宽700米，城内面积1.8平方千米，有七道城门。城内四条大街，呈"井"字形纵横交错，主街宽7米，由石板铺就，沿街有排水沟。城内最宏伟的建筑物，都集中在西南部一个长方形的公共广场四周，广场周围设有神庙、公共市场、市政中心大会堂等建筑物，这里是庞贝政治、经济和宗教的中心。广场的东南方，是庞贝城官府的所在地，广场的东北方则是繁华的集贸市场。另外，城内还有公共浴池、体育馆和大小两座剧场，街市东边则有可容纳1万多名观众的圆形竞技场。

2. 罗马共和国盛期

公元前2世纪至公元前30年，罗马在统一半岛和对外侵略中聚集了大量劳动力、财富与自然资源，这些资源使得罗马共和国在公路、桥梁、城市街道与输水道方面进行大规模的建设有了可能。公元前146年征服希腊，又使罗马承袭了大量的希腊与小亚细亚文化和生活方式。于是除了神庙之外，这一时期罗马的公共建筑，如剧场、竞技场、浴场、巴西利卡等十分丰富，并发展了罗马角斗场。同时，希腊建筑在建筑技艺上的精益求精与古典柱式也强烈地影响着罗马建筑。

古罗马帝国时期，在建筑上，尤其是城市建设方面，取得了极高的成就。罗马的奴隶主贵族已不满足和局限于希腊时期那样的神庙和祭祀场所的建设，而着眼于现实的享受，他们的注意力转移到了豪华的住宅别墅、竞技场、公共浴室等设施上面。例如，在当时，豪华公厕里的马桶座竟由大理石做成，旁边还摆放着精美的海豚雕像，可见当时的奢华情形。罗马帝国的许多君主不惜挥霍财富，大兴土木，竭尽奢侈享乐之能事。历史上著名的暴君尼禄曾下令建造一座"金宫"，里面的装饰全部采用黄金及其他名贵无比的宝石，甚至于在餐厅顶部安装着可以自由移动的用象牙镶嵌的天花板，上面装满鲜花，微风吹过，天花板上会飘来阵阵沁人心脾的花香。

位于意大利的罗马角斗场（图1-2-45）是古罗马建筑工程中最卓越的代表，是古罗马帝国的象征，也是世界上最著名的建筑物之一。虽然到现在它只剩下片片断垣残壁，但仍深刻地烙印着古罗马帝国昔日的辉煌，其壮观雄姿依然具有追魂夺魄的力量，吸引着川流不息的游客。

图1-2-45 古罗马角斗场

古罗马角斗场建于古罗马的弗拉维王朝时代,在公元72年,由维斯巴西安皇帝开始修建,8年后,由他的儿子接续完成。据说,它是罗马帝国在征服耶路撒冷之后,为了庆祝胜利和显示罗马帝国强大的威力,强迫8万名犹太人俘虏修建而成的。此后,在公元3世纪和5世纪又进行了修葺。

奴隶主贵族和自由民常常到角斗场来观看奴隶与野兽的搏斗或奴隶与奴隶之间的厮杀,场面越凶残、暴戾、血腥,就越会刺激和挑动他们的情绪。古罗马的角斗游戏,起初只不过是一种用于宗教纪念性质的仪式,但在后来竟逐渐演变为一种极端残忍的娱乐活动。被迫参加角斗的大多为奴隶和战俘,也有囚犯、遭受迫害的基督徒以及破产的自由民。他们平时接受严格的角斗训练,一经上场就要在全场几万名观众疯狂的呐喊和鼓动下,用刀、剑或匕首与对手展开殊死的拼杀,直到将对方置于死地,或重伤得无法再战。这时,台上观众会伸出大拇指,或向上或向下来决定失败的角斗士的生死。许多角斗士会被野兽咬伤、撕裂,甚至咬死,角斗士之间你死我活的厮杀,更是令人不寒而栗。角斗场上凄惨的叫声惊天动地,血淋淋的场面此起彼伏,而观众对此情景却是着魔般的狂呼、呐喊,他们践踏着角斗场上的血肉生命而获得巨大的"享受"与"满足",这是一种极端野蛮和疯狂的娱乐。罗马帝国统治者通过制造这种残酷的场面来刺激和笼络奴隶主贵族,以宣扬和显示古罗马强大的政治、军事力量。角斗场在同一时间里可以容纳3 000对角斗士同时上场,丧命于此的奴隶角斗士不计其数,杀戮的动物也是数目惊人。据说,在角斗场建成后的100天内,就有3.9万头牲畜被活活杀死。这种野蛮的行径在当时就遭到正直人士的反对,传说曾有两名智者和一名基督教徒极力阻拦,并不惜自己的生命,到角斗场上自杀,以示抗议。

但角斗已经慢慢演变为罗马人生活的重要娱乐方式和罗马城的象征。公元8世纪时,有一位贝达神父曾预言:"几时有斗兽场,几时便有罗马;斗兽场倒塌之日,便是罗马灭亡之时;罗马灭亡了,世界也要灭亡。"他的话有一半被印证了。在公元6世纪,罗马的角斗游戏终于被取缔,这个圆形露天角斗场也被废弃了。以后的数个世纪,角斗场成了罗马人的"采石场",他们常常搬走这里的雕像和巨石,用来建造房屋和宫殿。到了公元18世纪,基督教宗本笃十四世认为在这块土地上曾有数以千计的基督信徒,在观众疯狂的叫喊声中为自己的信仰流血、牺牲,为了保存角斗场残留的遗迹,他下令禁止开采,并在角斗场中央竖立了一尊十字架来纪念耶稣的受难。随着岁月流逝,世界历史已经翻开新的篇章,昔日充满血腥的角斗场已经变成罗马的重要标志,成为各国游客来罗马的必游之地。

古罗马角斗场也称科洛西姆斗兽场,因建于弗拉维尤斯掌政时期又称"弗拉维尤斯圆剧场",是古罗马建筑中,在新观念、新材料、新技术的运用上具有代表意义的建筑艺术典范。它坐落在当时罗马城的正中心,呈椭圆形,长轴为188米,短轴为156米,高达57米,外墙周长有520余米,整个角斗场占地约2万平方米,可容纳5万至8万名观众。角斗场中央是用于角斗的区域,其长轴为86米,短轴为54米,周围有一道高墙与观众席隔开,以保护观众的安全。在角斗区四周是观众席,是逐级升高的台阶,共有60排座位,按等级尊卑分为几个区。距离角斗区最近的一区是皇帝、元老、主教等罗马贵族和官吏的特别座席,这样的贵宾座是用整块大理石雕琢而成的;第二、第三区是骑士和罗马公民的座位;第四区以上则是普通自由民(包括被解放了的奴隶)的座位。每隔一定的间距有一条纵向的过道,这些过道呈放射状分布到观众席的斜面上。这个结构的设计经过精密的计算,构思巧妙,方便观众快速就座和离场,这样,即使发生火灾或其他混乱的情形,观众都可以轻易而迅速地离场。

在观众席后,是拱形回廊,它环绕着角斗场四周。回廊立面总高度为45.8米,由上至下分为四层,下面三层每层由80个拱券组成。每两券之间立有壁柱,第一层壁柱的柱式是多立克式,健美粗犷,犹如孔武有力的男性;第二层是爱奥尼式,轻盈柔美,宛若沉静端秀的少女;第三层则是科林斯式,它结合前两者的特点,更为华丽细腻。这三层柱式结构既符合建筑力学的要求,又带给人极大的美学享受。第四层则是由有长方形窗户的外墙和半露的方柱构成,并建有梁托,露出墙外,外加偏倚的半柱式围墙作为装饰。在这一层的墙垣上,布置着一些坚固的杆子,是为扯帆布遮盖巨大的看台用的。四层拱形回廊的连续拱券变化和谐有序,富于节奏感,它使整个建筑显得宏伟而又秀巧、凝重而又空灵。角斗场的特点从任何一个角度都能详尽地显示出来,为建筑结构的处理提供了出色的典范。

罗马角斗场的内部装饰也十分考究,有大理石镶砌的台阶和花纹雕饰。在第二、第三层的拱门里,均置有白色大理石雕像。竞技场的底层下面还有地下室,用作逗留和安置角斗士的场所,地下室里面还有关野兽的笼子。不用时,这些地方都用闸门封闭;角斗时,表演者被机械升降台带上场。角斗场通常是露天的,但若是在雨天或在艳阳高照时,则用巨大帆布遮盖场顶,工程由两组海军来操作,他们也常常参加角斗场举行的海战表演。

罗马角斗场用大理石以及几种岩石建成,墙用砖块、混凝土和金属构架固定。部位不同,用料也不同,柱子墙身全部采用大理石垒砌,在历经 2000 年的风霜后,仍十分坚固。现在人们所见到的角斗场尽管破败不堪,但残留建筑的宏伟壮观,仍让人们为往日的辉煌成就啧啧称奇。

罗马角斗场规模宏大,设计精巧,具有极强的实用性,其建筑水平更是令人惊叹,可以说在当时达到了登峰造极的效果。在欧洲的许多地区直到千年以后,才出现了同等程度的建筑。它用砖石材料,利用力学原理,建成的跨空承重结构,不仅减轻了整个建筑的重量,而且让建筑物具有一种动感和向外延伸的感觉,这种建筑形式对后世建筑的影响极大,直到今天,建筑学界仍然在广为借鉴。而且古罗马角斗场的建筑结构、功能和形式,是露天建筑的典范,在体育建筑中一直被沿用。可以说现代体育场的设计思想就是源于古罗马的角斗场。古罗马人曾经用大角斗场来象征永恒,它是当之无愧的。

3. 罗马帝国时期

公元前 27 年,罗马共和国执政官奥古斯都称帝,罗马进入帝国时期。从帝国成立到公元 180 年左右是帝国的兴盛时期,这时,歌颂权力、炫耀财富、表彰功绩成为建筑的重要任务,因此这个时期建造了不少雄伟壮丽的凯旋门,纪功柱和以皇帝名字命名的广场、神庙等。此外,剧场、圆形剧场与浴场等亦趋于规模宏大与豪华富丽。

万神庙(图 1-2-46、图 1-2-47)位于意大利首都罗马圆形广场的北部,是至今唯一一座完整保存的罗马帝国时期建筑,始建于公元前 27 至公元前 25 年,由罗马帝国首任皇帝屋大维的女婿阿格里巴建造,用以供奉奥林波斯山上诸神,可谓奥古斯都时期的经典建筑。万神庙采用了穹顶覆盖的集中式形制,重建后的万神庙是单一空间、集中式构图的建筑物的代表,它也是罗马穹顶技术的最高代表,被米开朗琪罗赞叹为"天使的设计"。

图 1-2-46 万神庙正面照片

图 1-2-47 万神庙俯瞰照片

万神庙本身正面呈长方形，平面为圆形，内部为由8根巨大拱壁支柱承荷的圆顶大厅。这个古代世界最大的穹顶直径43.3米，正中有直径8.92米的采光圆眼，成为整个建筑的唯一入光口。大厅直径与高度也均为43.3米，四周墙壁厚达6.2米，外砌以巨砖，但无窗无柱。据说，万神庙是第一座注重内部装饰胜于外部造型的罗马建筑，但原有部分青铜与大理石雕刻或丢失于外国掠夺之时或移用于后建的罗马建筑，外部的瑰丽红石也已不翼而飞，失去了昔日的风采。现在只有神庙入口处的两扇青铜大门为至今犹存的原物，门高7米，宽而厚，是当时世界上最大的青铜门。

在古罗马城市里，运动场、图书馆、音乐厅、演讲厅、交谊室、商店等被组织建造在公共浴场里，形成一个多用途的建筑群。罗马帝国时期，公元2到3世纪，几乎每个皇帝都在各地建造公共浴场以笼络无所事事的奴隶主和游氓。仅在罗马城里，就有11个大型浴场，小的竟达800个之多。由于浴场成了很重要的公共建筑物，其质量迅速提高，终于产生了足以代表当时建筑的最高成就的作品。卡拉卡拉公共浴场（图1-2-48）是其中杰出的代表。

图1-2-48　卡拉卡拉公共浴场遗迹

卡拉卡拉浴场总体为575米×363米，中央是可供1 600人同时沐浴的主体建筑，周围是花园，最外一圈设置有商店、运动场、演讲厅以及与输水道相连的蓄水槽等。浴场的主体建筑是一个228米×115.82米的对称建筑物，内设冷、温、热水浴三个部分，每个浴室之外都有更衣室等辅助性用房。建筑物结构是梁柱与拱券并用，并能按不同的要求选用不同的形式。室内装饰华丽，并设有许多凹室与壁龛。这个浴场将建筑功能、结构与造型统一起来，并创造了动人的空间序列。

2.3.3　早期基督教与拜占庭时期

公元395年，古罗马帝国分裂成东、西两部分，东迁到君士坦丁堡（今伊斯坦布尔）的东罗马，建立了拜占庭帝国。在这一时期前期，皇权强大，东正教会是皇帝的奴仆。拜占庭文化适应着皇室、贵族和经济发达的城市的要求，世俗性很强。因此，大量古希腊和古罗马的文化被保存下来。由于地理位置的关系，它也汲取了波斯、两河流域、叙利亚和亚美尼亚等地区的建筑成就。它的建筑在罗马建筑遗产和东方丰厚的建筑经验的基础上形成了独特的体系。

拜占庭建筑特点突出，主要表现在三个方面：一是集中式布局，中央的穹顶和它四面的筒形拱形成等臂的十字；二是穹隆顶，大厅用半圆形穹隆顶，四周有半个及四分之一个穹隆顶对称布置，在高度上层层跌落，造型丰富、庄重；三是帆拱技术，帆拱不仅能够达到令人满意的美学效果，还能稳定建筑圆顶的侧面，使圆顶的重量得以引向下方。

君士坦丁堡的圣索菲亚大教堂（图1-2-49）是东正教的中心教堂，是拜占庭帝国极盛时代的纪念碑，是拜占庭建筑最光辉的代表。圣索菲亚教堂是集中式的，东西长77米，南北长71米。教堂中央穹窿突出，四面体量相仿但有侧重。前面有一个大院子，正南入口有两道门庭，末端有半圆神龛。圣索菲亚大教堂的中央大穹窿，直径32.6米，离地54.8米，通过帆拱支承在四个大柱墩上。穹窿的横推力由东西两个半穹顶及南北各两个大柱墩来平衡。穹窿底部密排着一圈40个窗洞，教堂内部空间饰有金底的彩色玻璃镶嵌画。教堂的装饰地板、墙壁、廊柱是五颜六色的大理石，柱头、拱门、飞檐等处以雕花装饰，圆顶的边缘是40具吊灯，教坛上镶有象牙、银和玉石，大主教的宝座以纯银制成，祭坛上悬挂着丝与金银混织的窗帘，上有皇帝和皇后接受基督和玛利亚祝福的画像。

图1-2-49 圣索菲亚大教堂

威尼斯圣马可教堂（图1-2-50）始建于公元829年，重建于公元1043至1071年，它曾是中世纪最大的教堂，是威尼斯建筑艺术的经典之作，它同时也是一座收藏艺术品的宝库。教堂建筑循拜占庭风格，呈希腊十字形，上覆五座半球形圆顶，为融拜占庭式、哥特式、伊斯兰式、文艺复兴式各种流派于一体的综合艺术杰作。从外观上来欣赏，圣马可教堂的五座圆顶仿自土耳其伊斯坦布尔的圣索菲亚教堂，采用帆拱的构造，结构上有着典型的拜占庭风格；正面的华丽装饰是源自巴洛克的风格；整座教堂的平面呈现出希腊式的集中十字，是东罗马后期的典型教堂形制。

圣巴西尔大教堂（图1-2-51）位于俄罗斯首都莫斯科的红场东南部，是著名的拜占庭式教堂建筑，也是俄罗斯的国宝级建筑。整座教堂由9个墩式形体组合而成，中央的一个最高，近50米，并在越来越尖的塔楼顶部突然又出现了一个小小的葱顶，上面的十字架在阳光的照射下熠熠发光。在高塔的周围，簇拥着8个稍小的墩体，它们大小高低不一，但都冠戴圆葱似的头顶，而这些葱头的花纹又个个不同，它们均被染上了鲜艳的颜色，以金、黄、绿三色为主，螺旋式花纹造成了葱顶很强烈的动感。9个墩体上面各有一个大小不一的穹顶。虽然这9座塔彼此的式样、色彩均不相同，但却十分和谐，更难得的是它与克里姆林宫的大小宫殿、教堂搭配出一种特别的情调，为整个克里姆林宫增辉添彩。为了使世界上不能再建成这么美丽的建筑，当年的伊凡雷帝在竣工时弄瞎了所有参与的建筑师的双眼。圣巴西尔大教堂是世界宗教建筑中的珍品，有"用石头描绘的童话"之称。

拜占庭帝国到了后期逐渐走向衰落，而这时的西欧正走出文明的黑夜，出现了一派生机盎然的景象。

图 1-2-50　圣马可教堂

图 1-2-51　圣巴西尔大教堂

2.3.4　罗马风建筑及哥特建筑

1. 罗马风建筑

西欧自西哥特人占领罗马之后就进入了中世纪，文明直到公元 9 世纪才重新开始加速发展，新的建筑风格在此时形成，由于它比较多地模仿了罗马时代的风格，后人称之为"罗马风"（Romanesque），或者译为"似罗马的"风格。这个时期中，教堂仍然是建筑的主要题材，除此之外，还有封建城堡与教会修道院等。虽然其规模远不及古罗马建筑，设计施工也较粗糙，但建筑材料大多来自古罗马废墟，建筑艺术上继承了古罗马的半圆形拱券结构，形式上又略有古罗马的风格，故称为罗马风建筑。它所创造的扶壁、肋骨拱与束柱在结构与形式上都对后来的建筑影响很大。

施佩耶尔大教堂（图 1-2-52）是欧洲最大的具有罗马式建筑风格的教堂，也是神圣罗马帝国时代的主要纪念碑之一。教堂承袭早期基督教建筑，平面仍为拉丁十字，西面配有钟楼。为减轻建筑形体的封闭沉重感，除钟塔、采光塔、圣坛和小礼拜室等形成变化的体量轮廓外，教堂其他部分采用古罗马建筑的一些传统做法，如半圆拱、十字拱等或简化的柱式和装饰。教堂入口的西立面是造型设计的重点，立面上不强调竖向构图，门窗采用半圆形拱券、墙垣和支柱，十分厚重、砌筑粗糙、沉重封闭。

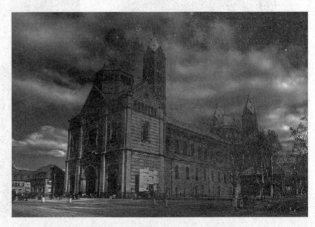

图 1-2-52　施佩耶尔大教堂

2. 哥特建筑

公元12至15世纪，是欧洲封建城市经济占主导地位的时期。这时期的建筑仍以教堂为主，建筑风格完全脱离了古罗马的影响，而是以尖券、尖形肋骨拱顶、坡度很大的两坡屋面和教堂中的钟楼、扶壁、束柱、花窗棂等为其特点，形成了以法国为中心的哥特建筑风格。

哥特建筑广泛运用线条轻快的尖拱券，造型挺秀的小尖塔，轻盈通透的飞扶壁，修长的束柱，以及彩色玻璃花窗，造成一种向上升华、神秘天国的幻觉，反映出基督教盛行之时的时代观念和中世纪城市发展的物质文化面貌。而哥特建筑内部空间高旷明亮，垂直的线条和从高大彩色玻璃窗透射进来的奇光异彩，使人产生对天国无限向往的宗教心理。

巴黎圣母院（图1-2-53）是一座典型的早期哥特式教堂。它全部采用石材，具有高耸挺拔，辉煌壮丽，庄严和谐的特点。雨果在《巴黎圣母院》中比喻它为"石头的交响乐"。圣母院所有的柱子都挺拔修长，与上部尖尖的拱券连成一气。中庭又窄又高又长。从外面仰望教堂，那高峻的形体加上顶部耸立的钟塔和尖塔，使人感到一种向蓝天升腾的雄姿。

巴黎圣母院的主立面是世界上哥特式建筑中最美妙、最和谐的，水平与竖直的比例近乎黄金比1：0.618，立柱和装饰带把立面分为9块小的黄金比矩形，十分和谐匀称。后世的许多基督教堂都模仿了它的样子。

圣母院平面呈横翼较短的十字形，坐东朝西，正面风格独特，结构严谨，看上去十分雄伟庄严。正面高69米，被三条横向装饰带划分为三层：底层有三个桃形门洞，门上于中世纪完成的塑像和雕刻品大多被修整过。中央的拱门描述的是耶稣在天庭的"最后审判"。"长廊"上面第二层两侧为两个巨大的石质中棂窗子，中间是彩色玻璃窗。装饰中又以彩色玻璃窗的设计最吸引人，有圆形和长方形，但以其中一个圆形为最，它的直径约10米，俗称"玫瑰玻璃窗"。第三层是一排细长的雕花拱形石栏杆。

圣母院左右两侧顶上的塔楼后来竣工，没有塔尖。其中一座塔楼悬挂着一口大钟，也就是《巴黎圣母院》一书中，卡西莫多敲打的那口大钟。主体部分平面呈十字形，像所有的哥特式建筑一样，两翼较短，中轴较长，中庭的上方有一个高达90米的尖塔。塔顶是一个细长的十字架，远望仿佛与天穹相接，据说，耶稣受刑时所用的十字架及其冠冕就在这个十字架下面的球内封存着。

米兰大教堂（图1-2-54）是世界上最大的哥特式建筑，是世界上最大的教堂之一，规模雄踞世界第二，仅次于梵蒂冈的圣彼得教堂，也是世界上影响力最大的教堂之一。它坐落于米兰市中心的大教堂广场，教堂长158米，最宽处93米，塔尖最高处达108.5米，总面积11 700平方米，可容纳35 000人。

图1-2-53　巴黎圣母院

图1-2-54　米兰大教堂

这座教堂全由白色大理石筑成，大厅宽达59米，长130米，中间拱顶最高处达45米。教堂的特点在于它的外形：其不仅拥有众多的尖拱、壁柱、花窗棂，更有135个尖塔，像浓密的塔林刺向天空，并且在每个塔尖上都有神的雕像。教堂的外部总共有2 000多个雕像，甚为奇特，如果加上内部雕像，其总共有6 000多个雕像，是世界上雕像最多的哥特式教堂。因此教堂建筑格外显得华丽热闹，具有世俗气氛。这个教堂有一个高达107米的尖塔，出于公元15世纪意大利建筑巨匠伯鲁诺列斯基之手。塔顶上有金色的圣母玛利亚雕像，在阳光下显得光辉夺目，神奇而又壮丽。

2.3.5 文艺复兴时期建筑

14世纪，西欧资本主义的萌芽最早出现于意大利，15世纪以后遍及各地。所谓的"文艺复兴"运动，即是以意大利为中心的思想文化领域里的反封建、反宗教神学的运动，在法国、英国、西班牙等国家，国王联合资产阶级，挫败了大封建领主，建立了中央集权的民族国家；在德国发生了宗教改革运动，然后蔓延到全欧洲。

这一时期，资产阶级建筑文化从市民建筑文化中分化出来，积极地向古罗马的建筑学习，严谨的古典柱式重新成了控制建筑布局和构图的基本因素。这个时期的建筑虽然形式完美，细节精致，但比较刻板，风格矜持高傲，逐渐趋向学院气而千篇一律，同中世纪比较自由通俗、平易祥和、生活气息浓厚、地方色彩鲜明、丰富多彩的市民建筑大异其趣。高层次的建筑离不开对教廷和权贵者的依附，很快被宫廷和教会利用，从而产生了大批府邸和教堂，但是，新的建筑潮流毕竟反映着新兴资产阶级上升时期的思想文化，同时，新生的科学家、诗人、画家、雕刻家大批涌现，真正意义上的建筑师诞生了，他们富有生命力，在作品中追求鲜明的个性，利用科学技术的新成就，在结构和施工上都取得了很大的进步，创造了新的建筑形制、新的空间组合、新的艺术形式和手法，使西欧建筑史攀上了新高峰，并且为以后几个世纪的建筑发展开辟了广阔的道路。

在文艺复兴时期，建筑类型、建筑形制、建筑形式都比以前增多了。建筑师在创作中既体现统一的时代风格，又十分重视表现自己的艺术个性。总之，文艺复兴时期是世界建筑史上一个大发展和大提高的时期，这个时期的建筑，特别是意大利的建筑，呈现出一片空前繁荣的景象。

1. 教堂建筑

文艺复兴建筑可以分为三个时期：15世纪，以佛罗伦萨的建筑为代表的早期文艺复兴时期，代表性作品为佛罗伦萨大教堂；15世纪末和16世纪上半叶，以罗马建筑为代表的文艺复兴盛期，代表作品为罗马圣彼得大教堂；16世纪中叶和末叶的文艺复兴晚期。因此，文艺复兴时期最重要的建筑依然是教堂。阿尔伯蒂指出："在建筑艺术的整个范围内，除了庙宇的布局和装饰之外，没有任何东西值得我们倾注更多的思考、关注和智慧；因为，不用说，建造精美、装饰美观的庙宇，是城市能够拥有的最宏伟、装饰最高贵的建筑；它是神的栖身之地……"

(1) 佛罗伦萨大教堂。佛罗伦萨大教堂（Florence Cathedral）（图1-2-55）为意大利著名天主教教堂，位于意大利佛罗伦萨，是意大利文艺复兴时期建筑的瑰宝。佛罗伦萨大教堂是世界五大教堂之一，位列世界第四，能同时容纳1.5万人礼拜。佛罗伦萨大教堂是13世纪末行会从贵族手中夺取了政权后，作为共和政体的纪念碑而开始建造的。佛罗伦萨大教堂也叫"花之圣母大教堂""圣母百花大教堂"（Basilica di Santa Maria del Fiore），被誉为世界上最美的教堂，是文艺复兴的第一个标志性建筑，被称为"文艺复兴的报春花"。花之圣母教堂在意大利语中意为花之都。大诗人徐志摩把Firenze（意大利语）译作"翡冷翠"，这个译名远远比另一个译名"佛罗伦萨"更富诗意，更增色彩，也更符合古城的气质。

图 1-2-55 佛罗伦萨大教堂

佛罗伦萨大教堂是文艺复兴时期第一座伟大建筑。它其实是一组建筑群,由大教堂、钟塔和洗礼堂组成,位于今天佛罗伦萨市的杜阿莫广场和相邻的圣·日奥瓦妮广场上。大教堂是整个建筑群的主体部分,始建于 1296 年,当时正是佛罗伦萨的繁盛时期。教堂平面呈拉丁十字形状,本堂宽阔,长达 82.3 米,由 4 个 18.3 米见方的间跨组成,形制特殊。教堂的南、北、东三面各出半八角形巨室,巨室的外围包容有 5 个呈放射状分布的小礼拜堂。

整个建筑群中最引人注目的是中央穹顶,仅中央穹顶本身的工程就历时 14 年,完成于 1434 年,顶高 106 米,由当时意大利著名的建筑师布鲁内莱斯基设计,穹顶的基部呈八角平面形,平面直径达 42.2 米。基座以上是各面都带有圆窗的鼓座。穹顶的结构分内外两层,内部由 8 根主肋和 16 根间肋组成,构造合理,受力均匀。穹顶内部原设计不作任何装饰,后来瓦萨里和祖卡里在里面画了壁画(1572—1579 年)。屋顶灯亭也是由布鲁内莱斯基设计的,连灯亭在内,教堂总高为 107 米。穹顶内还陈列了米开朗琪罗雕刻的圣彼得像和乔尔乔·瓦萨里的巨幅壁画《末日审判》。同时,人们可以登 464 级台阶通过环廊到达穹顶内部,从这里还能眺望佛罗伦萨的街景。

在中央穹顶的外围,各多边形的祭坛上也有一些半穹形,与上面的穹顶上下呼应。它的外墙以黑、绿、粉色条纹大理石砌成各式格板,上面加上精美的雕刻、马赛克和石刻花窗,呈现出非常华丽的风格。整个穹顶的总体外观稳重端庄、比例和谐,没有飞拱和小尖塔之类的东西,水平线条明显。

除大教堂以外,整个建筑群中的钟塔和洗礼堂也是很精美的建筑,钟塔高 88 米,分 4 层,13.7 米见方;建于 1290 年的洗礼堂高约 31.4 米,建筑外观端庄均衡,以白、绿色大理石饰面。

教堂侧面有两扇十分壮观的大门:北面是 15 世纪的曼多尔拉门,南面是 14 世纪的卡诺尼奇门。

教堂内部为拉丁十字形,长 153 米,宽 38 米,可同时容纳 1 万人,教堂的外立面到 1587 年仍未完成,为完成这一工程,举办了多次竞赛招标,约三个世纪后才于 1871 年选中建筑师埃米利奥·德法布里的方案,于 1887 年竣工,用的是卡拉拉的白色大理石、普拉托的绿色大理石和玛雷玛的粉红色大理石,整座建筑显得十分精美。

佛罗伦萨大教堂不仅以其建筑闻名,而且也是一座藏有许多文艺复兴时期艺术珍品的博物馆。收藏的珍品中有意大利雕刻家多纳泰罗的作品《先知者》雕像,这是多纳泰罗于 1423—1425 年在大教堂的钟楼凹龛上雕刻的大理石像。先知的头光秃着,虽其貌不扬却极富智慧,他略微低头,似乎在向观众述说。

大理石浮雕《唱歌的天使》是意大利雕刻家戴拉·罗比亚的作品,这是他于 1453 年在大教堂内唱诗席上雕刻的。几位天使身着大众服装,既无神圣光环又无背部翅膀。前面两位天使摊开赞美诗,互相搭肩正齐声高唱赞歌,其态度庄重但气氛亲切。

意大利雕刻家狄·盘果约于 1420 年在大教堂侧门上雕刻了《圣母升天图》。大教堂内陈列着各种绘画,其中有一幅 1465 年画的但丁像。许多画家在此学习人体的透视画法和各种姿势,其中有达·芬奇、米开朗琪罗、布鲁内莱斯基等一代历史巨人。这些绘画被称为人体的百科全书。大教堂旁有一座巍峨的大钟楼,由各色大理石砌成,颇为壮观。登上钟楼,可饱览佛罗伦萨市区风光。

佛罗伦萨大教堂的建筑师布鲁内莱斯基出身于手工业工匠,钻研了当时先进的科学特别是机械学,精通机械、铸工,在透视学和数学等方面都有过建树,在雕刻和工艺美术上有很深的造诣。经过刻苦努力,他掌握了古罗马、拜占庭和哥特式的建筑结构。为了设计穹顶,他在罗马逗留了几年,潜心钻研古代的拱券技术,测绘古代遗迹,回到佛罗伦萨后,做了穹顶和脚手架的模型,制订了详细的结构和施工方案。1420 年,在佛罗伦萨政府召集的有法国、英国、西班牙和日耳曼建筑师参加的会议上,他获得了这项工程的委任。同年动工兴建,1431 年完成了穹顶,接着建造顶上的采光亭。1470 年采光亭完工,但布鲁内莱斯基已于 1446 年去世了。

最不可思议的是,布鲁内莱斯基没有画一张草图,也没有写下一组计算数据,不做任何计算稿,甚至不搭内部脚手架,完全凭心算和精确的空间想象开始动工,仿佛整座圆顶已经在他心里建好了。他不仅是一个建筑天才,也是一个谋略家,他知道一个对手随时想抢走他的设计单,所以他不留下任何图稿,让整个工程变成他一个人内心的秘密。事实上,后来有人尝试替代他,却不知如何建造下去,还一度把他关进牢里,最后还是得请他出山。1436 年教堂落成时,连教皇也惊讶于这个"神话穹顶"。布鲁内莱斯基的墓就在教堂地下,教堂广场上他的塑像手指着心爱的圆顶。

(2) 帕西小教堂。公元 1420 年由布鲁内莱斯基设计的帕西小教堂是一座不大的建筑,但却是建筑史上名气很大的杰作之一。它紧挨着哥特式的圣十字教堂,正面是 6 根 7.83 米高的科林斯柱式形成的门廊,其中正中一间特别宽,达 5.3 米,其上是一个大券把柱廊分为两半,两侧则用平额枋,其上是 4.3 米高的实墙面,用很薄的壁柱和檐部线脚划分成方格,与中央一间呈虚实、方圆、平直对比,简洁有序而不失变化。这样的立面处理虽然应用了类似凯旋门的形式,但它们的风格几乎完全不同,是一种全新的创造。门廊的进深也是 5.3 米,中央是一个小穹窿。内部正中是一个直径 10.9 米、高 20.8 米的穹顶,两侧则是 15.4 米高的筒形拱,从而形成横向比纵向长的特别的横向空间。在后侧中央是凹入的祭坛,其上也是一个小穹顶,从而与入口小穹顶形成对称。内部墙面设计具有同外立面相似的轻快雅洁的特点,墙面是大面积的白色,映衬着作为构架的深色壁柱、檐部、拱券和构架穹顶的 12 根骨架券。

帕西小教堂是一座与当时西欧流行的巴西利卡式建筑不同的集中式教堂建筑,它的平面与拜占庭建筑有某种相似之处,但包括立面和空间构成在内的其他地方则完全不同,它的探索为后来罗马圣彼得大教堂的建造打开了新路。

(3) 圣彼得大教堂。罗马圣彼得大教堂(图 1-2-56)是意大利文艺复兴建筑中最重要的代表,是世界上最大的天主教堂。重建这座建筑历时 120 年,多名重要建筑师与艺术家参与设计,其中以伯拉孟特和米开朗琪罗最为著名。教堂最高点达 137.7 米,圆顶直径达 42 米,教堂全部用石料建造。教堂前的大广场建于 17 世纪初的巴洛克时代。

图 1-2-56　圣彼得大教堂

公元 1547 年米开朗琪罗受命主持这项工程，他保持了原设计的形制，但加大了结构。教堂建造到鼓座时，米开朗琪罗逝世，留下了穹顶的木制模型，后继者基本上按这个模型建成了中央穹顶。由于教皇保罗五世的坚持，后又在米开朗琪罗主持建造的集中式教堂前面加了三跨的巴西利卡式大厅。大教堂工程于 1626 年基本完成。17 世纪中叶，贝尼尼在教堂前面建造了环形柱廊，形成椭圆形和梯形两进广场，整个教堂成为规模极其宏伟的建筑群体。

圣彼得大教堂的穹顶直径为 41.9 米，穹顶下室内最大净高为 123.4 米。在外部，穹顶上十字架尖端高达 137.8 米，这在当时堪称工程技术的伟大成就。教堂正立面高 45.5 米、长 115 米，有 8 根柱子和 4 根壁柱，女儿墙上立着施洗约翰和圣彼得等 11 个使徒的雕像，两侧是钟楼。教堂外部总长 211.5 米，集中式部分宽 137 米，总面积达 49 737 平方米。教堂为石质拱券结构，外部用灰华石饰面，内部用各色大理石，并有丰富的镶嵌画、壁画和雕刻作为装饰，大多出自名家之手。穹顶下方正中高高的教皇专用祭坛上面，是贝尼尼所做的铜铸华盖，为巴洛克艺术的重要作品。圣彼得大教堂的重建历经 120 余年，它是众多艺术家、工程师和劳动者智慧的结晶，是意大利文艺复兴时代不朽的纪念碑。

2. 府邸别墅

文艺复兴和中世纪不一样，从精神上说，人们从向往来世转向了注重现世，从以希伯来主义为精神源泉转向真诚接受希腊和罗马古典主义式尘世生活提供的礼物，在府邸别墅建筑方面尤是如此。其中最著名的有鲁切拉府邸和维琴察圆厅别墅。

鲁切拉是佛罗伦萨有名的政治家及商人，他从他人手中购得的一处房产，并重新进行建筑内部的调整和设计，这便是著名的鲁切拉府邸。鲁切拉府邸（图 1-2-57）是一幢带院落的三层楼的古典式宫苑式建筑，由阿尔伯蒂在公元 1452 年开始修建，公元 1472 年建成。这种专为贵族和富商建造的府邸建筑，在 15 到 16 世纪文艺复兴建筑中占有重要地位。府邸立面采用重叠，形成阶层式柱式体系。这幢三层楼的府邸采用了三种不同的壁柱形式，最下一层采用多立克柱式，第二层是爱奥尼柱式，最上一层是科林斯式。柱式在分隔上下墙面和临窗的同时，反映出结构的受力状态。墙面部分采用规则的粗面毛石砌筑，砌缝又宽又深形成阴影效果。门窗的装饰线脚比较简洁，二、三层的外窗套有粗犷的拱券，下面挖有玫瑰花窗的装饰；窗台部位的装饰线脚用于设置壁柱，同时将整个建筑划分成水平向的三段。在建筑的顶部，以一个巨大的挑檐作为府邸的结束处理。建筑外观庄重，条理分明，整齐划一，但多少有点生硬冷淡，似乎为体现贵族的尊严。

图 1-2-57　鲁切拉府邸

维琴察圆厅别墅（图 1-2-58）由帕拉第奥设计，始建于公元 1550 年，这座别墅最大的特点是绝对对称。设计者将希腊的神庙建筑巧妙地运用于别墅建筑，四面都有高高的台阶通向门廊，门廊采用爱奥尼柱式，三角形山花的三个角上都有人像雕塑。门廊两侧设计有拱洞的护墙，在造型上单纯而严谨。这座建筑不仅是帕拉第奥的代表作，也是文艺复兴的典范建筑。从平面图来看，围绕中央圆形大厅周围的房间是对称的，甚至希腊十字形四臂端部的入口门厅也一模一样。这座建筑与自然环境融为一体，给人一种纯洁、端庄和高贵的美感，也有诗情画意。

图 1-2-58　维琴察圆厅别墅

这座圆厅别墅达到了造型的高度协调，整座别墅由最基本的几何形体方、圆、三角形、圆柱体、球体等组成，简洁干净、构图严谨。各部分之间联系紧密，大小适度、主次分明、虚实结合，十分和谐妥帖。几条主要的水平线脚的交接，使各部分呈现出有机性，绝无生硬之感。优美的神庙式柱廊，减弱了方形主体的单调和冷淡。帕拉第奥从古代典范中提炼出古典主义的精华，再把它们发扬光大，创造出这个世俗活动的理想地点，这充分体现了他的灵活性与创造性。

3. 圣马可广场

圣马可广场（图1-2-59、图1-2-60）又称威尼斯中心广场，是文艺复兴时期广场建筑群的杰出代表。它是全威尼斯最大的广场，一直是威尼斯的政治、宗教和传统节日的公共活动中心。圣马可广场被拿破仑称为"世界上最美丽的客厅"，在威尼斯共和国时期，这的确就是威尼斯迎接外宾时最气派的第一个迎宾大客厅。所有的外国船只都由圣马可湾缓缓驶进至此，首先映入眼帘的即是由总督府侧面、广场入口和钟塔组构而成的华丽雄伟景致。下船后在广场入口有两个高高的柱子，一个上面是威尼斯的代表"飞狮"，另一个则是威尼斯最早的守护神圣狄奥多，这里是威尼斯城的迎宾入口。

图1-2-59 圣马可广场

图1-2-60 圣马可广场平面图

建于公元9世纪的圣马可大教堂雄伟屹立于广场上，它是为了收藏从埃及运来的圣马可的遗体而建造的。教堂的四壁和地面均用大理石和五色玻璃缀成，金碧辉煌，内有不少艺术精品，都是精雕细琢之作，装饰亦富丽堂皇。

圣马可广场是梯形的，长175米，东边宽90米，西边宽56米，面积1.28公顷。东侧是圣马可大教堂和四角形钟楼，人们可以×电梯到钟楼顶上。钟楼的修建始于9世纪末，但直到1173年才完工。在这里向外远眺，整座城市和岛屿的迷人景色尽收眼底，晴天时还可望见阿尔卑斯山白雪皑皑的山顶。西侧是总督府和圣马可图书馆，广场上有演奏乐队及数以万计的鸽子，时不时还有戴着奇异面具的小丑经过。

在广场北边与钟楼同侧的旧议会大楼始建于 12 世纪，全长约 152 米，而大楼后有供贡多拉（一种独具特色的威尼斯尖舟）停泊的奥尔塞奥洛湾。新行政大楼则是在靠圣马可湾那一侧的南边，从 1582 年开始建造，直至 17 世纪才完成，威尼斯共和国垮台之后，这里一度成为王室的宫殿，一楼有著名的弗洛里安咖啡馆，二楼为科雷尔博物馆。

同这个主要广场相垂直的，是总督府和圣马可图书馆之间的小广场。总督府紧挨着圣马可主教堂，图书馆连接着新市政大厦。小广场的中线大致重合圣马可教堂的正立面，它也是梯形的，比较狭窄的南端底边向大运河口敞开。河口外大约 400 米的小岛上有一座圣乔治教堂和修道院，是由帕拉第奥设计的，其耸立的穹顶和 60 多米高的尖塔，与小广场遥相呼应，成为广场建筑群的一部分。它同时是威尼斯城的海上标志，从海外来的船，远远就能望见它。在小广场和大广场相交的地方，图书馆和新市政厅之间的拐角上，斜对着主教堂，有一座方形的红砖砌筑的高塔，它大约始建于 10 世纪初，之后在 12 世纪下半叶，由圣席密尼阿诺教堂的同一个建筑师改建为 60 米高的塔。16 世纪初，在加上了最上一层和方锥形的顶子后，高度达到了 100 米。它位于广场的垂直轴线上，标志着轴线的位置。在桑索维诺向南加宽大广场后，这座塔独立出来，距圣马可图书馆北端大约 10 米。1540 年，桑索维诺在它下面造了一个三开间的朝东的券廊，这个券廊装饰得很华丽，使塔和周围主要的建筑物有了共同的构图因素，从而达到了协调统一。券廊是节日庆会时的贵族席。

圣马可广场除了举行节日庆会之外，只供游览和散步，完全与城市交通无关。意大利人习惯于在广场上约会亲友，所以把广场叫作露天的客厅。圣马可广场华美壮丽，却又洋溢着浓郁的亲切气氛。

16 世纪中叶，随着封建势力的进一步巩固，贵族纷纷在一些城市里复辟，所有的城市共和国都被颠覆了。宫廷着力恢复中世纪的种种制度，文艺复兴到了晚期。在这种情况下，建筑中出现了形式主义的潮流，一种倾向是泥古不化，教条主义地崇拜古代；另一种倾向是追求新颖尖巧，堆砌建筑元素，玩弄光影、体形，使用毫无意义的装饰和虚假的图案的"手法主义"。这两种倾向似乎是相反的，其实却同出一源：进步思想被扼杀了，建筑艺术失去了积极的意义，形式成了独立的东西。

手法主义在 17 世纪被反动的天主教会利用，发展成为"巴洛克"式建筑；教条主义则在 17 世纪被学院派的古典主义建筑吸收，为君主专制政体所利用。

2.3.6 巴洛克风格建筑

17 世纪，文艺复兴式建筑不断华丽化、复杂化的产物是巴洛克风格建筑，这种建筑风格出现了一些新的特征，比如炫耀财富，追求新奇，城市和建筑都有一种庄严隆重、刚劲有力，然而又充满欢乐的兴致勃勃的气氛。因为这时期的建筑突破了欧洲古典的、文艺复兴的和后来古典主义的"常规"，所以被称为"巴洛克"式建筑。"巴洛克"原意是畸形的珍珠，16 至 17 世纪时，衍义为拙劣、虚伪、矫揉造作或风格卑下、文理不通。18 世纪中叶，古典主义理论家带着轻蔑的意思称呼 17 世纪的意大利建筑为巴洛克，但这种轻蔑是片面的、不公正的，巴洛克风格在反对僵化的古典形式，追求自由奔放的格调和表达世俗情趣等方面起了重要作用，一度在欧洲广泛流行，并且对欧洲建筑的发展有长远的影响。

1. 罗马耶稣会教堂

意大利文艺复兴晚期著名建筑师和建筑理论家维尼奥拉设计的罗马耶稣会教堂（图1-2-61）是由手法主义向巴洛克风格过渡的代表作，也有人称之为第一座巴洛克建筑。罗马耶稣会教堂平面为长方形，端部突出一个圣龛，是由哥特式教堂惯用的拉丁十字形演变而来的，中厅宽阔，拱顶满布雕像和装饰。两侧用两排小祈祷室代替原来的侧廊。十字正中升起一座穹隆顶。教堂的圣坛装饰富丽而自由，上面的山花突破了古典法式，其上安置了圣像和装饰光芒。教堂立面借鉴早期文艺复兴建筑大师阿尔伯蒂设计的佛罗伦萨圣玛利亚小教堂的处理手法。正门上面分层檐部和山花做成重叠的弧形和三角形，大门两侧采用了倚柱和扁壁柱。立面上部两侧做了两对大涡卷。这些处理手法别开生面，后来被广泛仿效。

2. 圣卡罗教堂

罗马的圣卡罗教堂（图1-2-62）是博罗米尼设计的。它的殿堂平面近似橄榄形，周围有一些不规则的小祈祷室，此外还有生活庭院。殿堂平面与天花装饰强调曲线动态，立面山花断开，檐部水平弯曲，墙面凹凸度很大，装饰丰富，有强烈的光影效果。

图1-2-61　罗马耶稣会教堂　　　　　　　　图1-2-62　圣卡罗教堂

圣卡罗教堂建筑立面的平面轮廓为波浪形，中间隆起，基本构成方式是将文艺复兴风格的古典柱式，即柱、檐壁和额墙在平面上和外轮廓上曲线化，同时添加一些经过变形的建筑元素，例如变形的窗、壁龛和椭圆形的圆盘等。教堂的室内大堂为龟甲形平面，坐落在垂拱上的穹顶为椭圆形，顶部正中有采光窗，穹顶内面上有六角形、八角形和十字形格子，具有很强的立体效果。室内的其他空间也同样，在形状和装饰上有很强的流动感和立体感。圣卡罗教堂标志着巴洛克时代盛期的到来。

3. 波波洛广场

波波洛广场（图1-2-63）位于罗马北端波波洛城门南侧，是昔日北端门户，交通位置很重要。广场本身完成于1820年，由封丹纳所设计，中央有一座高36米的埃及方尖碑，是公元前13世纪的古物，被奥古斯都由埃及运到罗马。封丹纳开辟了三条放射式道路的对景，造成一种由此通向全罗马的幻觉。后来，以方尖碑为中心形成了长圆形的广场。它的两侧是开敞的，连着山坡绿地。三条道路的夹角处，有一对集中式的巴洛克式教堂，被称为"双子教堂"（图1-2-64）。波波洛广场的形制曾经起过很大的影响，欧洲不少城市有它的仿制品，使其成为巴洛克城市的标志。

图1-2-63　波波洛广场俯瞰图

图1-2-64　波波洛广场的双子教堂

2.3.7　法国古典主义建筑

17世纪，与意大利巴洛克建筑同时，法国的古典主义建筑成了欧洲建筑发展的又一个主流。古典主义建筑是法国绝对君权时期的宫廷建筑潮流，强调建筑表现王权，表现专制国家的力量，它严正、高贵、神圣，具有宏大的气魄，酷爱秩序，渗透着一种理想的英雄主义情绪。古典主义建筑体现着注重理性、讲究节制、结构清晰、脉络严谨的精神，强调外形的端庄与雄伟，内部则尽奢华之能事，在空间效果与装饰上常有强烈的巴洛克特征。

1. 罗浮宫

罗浮宫（图1-2-65）位于巴黎市中心的塞纳河北岸，是巴黎的心脏。这是世界上最著名、最大的艺术宝库之一，是举世瞩目的艺术殿堂和万宝之宫。同时，罗浮宫也是法国历史最悠久的王宫。罗浮宫有着非常曲折复杂的历史，而这又是和巴黎以至法国的历史错综地交织在一起的。人们到这里当然是为了亲眼看到举世闻名的艺术珍品，同时也是想看罗浮宫这座建筑本身，因为它既是一件伟大的艺术杰作，也是法国近千年来历史的见证。

14世纪，法王查理五世觉得罗浮宫堡比位于塞纳河当中的城岛（西岱岛）的王宫更适合居住，于是搬迁至此。在他之后的法国国王再度搬出罗浮宫，直至1546年，弗朗索瓦一世才成为居住在罗浮宫的第二位国王。弗朗索瓦一世命令建筑师皮埃尔·勒柯按照文艺复兴风格对其加以改建，于1546年至1559年修建了今日罗浮宫建筑群最东端的卡利庭院（Cour Carree）。扩建工程一直持续到亨利二世登基。亨利二世去世后，王太后卡特琳·德·美第奇集中力量修建杜伊勒里宫及杜伊勒里花园，对罗浮宫的扩建工作再度停止。

波旁王朝开始后，亨利四世和路易十三修建了连接罗浮宫与杜伊勒里宫的大长廊，又称"花廊"

（Pavillion de Flore）。路易十四时期曾令建筑师比洛和勒沃对罗浮宫的东立面按照法国文艺复兴风格（法国古典主义风格）加以改建，改建工作从1624年持续到1654年。

图1-2-65　罗浮宫

1682年法国宫廷移往凡尔赛宫后，罗浮宫的扩建再度终止。路易十四曾计划放弃罗浮宫，并将其拆除，但后来改变了主意，让法兰西学院、纹章院、绘画和雕塑学院，以及科学院搬入罗浮宫的空房，此外还有一些学者和艺术家被国王邀请住在罗浮宫的一层和大长廊的二楼。1750年法王路易十五正式提出了拆除罗浮宫的计划。但由于宫廷开支过大，缺乏足够的金钱来雇佣拆除罗浮宫所需的工人，该宫殿得以幸存。

1789年10月6日，巴黎的平民集群前往凡尔赛宫，将法王路易十六挟至巴黎城内，安置于杜伊勒里宫，该时期对罗浮宫进行了简单的清理打扫工作。法国大革命期间，罗浮宫被改为博物馆对公众开放。拿破仑即位后，开始了对罗浮宫的大规模扩建，建造了面向里沃利林荫路的北翼建筑，并在围合起来的巨大广场中修建了卡鲁索凯旋门，将其作为杜伊勒里宫的正门。拿破仑三世时期修建了黎塞留庭院和德农庭院，完成了罗浮宫建筑群的全部修建工作。

1871年5月，巴黎公社面临失败时，曾在杜伊勒里宫和罗浮宫内举火，试图将其烧毁［当时公社决定烧毁的还有巴黎市政厅、王宫（Palais Royal）等标志性建筑］。杜伊勒里宫被完全焚毁，罗浮宫的花廊和马尔赞长廊被部分焚毁，但主体建筑得以幸免。第三共和国时期拆除了杜伊勒里宫废墟，形成了罗浮宫今日的格局。

在罗浮宫口字形正殿的西侧，伸展出两个侧厅，中间的空地形成卡鲁赛广场。宫的东侧有长列柱廊，建筑巍峨壮丽。亨利四世在位期间，他花了13年的时间建造了罗浮宫最壮观的部分——大画廊。这是一个长达300米的华丽的走廊，构图采用横三段纵三段的手法。横向底层结实沉重，中层是虚实相映的柱廊，顶部是水平向厚檐，各部分比例依次为2∶3∶1。纵向实际上分五段，以柱廊为主，但两端及中央采用了凯旋门式的构图，中央部分的上部有山花。柱廊采用双柱以增加其刚强感。造型轮廓整齐，庄重雄伟，被称为理性美的代表，后广为欧洲各国王公所模仿。

1981年，法国政府对罗浮宫实施了大规模的整修，华裔美籍设计师贝聿铭（1983年普利兹克奖得主,被誉为"现代主义建筑的最后大师")设计了位于罗浮宫中央广场上的透明金字塔建筑。整修后的罗浮宫于1989年重新开放。

2. 凡尔赛宫

凡尔赛宫(图1-2-66)是法国绝对君权最重要的纪念碑。它不仅是路易十四的宫殿,还是国家的中心。它巨大而傲视一切,用石头表现了绝对君权的政治制度。法国宫廷为建造它而动用了当时法国最杰出的艺术和技术力量。因此,凡尔赛宫成了17至18世纪法国建筑艺术和技术成就的集中体现者。

图1-2-66 凡尔赛宫

凡尔赛宫原为法王的猎庄,1661年路易十四进行扩建,到路易十五时期才完成,王宫包括宫殿、花园与放射形大道三部分。宫殿南北总长约400米,中央部分供国王与王后起居与工作,南翼为王子、亲王与王妃命妇之用,北翼为王权办公处并有教堂、剧院等。建筑立面为纵、横三段处理,上面点缀有许多装饰与雕像,内部装修极度奢侈豪华。居中的国王接待厅,即著名的镜廊(图1-2-67),长73米,宽10米,上面的角形拱顶高13米,是富有创造性的大厅。厅内侧墙上镶有17面大镜子,与对面的法国式落地窗和从窗户引入的花园景色相映生辉。宫前大花园自1667年起由勒诺特设计建造,面积6.7平方千米,纵轴长3千米。园内道路、树木、水池、亭台、花圃、喷泉等均呈几何形,有它的主轴、次轴、对景等,并点缀有各色雕像,成为法国古典园林的杰出代表。

凡尔赛宫反映了当时法王意欲以此来象征法国的中央集权与绝对君权的意图。而它的宏大气派在一段时期中很为欧洲王公所羡慕并争相模仿。

图1-2-67 凡尔赛宫镜廊

3. 雄师凯旋门

法国在18世纪末、19世纪初是欧洲资产阶级革命的中心,也是古典复兴建筑活动的中心。法国大革命前已在巴黎兴建万神庙这样的古典建筑,拿破仑时代在巴黎兴建了许多纪念性建筑,其中雄师凯旋门、马德兰教堂等都是古罗马建筑式样的翻版。

雄师凯旋门（图1-2-68）位于法国巴黎香榭丽舍大街的西端，是现今世界上最大的一座圆拱门。凯旋门高49.54米，宽44.82米，厚22.21米，中心拱门高36.6米，宽14.6米。在凯旋门两面门墩的墙面上，有4组以战争为题材的大型浮雕："出征""胜利""和平"和"抵抗"，其中有些人物雕塑高达五六米。凯旋门的四周都有门，门内刻有跟随拿破仑远征的386名将军和96场胜战的名字，门上刻有1792年至1815年间的法国战事史。

图1-2-68　雄师凯旋门

凯旋门建成后，给交通带来了不便，于是就在19世纪中叶，环绕凯旋门一周修建了一个圆形广场及12条道路，每条道路都有40到80米宽，呈放射状，就像明星发出的灿烂光芒，因此这个广场又叫明星广场。因此，凯旋门也称为"星门"。

凯旋门以古罗马凯旋门为范例，但其规模更为宏大，结构风格更为简洁。整座建筑除了檐部、墙身和墙基以外，不做任何大的划分，不用柱子，连扶壁柱也被免去，更没有线脚。凯旋门摒弃了罗马凯旋门的多个拱券造型，只设一个拱券，简洁庄严。

2.3.8　浪漫主义建筑与新古典主义建筑

浪漫主义建筑是18世纪下半叶至19世纪下半叶，欧美一些国家在文学艺术中的浪漫主义思潮影响下流行的一种建筑风格。浪漫主义在艺术上强调个性，提倡自然主义，主张用中世纪的艺术风格与学院派的古典主义艺术相抗衡。这种思潮在建筑上表现为追求超尘脱俗的趣味和异国情调。浪漫主义建筑主要限于教堂、大学、市政厅等中世纪就有的建筑类型。它在各个国家的发展不尽相同。

18世纪60年代至19世纪30年代，是浪漫主义建筑发展的第一阶段，又称先浪漫主义。这个时期出现了中世纪城堡式的府邸，甚至东方式的建筑小品。

19世纪30至70年代是浪漫主义建筑的第二阶段，它已发展成为一种建筑创作潮流。由于追求中世纪的哥特式建筑风格，这个时期的建筑又称为哥特复兴建筑。

英国是浪漫主义的发源地，最著名的建筑作品是英国议会大厦、伦敦的圣吉尔斯教堂和曼彻斯特市政厅等。

英国议会大厦（图1-2-69）即威斯敏斯特宫，位于英国伦敦的中心威斯敏斯特市，坐落在泰晤士河西岸，是英国浪漫主义建筑的代表作品，也是大型公共建筑中第一个哥特复兴杰作，是当时整个浪漫主义建筑兴盛时期的标志。

图1-2-69　英国议会大厦

大厦整体造型和谐融合，充分体现了浪漫主义建筑风格的丰富情感。其平面沿泰晤士河南北向展开，入口位于西侧。特别是它沿泰晤士河的立面，平稳中有变化，协调中有对比，形成了统一而又丰富的形象，是维多利亚哥特式的典型表现，流露出浪漫主义建筑的复杂心理和丰富的情感。其内部一方面以帕金设计的装饰和陈设而闻名，另一方面也以珍藏有大量的壁画、绘画、雕塑等艺术品而著称，这些作品水平甚高，因此议会大厦被人们誉为"幕后艺术博物馆"。

议会大厦的主轴线上是耸立在威斯敏斯特宫入口之上的高104米的维多利亚塔和高98米的大本钟塔。重量超过13吨的大钟得名于一位叫本杰明·霍尔的公共事务大臣，这个有4个直径9米的钟盘的大钟，是在著名的天文学家艾里的领导下建造的。当大钟鸣响报时的时候，钟声通过英国广播公司电台响彻四方。

议会大厦包括约1 100个独立房间、100座楼梯和4.8千米长的走廊。大厦分为四层，首层有办公室、餐厅和雅座间，二层为宫殿主要厅室，如议会厅、议会休息室和图书厅，更衣室、皇家画廊、王子厅、上议院、贵族厅、中央室、议员堂和下议院在该层从南向北依次呈直线分布。顶部两层为委员房间和办公室。

新古典主义建筑是18世纪60年代至19世纪流行于欧美一些国家的，采用严谨的古希腊、古罗马形式的建筑，又称古典复兴建筑。

当时，人们受启蒙运动的思想影响，崇尚古希腊、古罗马文化。在建筑方面，古罗马的广场、凯旋门和记功柱等纪念性建筑成为效法的榜样。当时的考古学取得了很多的成绩，古希腊、古罗马建筑艺术珍品大量出土，为这种思想的实现提供了良好的条件。采用古典复兴建筑风格的主要是国会、法院、银行、交易所、博物馆、剧院等公共建筑和一些纪念性建筑。这种建筑风格对一般的住宅、教堂、学校等影响不大。

英国以复兴希腊建筑形式为主，典型实例为爱丁堡中学、伦敦的不列颠博物馆等。

英国国家博物馆（图1-2-70），又名大不列颠博物馆，位于英国伦敦新牛津大街北面的罗素广场。英国国家博物馆成立于1753年，1759年1月15日起正式对公众开放，是世界上历史最悠久、规模最宏伟的综合性博物馆，也是世界上规模最大、最著名的博物馆之一。

图 1-2-70　英国国家博物馆

该馆的主体建筑在伦敦的布隆斯伯里区，核心建筑占地约 56 000 平方米。现有建筑为 19 世纪中叶所建，共有 100 多个陈列室，面积六七万平方米，共藏有展品 400 多万件。博物馆正门的两旁，各有 8 根又粗又高的罗马式圆柱，正门是高大的柱廊和装饰着浮雕的山墙屋顶，属于典型的希腊古典建筑式样。

博物馆收藏了世界各地的许多文物和珍品，拥有藏品 800 多万件，藏品之丰富、种类之繁多，为全世界博物馆所罕见。由于空间的限制，大批藏品不能公开展出。大英博物馆目前分为 10 个分馆：古近东馆，硬币和纪念币馆，埃及馆，民族馆，希腊和罗马馆，日本馆，中世纪及近代欧洲馆，东方馆，史前及早期欧洲，版画和素描馆及西亚馆。

2.3.9　折中主义建筑

折中主义建筑是 19 世纪上半叶至 20 世纪初，在欧美一些国家流行的一种建筑风格。折中主义建筑师任意模仿历史上各种建筑风格，或自由组合各种建筑形式，他们不讲求固定的法式，只讲求比例均衡，注重纯形式美。

随着社会的发展，越来越需要有丰富多样的建筑来满足各种不同的要求。在 19 世纪，交通的便利，考古学的进展，出版事业的发达，加上摄影技术的发明，都有助于人们认识和掌握以往各个时代和各个地区的建筑遗产，于是出现了希腊、罗马、拜占庭、中世纪、文艺复兴和东方情调的建筑在许多城市中纷然杂陈的局面。

折中主义建筑在 19 世纪中叶以法国最为典型，巴黎高等艺术学院是当时传播折中主义艺术和建筑的中心。而在 19 世纪末和 20 世纪初期，则以美国最为突出。总的来说，折中主义建筑思潮依然是保守的，没有按照当时不断出现的新建筑材料和新建筑技术去创造与之相适应的新建筑形式。

1. 巴黎歌剧院

巴黎歌剧院（图 1-2-71）位于法国巴黎，拥有 2 200 个座位，是世界上最大的抒情剧场。歌剧院是由查尔斯·加尼叶于 1861 年设计的，其建筑将古希腊罗马式柱廊、巴洛克建筑等几种建筑形式完美地结合在一起，规模宏大，精美细致，金碧辉煌，是一座绘画、大理石和金饰交相辉映的剧院，给人以极大的享受。

巴黎歌剧院长 173 米，宽 125 米，建筑总面积 11 237 平方米。剧院有着全世界最大的舞台，可同时容纳 450 名演员。歌剧院演出大厅（图 1-2-72）长 54 米，宽 13 米，高 18 米，其中央的悬挂式分支吊灯重约 8 吨。其富丽堂皇的休息大厅可与凡尔赛宫大镜廊相媲美，里面装潢豪华，四壁和廊柱布满巴洛克式的雕塑、挂灯、绘画，有人说这儿豪华得像是一个首饰盒，装满了金银珠宝。它艺术氛围十分浓郁，是观众休息、社交的理想场所。

图 1-2-71　巴黎歌剧院　　　　　　图 1-2-72　巴黎歌剧院演出大厅

巴黎歌剧院具有十分复杂的建筑结构，剧院有 2 531 个门，7 593 把钥匙，6 英里[①]长的地下暗道。歌剧院的地下层有一个容量极大的暗湖，湖深 6 米，每隔 10 年剧院就要把那里的水全部抽出，换上清洁的水。

2. 维克多·埃曼纽尔二世纪念堂

维克多·埃曼纽尔二世纪念堂（图 1-2-73）是威尼斯广场上最耀眼的建筑物，其雄伟的造型和白色大理石闪耀的光芒，让威尼斯广场周边的其他建筑物相形失色。

图 1-2-73　维克多·埃曼纽尔二世纪念堂

---

① 1 英里=1.609 344 千米。

维克多·埃曼纽尔二世纪念堂的前面是一座高达 11.9 米骑着战马的埃曼纽尔二世的铜像；铜像的后面是无名英雄墓，上面用一个高达 70 米、长 135 米的大型柱廊构成，下设宽大的大台阶，气势恢宏。这里终年点燃着火炬，无论日晒雨淋，总有两名士兵纹丝不动地守卫着无名英雄墓。台阶下两组喷泉寓意深刻——左边的象征亚得里亚海，右边的象征第勒尼安海。

这座纪念建筑模仿了古希腊晚期的帕伽玛的宙斯祭坛。16 根科林斯柱子形成的弧形柱廊是建筑物最精彩的部分，柱子高 15 米，上面还设有女儿墙。柱廊两端各用 4 根柱，上设山花作为收头。两边的山花之上，各设一个雕像——带翅膀的胜利之神站在驷马战车之上。

2.3.10 现代主义建筑

现代主义建筑是指 20 世纪中叶，在西方建筑界居主导地位的一种建筑思想。这种建筑的代表人物主张：建筑师要摆脱传统建筑形式的束缚，大胆创造适应于工业化社会的条件、要求的崭新建筑。因此现代主义建筑具有鲜明的理性主义和激进主义的色彩，又称为现代派建筑。

现代主义建筑思潮产生于 19 世纪后期，成熟于 20 世纪 20 年代，在 50—60 年代风行全世界。

1919 年，德国建筑师格罗皮乌斯担任包豪斯校长。在他的主持下，包豪斯在 20 世纪 20 年代成为欧洲最激进的艺术和建筑中心之一，推动了建筑革新运动。德国建筑师密斯·凡德罗也在 20 世纪 20 年代初发表了一系列文章，阐述新观点，用示意图展示未来建筑的风貌。

20 世纪 20 年代中期，格罗皮乌斯、勒·柯布西耶、密斯·凡德罗等人设计和建造了一些具有新风格的建筑。其中影响较大的有格罗皮乌斯的包豪斯校舍，勒·柯布西耶的萨伏伊别墅、巴黎瑞士学生宿舍和他的日内瓦国际联盟大厦设计方案，密斯·凡德罗的巴塞罗那博览会德国馆等。在这三位建筑师的影响下，在 20 世纪 20 年代后期，欧洲一些年轻的建筑师，如芬兰建筑师阿尔托也设计出一些优秀的新型建筑。

与学院派建筑师不同，格罗皮乌斯等人对大量建造的普通居民需要的住房相当关心，有的人还对此做了科学研究。

1927 年，在密斯·凡德罗的主持下，德国斯图加特市举办了住宅展览会，这对住宅建筑研究工作和新建筑风格的形成都产生了很大影响。

从格罗皮乌斯、勒·柯布西耶、密斯·凡德罗等人的言论和实际作品中，可以看出他们提倡的"现代主义建筑"是强调建筑要随时代而发展，现代建筑应同工业化社会相适应；强调建筑师要研究和解决建筑的实用功能和经济问题；主张积极采用新材料、新结构，在建筑设计中发挥新材料、新结构的特性；主张坚决摆脱过时的建筑样式的束缚，放手创造新的建筑风格；主张发展新的建筑美学，创造建筑新风格。

现代主义建筑的代表人物提倡新的建筑美学原则，其中包括表现手法和建造手段的统一；建筑形体和内部功能的配合；建筑形象的逻辑性；灵活均衡的非对称构图；简洁的处理手法和纯净的体形；在建筑艺术中吸取视觉艺术的新成果。

在 20 世纪 20—30 年代，持有现代主义建筑思想的建筑师设计出来的建筑作品，有一些相近的形式特征，如平屋顶，不对称的布局，光洁的白墙面，简单的檐部处理，大小不一的玻璃窗，很少用或完全不用装饰线脚等。这样的建筑形象一时间在许多国家出现，于是有人给它起了一个名称叫"国际式"建筑，当然，这样的称呼是就其某些表面形式而言的。

现代主义建筑思想在 20 世纪 30 年代从西欧向世界其他地区迅速传播。由于德国法西斯政权敌视新的建筑观点，格罗皮乌斯和密斯·凡德罗先后被迫迁居美国；包豪斯学校被查封。但包豪斯的教学内容和设计思想却对世界各国的建筑教育产生了深刻的影响。

现代主义建筑思想先是在实用为主的建筑类型如工厂厂房、中小学校校舍、医院建筑、图书馆建筑以及大量建造的住宅建筑中得到推行；到了 20 世纪 50 年代，在纪念性和国家性的建筑中也得到实现，如联合国总部大厦（图 1-2-74）和巴西议会大厦。现代主义思潮到了 20 世纪中叶，在世界建筑潮流中占据主导地位。

图 1-2-74　联合国总部大厦

※ 2.4　美洲建筑发展文脉

古代美洲如同古埃及、古西亚、古印度、中国与爱琴海沿岸地区一样，是古老文明的发源地。美洲土著人在中美洲的波多黎各、墨西哥和南美洲西北沿太平洋的秘鲁先后创造了玛雅文化、阿兹特克文化以及印加文化，形成了古代美洲的建筑体系。美洲建筑代表作都是一些具有强烈威慑力、严峻而雄伟、气氛神秘而恐怖、装饰复杂而怪诞的宗教建筑。但这种文化被西欧殖民者中断了，并且再也无法延续。所以，美洲国家后来的文化，包括建筑文化，几乎都是欧洲古代文化的继续。然而，毋庸置疑的是，美洲的本土文化，包括建筑在内，皆是相当有价值的。

2.4.1　美洲古代建筑

中美洲和南美洲在古代曾有过发达程度较高的文明。公元前 1000 年左右，奥尔梅克人在墨西哥湾附近建造了一批宗教建筑，多为金字塔形，顶部有平台，上建神殿，通向神殿的阶梯位于金字塔一面的正中。神殿模仿木构草顶的住宅，规模不大，仅供宗教活动，这种建筑就是后来美洲建筑的雏形。

公元前 500—公元 750 年特奥蒂瓦坎文明的遗址特奥蒂瓦坎城（图 1-2-75）建于墨西哥高原，

至公元2—3世纪达到极盛。该城面积20平方千米，人口达20万之多。城内有供水渠道、水库、作坊、露天市场、剧场、蒸气浴室、官署等。城市布局极富特点：主要建筑沿城市轴线布置；各种建筑群内部对称；形体简单的建筑立在台基上；城市的统一模数为57米；住宅建筑内部通过庭院采光通风。特奥蒂瓦坎建筑的主要代表为太阳神金字塔建筑群，其中月神庙金字塔、羽蛇神庙、太阳神金字塔等保留至今。

图1-2-75 特奥蒂瓦坎城

1. 玛雅时期的建筑

玛雅人生活在现在的墨西哥湾南部与尤卡坦半岛以及伯利兹、危地马拉、萨尔瓦多、尼加拉瓜、洪都拉斯一带，活动范围大约为12.5万平方千米，总人口1 000万～2 000万。玛雅人曾经建造过800多座城镇，其中200多座比较大，大约有20多座的人口超过5万，其中最壮丽的是蒂卡尔、特奥蒂瓦坎、帕伦克和科潘等。所有的城市都分为两部分：一部分是平民区；一部分是庙宇、宫殿、府邸、浴场、球场等统治阶级生活和礼神的地区。

玛雅建筑可分为三个阶段：第一阶段为前古代期，约为公元前2 500—公元250年，是玛雅文明的形成期，其建筑形态为住房附近设简单的墓葬、石砌墙和土台建筑，表明已经形成祭祀崇拜中心；第二阶段为古典期，约为公元250—900年，是玛雅文明鼎盛期，各地有较大规模的城市和居民点，主要城市有蒂卡尔、科潘、帕伦克；第三阶段为后古典期，也称玛雅-托尔特克期，约为公元900—1520年，这时玛雅北部尤卡坦半岛上的奇琴伊察等地出现了新的城邦，被称为玛雅文明的复兴。1450年以后，玛雅文明再次衰落。从1520年开始，西班牙入侵墨西哥，并对玛雅地区进行疯狂的破坏，导致玛雅文明覆灭。

在玛雅建筑中，大多数古城的中心是一座城堡或一座神殿。玛雅人的建筑强调宗教的庄严性，在台基上建筑神庙，玛雅金字塔就是在这些台基上发展起来的。玛雅建筑主要分布在蒂卡尔等遗址。

蒂卡尔（图1-2-76）是玛雅文化的中心。城中央是祭祀和统治中心，根据地势筑成高台，其中有几处是宏伟的金字塔式神庙。最高的一座神庙高达75米，人们可以通过一个陡峭的阶

图1-2-76 蒂卡尔

梯直达庙门。高耸在金字塔顶端的小神庙，几乎完全模仿砖坯小屋的模式。这些神庙同时也是国王的陵墓。

玛雅人的宫殿建在空旷场地的高台上，其特点是建筑物又长又低。譬如乌斯马尔的地方长官府邸，长达330英尺，坐落在高43英尺的人造台地上。据估算，建造此台地需要2 000人连续工作3年，每人每年出工200天，每日的材料搬运量达1 000吨之多。

经历过玛雅文化时期后，美洲建筑在发展过程中还经历了托尔特克建筑时期、阿兹特克建筑时期和印加建筑时期。

2．托尔特克建筑

托尔特克文化和玛雅文化很相似，它们在奇琴伊察和特奥蒂瓦坎共同建造纪念性建筑群。一位墨西哥人在古玛雅城奇琴伊察遗址上有了惊人的发现，即在春季和秋季的第一天，太阳每年两次落照在200英尺高的卡斯蒂诺金字塔上，刚好使塔身显现出一条巨蛇的侧影。而这个金字塔的顶端果真有一座带羽的蛇神的庙宇。玛雅-托尔特克因此被称为"蛇的民族"。这些崇蛇的民族具有强烈的宗教意识，但是托尔特克人的祭祀似乎比玛雅人更血腥，为了供奉嗜血的部落神特斯卡特利波卡，甚至以活人的心脏为祭品。

在托尔特克建筑时期，主要的代表建筑是托尔特克神庙（图1-2-77），这一文化的中心为墨西哥城北80千米的图拉，主要祭祀中心的面积约为1平方千米。太阳神庙的金字塔高64.5米，分5层，底部面积为210米×210米。大约在同一时期，即公元前600年，托尔特克人在墨西哥湾收复埃尔塔津并建造了一座壁龛金字塔。该塔于20世纪50年代被发掘，由于考古学家认为其中有许多凹进去的窗式壁龛，故命名为壁龛金字塔。每一个壁龛代表一年中的一天，可惜它们的雕像已不复存在。但是，我们现在已理解，这些壁龛对于印第安人有着重要的天文学意义。

图1-2-77　托尔特克神庙

3．阿兹特克建筑

阿兹特克人继承了托尔特克人的建筑，甚至用当地的工匠，其纪念性建筑物主要位于特诺奇提特兰。因为城市处于盐湖中央，所以要用输水管从陆上送去淡水。城市方方正正，中央广场面积为275米×320米，四周分布着三所宫殿和一座金字塔。塔一般高30米，基地为100米×100米。宫殿和一般住宅都是四合院式，用毛石和卵石砌成，垫缝灰浆很细，阿兹特克人也喜欢用蛇头或怪兽做装饰母题，因为这种装饰对于阿兹特克人来说具有神秘意义。阿兹特克神庙（图1-2-78）是墨西哥古代印第安人文化最后发展阶段的代表。神庙是阿兹特克首都的象征,更是阿兹特克文化的象征。阿兹特克人在特斯科科湖岛建了首都特诺奇提特兰。城中心的广场建有40余座金字塔形台庙,主庙是西班牙人所说的"大庙",其塔基长100米,宽90米,塔顶建有供奉主神太阳神和雨神的神殿。阿兹特克人每年都用数千人的心脏祭祀神灵,以使太阳能持续升落。

图 1-2-78　阿兹特克神庙

金字塔式的庙宇前是公共集会、表演宗教舞蹈和娱乐的宽阔广场,人们通过巨大的阶梯可直达金字塔上的小神庙。阿兹特克人通常在阶梯的顶端放置一尊神像,这里就是公开举行献祭仪式的地方。

4. 印加建筑

印加文化产生在以今天的秘鲁为中心的安第斯山区。13世纪,以库斯科为中心的印加文化开始兴起。"印加"在印第安语中原指首领,西班牙人以此称呼这一正在向国家转化的部落组合,并沿用下来。

印加建筑艺术的独特成就就是由巨大岩石砌成的建筑,这些建筑有原始巨石风格。石料被割成长条形,垒成厚墙,并无石灰填缝,而是以榫口紧密相接,接缝之间甚至连刀刃也很难插入。巨石建筑几乎毫无装饰,只有梯形壁龛,因此显得异常简洁有力。

印加文化最著名的遗址在秘鲁的马丘比丘(图1-2-79),它似神秘的"云中要塞"。城堡用精心琢磨的大石块密缝砌成,布局随地形而起伏。建筑物上没有雕饰,但室内设有许多深坑,用以存放什物和金银摆设。马丘比丘遗址位于秘鲁库斯科西北约70千米,是建筑史上鬼斧神工的建筑物之一。它镶嵌在两座奇伟无比、云雾缭绕的圆锥形山峰间不易深入的凹谷地带,顺山势而下,给人以从山壁上长出来的错觉。

马丘比丘意为"古老的山巅",是印加帝国伟大的君主帕查库提建造的一处皇家圣地,马丘比丘古城由于位置偏僻而免遭西班牙人的毁坏,被誉为最惊人的建筑艺术之一。

图 1-2-79　马丘比丘古城

马丘比丘古城虽小，却规划整齐，建筑均由石块堆建而成。整个城市布局设计非常缜密，很多用排水沟连接起来的小台基由上往下排列。古城上面有用砖石砌成的低矮的半圆形塔，十分坚固，还有3个人工建造的圆形洼池，宽100多米；中间有石面台基，可能是祭祀太阳神的地方。这座以砖石砌成的城市高耸入云，蔚为壮观，更加符合印第安人认为神灵是居住在高山之上的信仰，也体现了印加帝国建筑风格的雄伟和坚固。

印加人的建筑艺术除了体现在砖石建筑上以外，还体现在要塞、交通网络、桥梁、输水渠以及层层的梯田上，这些工程仿若巨大峡谷中精雕细刻的雕塑。这样规范的工程能够实现，也体现了印加文明的高度组织化。印加帝国的繁荣只持续了不到100年。1572年，最后一支印加军队被西班牙人消灭，绝大多数印加建筑也被毁坏。

2.4.2 美洲现代建筑

1492年哥伦布发现美洲大陆后，美洲变成了各民族的"大熔炉"，本土文化受到毁灭性的冲击，建筑文化也受欧洲各国影响巨大。美洲的近现代建筑几乎全部是欧洲建筑的风格，这里简单介绍几个美洲的代表性建筑。

1. 白宫

白宫（图1-2-80）位于华盛顿市区中心宾夕法尼亚大街1600号，北接拉斐特广场，南邻爱丽普斯公园，与高耸的华盛顿纪念碑相望，是一座白色的二层楼房。白宫共占地7.3万多平方米，由主楼和东、西两翼三部分组成。主楼宽51.51米，进深25.75米，共有底层、一楼和二楼3层。白宫是美国总统办公和居住之地，因而成为美国政府的代称。底层有外交接待大厅、图书室、地图室、瓷器室、金银器室和白宫管理人员办公室等。外交接待大厅呈椭圆形，是总统接待外国元首和使节的地方，铺着天蓝色底、椭圆形的花纹地毯，上面绣有象征美国50个州的标志，墙上挂有描绘美国风景的巨幅环形油画。

图1-2-80 白宫

白宫的基址是美国开国元勋、第一任总统乔治·华盛顿选定的,其始建于1792年,1800年基本完工,设计者是著名的美籍爱尔兰建筑师詹姆斯·霍本,他根据18世纪末英国乡间别墅的风格,参照当时流行的意大利建筑师柏拉迪的欧式建筑造型设计而成,用弗吉尼亚州所产的一种白色石灰石建造。

白宫最初并不是白色的,也不称白宫,而被称作"总统大厦""总统之宫"。1792年始建时是一栋灰色的沙石建筑。从1800年起,它是美国总统在任期内办公并和家人居住的地方。但是在1812年发生的第二次美英战争中,英国军队入侵华盛顿。1814年8月24日英军焚毁了这座建筑物,只留下了一副空架子。1817年重新修复时为了掩饰火烧过的痕迹,门罗总统下令在灰色沙石上漆上了一层白色的油漆。此后这栋总统官邸便一直被称为"白宫"。1901年美国总统西奥多·罗斯福正式把它命名为"白宫",后成为美国政府的代名词。

2. 帝国大厦

帝国大厦(图1-2-81),是位于美国纽约州纽约市曼哈顿第五大道350号、西33街与西34街之间的一栋著名摩天大楼。

图1-2-81 帝国大厦

帝国大厦的名称源于纽约州的昵称——帝国州,故其英文名称原意为纽约州大厦或者帝国州大厦,唯帝国大厦的翻译尘埃落定,并沿用至今。帝国大厦为纽约市以至美国最著名的地标和旅游景点之一,为美国及美洲第4高,世界上第25高的摩天大楼,也是保持世界最高建筑地位最久的摩天大楼(1931—1972年)。楼高381米,共103层,于1951年增添的天线高62米,提高其总高度至443米,大楼于1930年动工,于1931年落成,建造过程仅410日,是世界上罕见的建造速度纪录。

帝国大厦被美国土木工程师协会(ASCE)评价为现代世界七大工程奇迹之一,纽约地标委员会选其为纽约市地标。1986年该建筑被认定为美国国家历史地标,目前大厦在进行巨额费用的改建,正在努力转变为一个更加节能的绿色环保建筑。

3. 流水别墅

流水别墅(图1-2-82)是现代建筑的杰作之一,它位于美国匹兹堡市郊区的熊跑溪河畔,由F·L·赖特设计。别墅的室内空间处理堪称典范,室内空间自由延伸,相互穿插;内外空间互相交融,浑然一体。流水别墅在空间的处理、体量的组合及与环境的结合上均取得了极大的成功,为有机建筑理论做了确切的注释,在现代建筑历史上占有重要地位。

图 1-2-82　流水别墅

别墅共三层，面积约380平方米，以二层（主入口层）的起居室为中心，其余房间向左右铺展开来，别墅外形强调块体组合，使建筑带有明显的雕塑感。两层巨大的平台高低错落，一层平台向左右延伸，二层平台向前方挑出，几片高耸的片石墙交错着插在平台之间，很有力度。溪水由平台下怡然流出，建筑与溪水、山石、树木自然地结合在一起，像是由地下生长出来似的。

流水别墅是赖特为考夫曼家族设计的别墅。1934年，德裔富商考夫曼在宾夕法尼亚州匹兹堡市东南郊的熊跑溪买下一片地产。那里远离公路，高崖林立，草木繁盛，溪流潺潺。考夫曼把著名建筑师赖特请来考察，请他设计一座周末别墅。赖特凭借特有的职业敏感，知道自己最难得的机遇到来了。在瀑布之上，赖特实现了"方山之宅"（house on the mesa）的梦想，悬空的楼板铆固在后面的自然山石中。主要的一层几乎是一个完整的大房间，通过空间处理而形成相互流通的各种从属空间，并且有小梯与下面的水池联系。正面在窗台与天棚之间，是一金属窗框的大玻璃，虚实对比十分强烈。流水别墅整个构思是大胆的，成为无与伦比的世界最著名的现代建筑之一。

从流水别墅的外观，我们可以看到那些水平伸展的地坪、小桥、便道、车道、阳台及棚架，沿着各自的伸展轴向，越过深谷而向周围凸伸，这些水平的推力，以一种诡异的空间秩序紧紧地集结在一起，巨大的露台扭转回旋，恰似瀑布水流曲折迂回地自每一平展的岩石突然下落一般，无从预料。整个建筑看起来像是从地里生长出来的，但是它更像是盘旋在大地之上。这是一幢包含最高层次的建筑，也就是说，建筑已超越了它本身，而深深地印在人们意识之中。流水别墅以其具象创造出了一个不可磨灭的新体验。

流水别墅的建筑造型和内部空间的设计达到了伟大艺术品的沉稳、坚定的效果。连廊潜藏其间，力与反力相互集结之气势，表现在整个建筑内外及其布局与陈设之间。不同凡响的室内设计使人犹如进入一个梦境，通往巨大的起居室需先通过一段狭小而昏暗的有顶盖的门廊，然后进入反方向向上的主楼梯，透过那些粗犷而有透光孔的石壁，可以看到右手边是巨大的空间，而左手边为进入起居室的二层踏步。赖特对自然光线的巧妙掌握，使内部空间仿佛充满了盎然生机，光线流动于起居室的东、南、西三侧，最明亮的部分光线从天窗泻下，一直照在建筑物下方溪流崖隙的楼梯上，东、西、北侧呈围合状的室，则相形之下较为暗淡，岩石铺就的地板上，隐约出现它们的倒影。从北侧及山崖上反射进来的光线和反射在楼梯上的光线显得朦胧柔美。这个起居室空间的气氛，随着光线的明暗变化，而显现多样的风采。

在材料的使用上，流水别墅也是非常具有象征性的，所有的支柱都是粗犷的岩石。岩石的平与支柱的直，产生一种明的对抗，所有混凝土的水平构件，看起来有如贯穿空间，飞腾跃起，赋予了建筑最高的动感与张力，例外的是地坪使用的岩石似乎出奇的沉重，尤以悬挑的阳台为最。然而当你站在人工石面阳台上，而为自然石面的壁柱所包围时，对于内部空间或许会有更深一层的体会，因为室内空间通过巨大的水平阳台而延伸，衔接了巨大的室外空间——崖隙。赖特设计的由起居室通到下方溪流的楼梯，关联着建筑与大地，是内、外部空间不可缺少的媒介，且总会使人们流连其间。

流水别墅是建于20世纪的最上镜的、被拍摄得最多的私人住宅。尽管它远在宾夕法尼亚州西南的阿巴拉契亚山脉脚下，但每年都有超过13万的游客来此游览。

流水别墅浓缩了赖特主张的"有机"设计哲学，考虑到赖特自己将它描述成对应于"溪流音乐"的"石崖的延伸"的形状，流水别墅名副其实，成为一种以建筑词汇再现自然环境的抽象表达，是建筑艺术上一个既具空间维度又有时间维度的具体实例。

1963年，赖特去世后的第四年，考夫曼决定将别墅献给当地政府，永远供人参观。交接仪式上，考夫曼的致辞是对赖特这一杰作的感人总结，他说："流水别墅的美依然像它所配合的自然那样新鲜，它曾是一处绝妙的栖身之所，但又不仅如此，它是一件艺术品，超越了一般含义，住宅和基地一起构成了一个人类所希望的与自然结合、对等和融合的形象。这是一件人类为自身所做的作品，不是一个人为另一个人所做的，由于这样一种强烈的含义，它是一笔公众的财富，而不是私人拥有的珍品。"

4. 加拿大国家电视塔

加拿大国家电视塔（图1-2-83）是一座位于加拿大安大略省多伦多市的通信塔。英文原名里的"CN"最初是"Canadian National"首字母缩写，现在则是"Canada's National"的缩写，但两个名称皆不常使用。塔高553.33米，现为世界上第五高的自立式建筑物。

该塔被认为是多伦多的地标，每年吸引超过200万人次参观。自从在1976年落成后，该塔一直被《吉尼斯世界纪录大全》记录为最高的建筑物，直至被哈利法塔（迪拜塔）超越。但从专业角度看，加拿大国家电视塔并不是一个建筑物，而是一个非建筑结构物。加拿大国家电视塔是多伦多的标志性建筑，也是世界第二高的通信塔，塔内拥有1 700多级的金属阶梯，塔高约等于一百几十层楼的高度。塔内装有多部高速玻璃外罩电梯，只需58秒就可以将游客从电视塔底层送至最高层，在塔顶可以远远眺望整个多伦多市和安大略湖以及周围的景色。1995年，加拿大国家电视塔被美国土木工程师协会评价为世界七大工程奇迹之一。

图1-2-83　加拿大国家电视塔

第2篇
建筑风格与文化篇

　　一座伟大的建筑物，按我的看法，必须从无可量度的状况开始，但它被设计着的时候又必须通过所有可以量度的手段，最后又一定是无可量度的。建筑房屋的唯一途径，也就是使建筑物呈现眼前的唯一途径，是通过可量度的手段。你必须服从自然法则。一定量的砖、施工方法以及工程技术均在必需之列。到最后，建筑物成了生活的一部分，它散发出不可量度的气质，焕发出活生生的精神。

——路易斯·康

第3章　中国传统建筑流派与地域文化

我国传统建筑及其装饰艺术，具有悠久的历史和独特的风格，是中华民族极为珍贵的文化财富。传统建筑中的单座建筑或者组群建筑，包括园林艺术以及各类建筑的内外装修，无不体现着建筑功能、结构与艺术表现的完美和谐，展示着中国劳动人民的高度智慧和精湛技艺。大至宫殿、庙宇，小至衙署、民居、店铺，尽管营造规模不同，工程等级有别，但其数千年延续的木构架结构体系、画栋雕梁的艺术处理、砖石砌筑和各种构配件的拼花组合，以及玻璃装饰、金属饰品、家具、帷幔、隔屏和塑壁等的设计运用和工艺技术，同中国的绘画及其他传统艺术一样呈现格调辉煌的技艺水平，在世界古典造型艺术遗存中独树一帜。

※ 3.1　原始社会的造型文化

距今约50万年前，生活在旧石器时代的北京猿人，以天然岩洞为栖息场所，过着渔、猎、采集果实并且较稳定的生活，使用的生产工具是基本没有经过加工的石块和木棒。在如此恶劣的生活环境下，人们在为满足生存而创造物质财富的同时，也在不断创造着精神财富。据考古发现，在北京猿人的遗址中，不但发现了头盖骨的残骸，还有不少石器、蚌壳和大小不一的砾石，这些很可能是猿人挂在身上的装饰物。

随着生产力的不断提高和火的广泛使用，在距今约5 000年前的新石器时代的石器、陶器，特别是彩陶，其造型、图案和色彩均有十分重要的审美价值（图2-3-1）。当黄河、长江流域一带的母系氏族公社先后进入父系氏族公社之后，居住建筑开始由洞穴转而建立于地面，有圆形、方形、吕字形平面或三至五间房屋连在一起的形式，构筑在密集的木桩上或用石块堆砌。陕西西安半坡遗址（图2-3-2）的建筑残存比较有代表性地反映了原始社会建筑所达到的技术水平。当时已经可以采伐加工直径450毫米的巨木，大量使用直径200毫米左右的材料构造出两面坡或攒尖式屋顶。有的墙壁用木条编制成骨架后双面抹泥，形成木骨泥墙；屋面则是采用草筋泥经抹平压实作为防水面层，地面也用草筋泥铺平压实。最古老的牛河梁女神庙遗址发现于辽宁西部的建平境内，这是一座建于山后顶部的、有多重空间组合的神庙，庙内设有成组的神像。根据残留的像块推测：主像尺寸比真人大一两倍，非主像的大小和真人相当，塑像逼真。神庙的房屋是在基址上开挖成平坦的室内地面后，再用木骨泥墙的构筑方法建造壁体和屋盖。在神庙的室内已用彩画和线脚装饰墙面（图2-3-3），彩画是在压平后烧烤过的泥面上，用红色和白色描绘的几何图案，线脚的做法是在泥面上做成凸出的扁平线或半圆线。

概括地说，在原始社会就已拉开序幕的人类建筑及装饰活动将随着社会的发展而不断完善，成为世界建筑及装饰发展史中绚丽的奇葩。

第3章 中国传统建筑流派与地域文化

图 2-3-1 仰韶文化和龙山文化陶器纹样

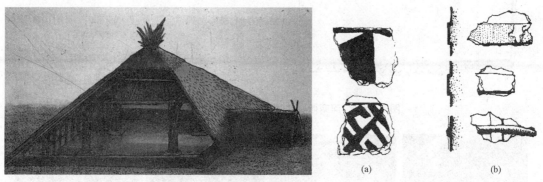

图 2-3-2 陕西西安半坡建筑复原图

图 2-3-3 女神庙装饰
（a）墙面彩绘残片；（b）墙面线脚

※ 3.2 土木之功与山节藻棁

  从公元前21世纪的夏朝开始，中国进入了奴隶社会。禹动用巨大劳力兴修水利，同时也开始修建城郭、沟池和宫室。至公元前17世纪的商朝，中国进入奴隶社会成熟阶段，统治者役使奴隶创造了灿烂的青铜文化，大量大石器被青铜器取代。商朝国都筑有高大的城墙，城内修建了大规模的宫室建筑群以及园囿、台池等。从河南偃师二里头早商宫殿遗址（图2-3-4）、湖北黄陂盘龙城商朝中期宫殿遗址等实例中，可以看出建筑技术水平有了很大程度的提高，出现了具有规整结构体系的大型建筑物。夯土与版筑技术是此时的一项创造，被广泛用于修筑城墙、高台及建筑物的台基。土和木两种材料成为中国古代建筑工程的主要材料，"土木之功"成为大型建筑工程的代名词。

  公元前11世纪建立的周朝，在全国分封了许多以公侯贵族为首领的诸侯国，建筑活动比前朝更多。从陕西岐山西周早期建筑遗址的发掘中，可以看出当时的宫殿建筑已形成了前朝后寝以及门廊制度，个体建筑平面布局柱列整齐，开间均匀。西周时代开始制作陶瓦，改善了屋面构造。

  及至公元前770年的春秋时期，社会财富不断向城市集中，人们对建筑提出了更高的使用要求。当时的建筑材料已出现板瓦、筒瓦、人字形断面的脊瓦和圆柱形瓦钉，用以嵌固于屋面的泥层上，解决了防水问题。同时出现了瓦当（瓦当俗称瓦头，是屋檐最前端的一片瓦，前端或位于其前端的图案部分是古建筑的构件,起着保护木制飞檐和美化屋面轮廓的作用),表面有突起的饕餮纹、旋涡纹、卷云纹、铺首纹等美观的图案装饰(图2-3-5)。文献中记载有"山节藻棁""丹楹""彩椽""刻桷"等对建筑外观描述的文字,说明当时的建筑物开始使用彩绘和雕刻等方式进行装饰美化。这个时代出现了有名的建筑匠师鲁班,他被后世崇敬并奉为建筑工匠的祖师。

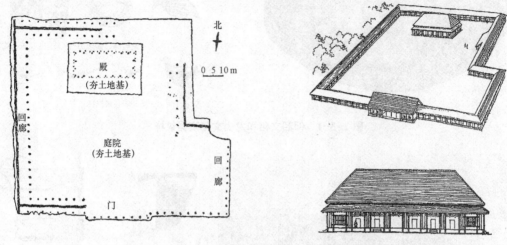

图 2-3-4 河南偃师二里头早商宫殿遗址(还原)

图 2-3-5 战国时期瓦当纹
(a)太阳云纹;(b)凤纹;(c)獾纹;(d)双獾纹

※ 3.3 建筑艺术的早期风格

3.3.1 秦汉时期的建筑艺术

公元前221年秦始皇灭六国,建立了中国历史上第一个中央集权的封建帝国,在贯彻一系列政治措施的同时,也开始了更大规模的建筑活动,修驰道、开鸿沟、凿灵渠、筑长城,集全国巧匠良材和六国技术成就建造庞大奢华的阿房宫、骊山陵(秦始皇陵,陵东150米处即著名的兵马俑队列埋坑),并在首都咸阳附近200里范围内建造了270处离宫别馆。秦朝宫室内的帷帐,按古代礼制,室内外都有悬挂,它们虽不是建筑的组成部分,但起到了重要的室内外装饰作用。在《三辅旧事》中有对秦朝皇宫的记载:"离宫别馆,弥山跨谷,辇道相属,木衣绨绣,土被朱紫,宫人不移,乐不改悬，穷年忘归，犹不能遍。"辇道相连的一座座宫殿，"木衣绨绣"，"木"指建筑中的木构件如柱、枋，这句是说木构件上裹着绣有或印有图案的帷幕；"土被朱紫"，当指建筑物的墙，都被涂上了红色，红色是人们用来做建筑装饰的色彩之一，它给人的感受是温暖、热烈。

继秦而起的西汉和东汉进一步发展了封建经济，都城的规模更加宏阔。汉长安城内的未央宫和长乐宫都是周围10千米左右的大建筑群。公元前200年萧何所建未央宫（图2-3-6），极尽奢华。前殿，用名贵的木兰、文杏等木材做房屋的梁、柱、枋、檩、椽等，玉石的门户上缀以金色的门环，墙上则用黄金和珍宝、玉石做装饰。未央宫后宫分为八区，其中的昭阳殿用白色的玉石做台阶，柱子上套有黄金，墙壁用明珠翠羽做装饰。汉朝陵墓规制也有变化，多以砖石结构取代木椁墓室。遗存至今的汉墓石阙以及墓中殉葬的陶制明器和墓壁装饰用的画像砖、画像石与壁画，都直接或间接地反映出汉朝装饰艺术的丰富形象。

图2-3-6　未央宫（复原图）

汉朝地主贵族墓室建筑特制的画像砖、画像石作为重要的装饰构件，其"画像"图案采用模印、线雕、浅浮雕、剔地等多种手法制作。汉朝建筑所采用的装饰纹样题材已十分广泛，如人物纹样——历史事迹、神话和社会生活；几何纹样——绳纹、齿纹、三角、菱形、波形；植物纹样——卷草、莲花；动物纹样——龙、凤、蟠螭等。这些图案纹样应用于梁、柱、斗拱、天花、门窗、墙壁及地砖等处（图2-3-7），形成了丰富的装饰效果。建筑饰面和彩画艺术继承春秋以来的传统并加以发展，宫殿的柱面涂以丹色，梁架、斗拱、顶棚施以彩绘，墙面界以青紫或绘制壁画；官署则多用黄色；雕花的地砖和屋面瓦件也都因材施色而富于变化。

图2-3-7　汉代建筑装饰纹样
（a）柱；（b）窗

3.3.2 魏晋南北朝时期的建筑艺术

自东汉末年经三国、两晋至南北朝，历时 300 多年政局动荡和战争，这个时期同时也是一次民族大融合的时期。佛教自东汉初年传入，至此时而大盛，佛教建筑迅速发展，出现了高层的佛塔和在山崖上开凿的洞窟型佛寺；伴随而来的印度和中亚一带的雕刻与绘画艺术，使建筑的装饰风格趋于成熟。北魏正光四年即公元 523 年建造的河南登封县嵩岳寺塔（图 2-3-8），是我国现存年代最早的用砖砌筑的佛塔。塔平面为十二角形，塔高约 39 米，底层直径约 10 米，内部空间直径约 5 米，壁体厚 2.5 米。塔身立于简朴的台基上，塔底部在东西南北四面砌圆券形门，以便出入，其余八面为光素的砖面；其上叠涩出檐，柱下有砖雕的莲瓣形柱础，柱头饰以砖雕的火焰和垂莲，这八面上各砌出一个单层方塔形的壁龛，并以隐式的壸门和狮子做装饰。它不同于传统的楼阁式塔，塔身上的层檐用叠涩出挑，十分密集，外轮廓呈圆润的曲线向内收。外观 15 层，实际却是 10 层。整个塔的外部当时为白色。塔顶的刹安置在壮硕的垂莲上，以仰莲承受相轮，全部用石造就。塔的整体用和缓的曲线组成，轻快秀丽，塔内为直通顶部的空筒。

图 2-3-8 河南登封县嵩岳寺塔
(a) 全貌；(b) 密檐；(c) 壁龛；(d) 塔顶

这个时期，金属装饰被广为运用，如塔刹上的铁链、金盘，檐角上的金铎，门扇上的金钉。木结构建筑的构件造型趋于柔和、精巧，柱式多有收分变化，柱础增加了覆盆和莲瓣两种艺术形式。琉璃瓦在公元 5 世纪中叶的北魏平城宫殿中开始使用。室内顶棚采用覆斗形藻井、斗八藻井、格子式平棋；天花和藻井绘以五彩缤纷的彩画。在丰富的石窟建筑装饰纹样中主要有火焰纹、卷草纹、璎珞、飞天、狮子、金翅鸟及莲花形象；在卷草纹样中再加入动物图案，或两组卷草相对并列的形式是自波斯传入；绽开的莲花则是佛教建筑最常见的装饰题材。石工技术已达到很高的水平，无论是石窟开凿还是装饰艺术作品的雕琢，均显示出精湛的技艺。此时开凿的著名石窟如山西大同云冈石窟、太原天龙山石窟、河南洛阳龙门石窟、甘肃天水麦积山石窟、敦煌莫高窟（图 2-3-9）、河北邯郸响堂山石窟等，均堪称我国石雕、彩塑、绘画及洞窟型佛寺建筑的古典艺术宝库。而且，此时的建筑艺术在借鉴与吸收外来宗教艺术形式的同时，具有鲜明的民族化和现实主义的艺术发展趋势。

由于民族大融合，室内家具发生了重大的变化。概括地看，家具的高度普遍升高，虽然仍保留席坐的习俗，但高坐具如椅子、方凳、圆凳、束腰形圆凳已由胡人传入，床已增高，下部用壸门作为装饰，屏风也由几折式发展为多叠式。这些家具对当时人们的起居习惯与室内的空间处理产生了一定影响，成为唐以后逐步废止床榻和席地而坐的前奏。陶瓷工艺也有重大发展，除南方的青瓷、黑瓷外，北方的白瓷烧制成功，陶瓷中出现釉彩装饰的釉陶。

图 2-3-9　敦煌莫高窟壁画

※ 3.4　建筑艺术的发展与成熟

由隋朝开始，经唐、宋、辽、金至元朝（589—1368 年），封建社会生产关系得到进一步调整，工程技术更为成熟，木构建筑已有科学的设计方法，施工组织和管理更加严密。隋朝开凿了南起杭州，北抵涿郡（今北京），长达 1 794 千米的大运河，并在大兴城（今西安）、东都洛阳以及江都（今江苏扬州）等地建造大批宫殿和园囿。著名匠师李春主持修建的安济桥（在今河北赵县）（图 2-3-10），是世界上最早的敞肩券拱大型石桥，也是隋朝建筑的突出成就。

图 2-3-10　安济桥

唐朝是中国历史上的一个辉煌的朝代，手工业和商业高度发展，城市空前繁荣。佛教建筑更为兴盛，道教建筑也得到推崇。建筑与雕刻装饰进一步融合提高，创造出统一和谐的艺术风格。重要建筑的外观形象气魄雄浑，格调高迈，且用料考究。建筑细部装饰丰富多彩，天花藻井形制简洁；彩画构图已初步使用"晕"的形式，这对于此后以"对晕""退晕"为基本构图法则的宋朝建筑彩画具有启蒙作用。装饰纹样的题材和形象除莲花外,常用的卷草带状图案构图饱满,线条挺秀而流畅,还有团巢、回纹、连珠纹、流苏纹、火焰纹及飞天等造型富丽丰满的装饰图形。

隋、唐至五代时期的建筑及装饰材料已经十分丰富,包括砖、石、瓦、琉璃、石灰、木、竹、铜、铁、矿物颜料和油漆等,材料的应用技术成熟并确立了主要建材的用材制度。这个时期解决了大体量、大面积木结构建筑的一系列技术问题,斗拱等重要构件业已定型。北宋时期的制造业和商业活动空前活跃,打破了千载袭用的常规,拆除了封闭式里坊的高墙,取消了宵禁,沿街设店,依行业成街,大量的茶楼、酒肆、旅馆、戏园等公共建筑涌现,新生活给城市带来新的面貌。建筑艺术形象由于琉璃瓦、贴面砖、彩画和小木作装修技术的提高而多姿多彩。门窗普遍改为可开启的棂条组合图案极为丰富的隔扇门窗,较以前的板门、直棂窗更为美观并改善了通风和采光。中国古代席地而坐的传统,经唐朝的改革至宋朝已完全被垂足而坐所替代,室内家具由低矮的榻案演变为较高的桌椅,充分利用装饰线脚而丰富了家具的造型。桌面之下开始采用束腰形式,枭混曲线的运用也很普遍,其造型和结构的特征为后来的明清家具的进一步发展奠定了基础。建筑内部开始出现成套的精美家具和与之相协调的小木作装修。石雕技艺已形成剔地起突(高浮雕)、压地隐起华(浅浮雕)、减地钑(线刻)和素平以及圆雕等各种造型方式方法,构图趋向多样化且雕刻精美;大量使用石柱,除圆形、方形、八角形外,还出现了瓜棱形柱式,表面往往镂刻各种花纹。这个时期的砖石塔建筑形式丰富,构造进步,成为中国砖石塔发展的高峰。公元 7 世纪后半叶密宗东来,使佛教建筑又增加了一种新类型——经幢,经五代到北宋,其华丽的造型和精绝的雕刻令人叹为观止,例如建于北宋宝元元年(1038 年)的河北赵县陀罗尼经幢(图 2-3-11),高 16.44 米,全部为石造,底层为 6 米见方扁平的须弥座,其上又建八角形须弥座两层,三层须弥座的束腰部分雕刻力士、仕女、歌舞乐伎等,上层须弥座则为每面雕刻廊屋三间;以宝山承托第一层幢身,其上各以宝盖、仰莲等造型承托第二、第三两层幢身,再上则雕刻八角城及释迦游四门故事的画面。

图 2-3-11 河北赵县陀罗尼经幢

北宋时期为后世留下了一部高水平的建筑工程技术专著,即公元 1103 年颁行的《营造法式》,是由当时的"匠作少监"李诫编修的一部国家建筑规范书籍,书中详列了壕寨、石作、大木作、小木作、雕作、旋作、锯作、竹作、瓦作、泥作、彩画作、砖作、窑作等 13 个工种的设计原则和有关

第3章 中国传统建筑流派与地域文化

模数以及加工制造方法、工料定额与设计图样，其条文体现着古代建筑美学特征，即建筑的艺术加工与使用功能、结构处理有机统一，确立了建筑艺术和技术之间的密切配合、相辅相成的关系，这部书可称作对封建社会中期建筑技术的全面总结。例如，础石和栏板上的石刻图案，是根据其形体特点设计的；在防止木材腐坏的油饰工程的基础上，进一步发展成为艺术性的彩画作；为改善屋面防水性能而采用琉璃瓦，推演出各种绚丽的彩色琉璃饰件以美化建筑外观；屋面上的走兽形象、脊吻、门窗花格图案等都有其实用功能。有关门窗的棂格花纹，除见于《营造法式》的以外，山西朔县崇福寺金代建造的弥陀殿有构图富丽的三角纹、古钱纹等图案雕饰。此时的室内顶棚天花，多采用各种形式的平棋和藻井。建筑彩画至宋朝开始趋于程式化，图案和色彩均有定制，可以提高设计和施工速度，适合大量建造的要求。按《营造法式》的记载，建筑彩画（图2-3-12）大致分六种：五彩遍装（遍画五彩花纹）、碾玉装、青绿叠晕棱间装（以青绿两色为主）、解绿装与丹粉刷饰（以红白两色为主）以及杂间装，分别施用于不同的建筑物；同时盛行退晕和对晕的手法，使彩画图案颜色的对比效果经过"晕"的过渡与渐变而显得浑厚自然。

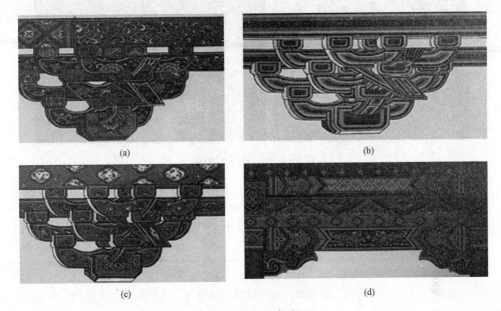

图2-3-12 宋朝彩画
（a）五彩遍装；（b）青绿叠晕棱间装；（c）解绿结华装；（d）杂间装

元朝蒙古族统治者推翻南宋政权后统一中国，由于民族众多，各民族的文化和宗教相互交流融合，给传统的建筑艺术增加了新元素，如一些新的装饰题材与雕塑、壁画的新手法，包括新型的建筑样式。中原地区普遍兴建藏传佛教寺庙及西藏式的瓶式塔，伊斯兰教建筑也由沿海地区向内地扩展，基督教建筑也不同程度地兴建起来；而原来的佛教、道教及祠祀建筑等仍保持一定规模。元大都的宫城在继承宋、金建筑形式的基础上，采用了紫檀、楠木等许多贵重材料进行装饰，主要宫殿用方柱，涂以红色并绘制金龙，墙壁上挂饰毡、毯、毛皮、丝织帷幕等，显示着游牧生活的痕迹，同时也受到了藏传佛教和伊斯兰教建筑的影响，许多壁画和雕刻就是藏传佛教的题材与艺术风格。建于1271年的大都大圣寿万安寺释迦舍利灵通塔，即今北京妙应寺白塔（由尼泊尔匠师阿尼哥设计），就是藏传佛教建筑的杰出作品，塔高50.86米，不加雕饰，仅在砖砌塔体外抹石灰、刷白，但其轮廓雄浑壮观；另一代表作品为居庸关内的云台，其券石及券洞内壁刻有天神、金翅鸟和云朵图形以及六种文字的经文，均用高浮雕，人物形象及各种图案富有动势。而众多的伊斯兰教建筑，往往是以汉族传统建筑的布局和结构体系为基础,结合伊斯兰教建筑的功能要求,成为中国特有的清真寺建筑艺术形式。山西永济县的永乐宫(1959年原状迁至芮城县龙泉村)则是元朝道教建筑典范,其壁画(图2-3-13)总面积约为800平方米,题材丰富,构图宏伟,如《朝元图》以八个身高3米的主要人物为中心,画出身高2米以上的"群仙"280余人,容貌各异,神情生动,造型饱满;静态人物的衣纹处理劲健稳定,动态人物则衣带飞舞飘逸,发挥出了中国线描绘画的高度表现力;运用勾勒填彩法,设色绚丽而效果厚重,道具和背景均富装饰性。作为道教壁画中最珍贵的作品群,永乐宫壁画集中反映了元朝建筑壁画艺术的卓越成就。

图2-3-13 永乐宫壁画

※ 3.5 辉煌的传统建筑艺术

公元1368—1840年相当于明、清两代,这一时期近500年,史称封建社会晚期。中国建筑的木结构体系经过3000年的发展,由简单到成熟、复杂化,再走向自明朝官式建筑开始的定型化、标准化,至清朝于1733年颁布的工部《工程做法则例》即形成制度化。对于大木作、装修作(门窗、隔扇、小木作)、石作、瓦作、土作、搭材作(架子工、扎彩、棚匠)、铜铁作、油作(油漆作)、画作(彩画作)及裱糊等各专业施工,均有明确的具体规定,不仅方便估工算料、加快工程进度,且建筑造型规范为一定的比例关系,装饰处理也形成既定的规格。这种程式化的比例关系和规格化的装饰处理,是长期艺术锤炼的结晶,使建筑艺术达到了很高的水平。但在另一方面也制约了建筑艺术的创新发展,故而清中叶以后的官式建筑及其装饰趋于严谨和拘束,同唐朝的雄伟和宋朝的绚丽风格有着一定区别。

清朝的建筑业已有十分明确的分工,如雕銮匠(木雕花活)、菱花匠(门窗隔扇雕作菱花)、锯匠(解锯大木)、锭铰匠(铜铁活安装)、砍凿匠(砍砖凿花)、镞花匠(墙面贴络、顶棚上镞花岔角及中心团花)等。至于装修工程中金属饰件的加工与装配以及硬木雕镂镶嵌等美术工艺,还不包括在建筑业范围之内。有关砖瓦木石雕刻和油漆彩画等工艺性很强的装饰工种,均有各自的一套师徒相传、经久可行的施工技术手法,具有精深的艺术造诣和丰富的实践经验。工部《工程做法则例》只列举了27种房屋的构造尺寸和各种物料名色,而对于瓦木油石各作的施工方法和操作规程未进行介绍,而大量的传统建筑实例表明,我国建筑发展到明、清,经过不断的继承与革新,工艺质量日趋精湛,其结构、材料、施工方法和艺术处理不断改善、充实和提高,建筑体系日臻完善,成为中国古代建筑史光辉灿烂的最后画页。

1. 都城与宫苑

(1) 宏伟而严整的都城景观。明清时期的北京城是在吸纳历代都城建设经验的基础上创造出来的,最完整地体现了春秋战国文献《周礼·考工记》在轴线上以宫室为主体的规划思想。以金碧辉煌的紫禁城(图2-3-14)为中心,明清北京城在一条长达8千米的中轴线上设置了城门、广场、楼阙、宫殿、山峰、亭阁,高低错落,抑扬开合,气势恢宏。中轴线南起外城永定门,经内城正阳门、皇城的天安门、端门、紫禁城的午门,穿过皇宫内三座门、七座大殿,出神武门越景山中峰主亭和地安门至北端的鼓楼及钟楼。位于轴线及其两侧的皇宫、天坛、先农坛、太庙、社稷坛等建筑群和都城内的衙署、庙社、府邸、教堂等,与其周围的青砖灰瓦的民居建筑形成强烈对比。

图 2-3-14 紫禁城鸟瞰图

(2) 庄重而生动的建筑装饰。在形成明清故宫建筑群整体统一的艺术风格中,采用形式类似而造型比较简洁的个体建筑和大面积相同的色彩是一个重要因素。除个别建筑外,单体建筑都按规格化的官式做法进行建造。明清故宫依靠有节奏的空间组合和体量的差别创造出有规律的轮廓线,而大范围的黄色琉璃瓦屋面和红墙红柱、汉白玉台基和栏板以及华丽的油漆彩画,赋予全部建筑纯净强烈、璀璨耀目而又和谐庄重的色彩感。此外,其利用华表、石狮、铜龟、铜鹤、日晷、嘉量、御路、栏杆、塑壁等大量的小品建筑和装饰(图2-3-15),构成了浓郁的局部艺术气氛。

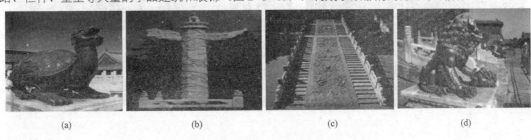

图 2-3-15 故宫建筑小品
(a) 铜龟;(b) 华表;(c) 御路;(d) 石狮

（3）琉璃装饰制品的运用。琉璃瓦至明朝即已形成固定的标准型号，包括筒瓦、板瓦以及吻兽、脊筒、钉帽等配属饰件（图 2-3-16），琉璃瓦型号计有 10 种，称之为十样。最大型号的琉璃瓦为太和殿屋面使用的二样瓦，其正吻高达 3.36 米，重量为 4.3 吨。除琉璃瓦及其配件外，尚有香案、供具、焚帛炉等大量的琉璃装饰制品，据《大清会典事例》记载，这些零星饰件的名目有二三百种之多。同时，琉璃的颜色业已十分丰富，发展为黄、绿、蓝、紫、红、黑、白、翡翠等多种色泽。琉璃装饰品的制作还与传统建筑塑壁结合起来，在制造大型琉璃塑壁方面取得突出成就，现存的三座九龙壁——山西大同九龙壁、北京北海九龙壁、故宫宁寿宫九龙壁，都是闻名海内外的文化胜迹。

图 2-3-16　屋脊兽

（4）华丽的建筑彩画。华丽的建筑彩画（图 2-3-17）源于木结构构件防腐的需求，最早仅在木材表面涂刷矿物颜料和桐油之类，以后发展为彩画纹样图案，成为中国古典建筑最具特色的一种装饰手法。明朝彩画在宋朝如意头图样的基础上发展成"旋子彩画"，并成为明清时期数百年间的主要彩画类别。清朝工匠又创造出雍容华贵的"和玺彩画"，以及灵活自由、画题广泛的"苏式彩画"。和玺彩画、旋子彩画和苏式彩画较明显地分别代表着华贵、素雅与活泼三种不同的格调。有的将中国建筑彩画分为两种主要类型：殿式彩画和苏式彩画。殿式彩画的装饰对象以宫殿、庙宇为主，其题材大多是龙、凤、锦、旋子、西番莲、夔龙和菱花等程式化的象征性图案；苏式彩画的描绘方式较为写实，常用题材有仙人、丹顶鹤、春燕、梅花鹿、蝴蝶、蝙蝠、蛤蟆、莲花、牡丹、菊花、芍药、葡萄、佛手、桃子等动植物形象，其余有云、冰纹样、福、禄、寿、喜等吉祥文字和鼎、砚、书、画等博古图形。

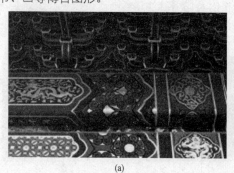
(a)

(b)

图 2-3-17　明清建筑彩画

（a）旋子彩画；（b）和玺彩画

建筑彩画的绘制敷色技法除传统的对晕、退晕之外，明清时期开始通用"沥粉"之法，即是将桐油和白色颜料等配成的粉浆挤压在彩画纹样的界缘上，形成凸起的立体线条。再就是"贴金"之法，将金箔直接粘贴在彩画图案上，造成辉煌闪耀和高贵富丽的视觉效果。进一步发展的彩画用金方法又增加了泥金、扫金等做法，可以产生不同质感；所用金箔又有赤金、库金等不同品种之分，可使贴金彩画的图案画面取得多样变化。

（5）园囿。园囿是以园林为主的皇帝离宫，除了用于游憩而布置的园景之外，还包括有举行朝贺和处理政务的宫殿以及皇帝、后妃和服务人员的居住建筑、生活供应建筑及庙宇等。清朝皇帝几乎常年住于承德避暑山庄、圆明园等园囿（图2-3-18）中，所以清朝园囿的数量和规模均远远超过明朝。明清皇室集仿各地名园胜迹于苑中，并根据园囿的自然地形地貌划分景区，分别营造特色景点和景观。与宫廷的建筑有别，园囿建筑样式更为灵活，装饰装修较为简洁轻巧，采用素雅风格的彩画或不施彩画，建筑物体量较小，与山石、绿化和水景等融为一体。

(a) (b)

图 2-3-18 园囿
(a) 承德避暑山庄；(b) 圆明园

2. 民居与园林

（1）各具特色的住宅装饰装修。北京的四合院（图2-3-19）为明清时期北方住宅的典型代表。宅院的布局以南北为轴线对称地安排房屋和院落，大门多位于东南角，迎门设有清水砖砌筑影壁，加以线脚处理及砖雕图案修饰。二门通常是造型和装饰华丽的垂花门，成为宅院外观的最富美感之处。大型住宅的主体院落在二门内以两进或三进方式向纵深延伸，有的在东西两侧还建有别院。四合院幽静整洁，方砖铺地，缀以花木、盆景或于别院布置小型花园。室内采用各种形式的罩、博古架和隔扇划分空间，顶棚（称"仰尘"）用花纹纸裱糊或装设天花顶格，达到朴素而优雅的效果。

全国各地的住宅结构各有特点（图2-3-20），江南民居一般采用穿斗式木构架，或穿斗式与抬梁式的混合结构，砌筑较薄的空斗墙。厅堂内也用罩、隔扇和屏门等方式进行分隔，上部天花用木板做成各种形式的"轩"（或称作卷棚式天花），形制秀美而富于变化。梁架与装修采用少量精致的雕刻；住宅外部的木构部分涂刷褐、黑、墨绿等色，与白墙、灰瓦相映衬，色调素雅明净，别具一格。浙江至四川等地的山区住宅，也充分体现了就地取材的特点，墙体材料或砖或石或夯土、木板、竹笆，外墙涂白色，木构部分多用木料本色，柱体涂黑色，门窗施以浅褐色或枣红色，与高低起伏的灰瓦屋面相配合，突显素雅和生机勃勃的外观；内部的木雕、竹编装修已达到极高的技艺水平。居住于亚热带地区的各族人民的住宅形式更为多样，除了木架结构，尚有全部用竹的竹楼，装饰装修依照民族习俗而丰富多彩。西藏地区住宅多以石材为墙，并用当地的白麻草装饰墙顶；其城市住宅造型严整，装饰华丽。新疆地区的平顶住宅多用天窗采光，拱廊、墙面、壁龛和天花雕饰精致，色彩华美。

图 2-3-19 北京四合院
(a) 宅门；(b) 影壁；(c) 垂花门；(d) 庭院

图 2-3-20 各地四合院
(a) 闽北四合院；(b) 云南四合院；(c) 山西四合院；(d) 河南巩县窑洞

（2）精美的家具及室内陈设。明清家具（图 2-3-21）的类型和样式既满足了生活起居的需要，也同建筑有了更紧密的联系。这个时期，厅堂、卧室和书斋等房间都相应地配置了几种必备家具，成套家具的概念开始出现，家具在艺术造型上达到很高的水平，形成了中国家具的独特风格。

由于海运发达，东南亚一带出产的花梨木、紫檀木、杞梓木（又名鸡翅木）等木材输入我国，这些进口优质硬木以及国产同类木材（包括中性硬度的楠木、樟木、南榆、柞木、椴木、胡桃木等）

有利于制作结构精密的家具,并可进行细致的雕饰和线脚加工。明清家具充分发挥材料性能,显示出木材的自然色泽及纹理美感。特别是明朝家具以简洁、素雅著称,雕刻处理主要集中在辅助构件上,在确保坚固耐用的前提下取得精美装饰的效果。雕刻图案的题材广泛,取之于青铜器、汉朝浮雕或引用建筑彩画纹样,如夔龙、云水、螭首、凤凰、灵芝、玉环、五蝠(福)云头、束腰角柱、栏杆、锦纹等。清朝家具的造型与结构继承了明朝的传统,但其宫廷家具的装饰手法逐渐趋于复杂,吸收了工艺美术的成就,出现了雕漆、描金的漆家具品种;木家具的雕饰更为精细,并利用玉石、珐琅釉瓷片、贝壳等进行镶嵌。晚清时期贵重家具的风格大多唯美,精于雕饰,偏重于艺术观赏价值而相对忽视实用价值。

明清建筑物主要殿堂的家具布置多依明间中轴线对称布局,成组或成套摆放,一般是以临窗或迎门的桌案为中心,几、椅、柜、橱等家具对称排列,力求整齐划一。对于普通居室及书斋之类房间的家具,则可灵活设置。为了使室内氛围不致呆板,灵活多变的陈设起了重要作用。陈设品的摆列多取平衡格局,利用形体、色彩和质感造成一定的对比效果。其中,书画、座屏、古玩、器皿、盆景等都具有优美的造型、典雅的色彩或较高的文化品位,加之与屏风、隔扇、博古架、书柜等相互映衬,使室内形成独特的人文环境。

图2-3-21 明清家具

(3) 高度发展的造园艺术。明清时期园林艺术中的宅园类型得到极大发展,其数量和质量都达到了空前水平,分布遍及全国。如苏州的拙政园、留园,扬州的寄啸山庄,无锡的寄畅园,常熟的燕园,杭州的水竹居,嘉定的秋霞圃,北京的恭王府花园,南京的瞻园,广州的九曜园,番禺的余荫山房等(图2-3-22)。与拥有广袤面积的皇家园囿不同,私家宅园受到城市用地局限,必须在狭小的空间内处理山水意境,因此也就促使园林构图的微型化、写意化和抽象化,要求小中见大,以简代繁,即所谓咫尺园林。这个时期的造园艺术充分运用造景、摄景和借景的一系列手法,将景园布置得水流迂回、山石玲珑、建筑精巧,使游人感受到自身处境的清新淡雅、曲折幽静而远离尘嚣。

图 2-3-22 明清园林

(a) 苏州拙政园；(b) 北京恭王府花园；(c) 广州的九曜园；(d) 南京的瞻园

明末崇祯四年（1631年）成稿的造园家计成所著《园冶》一书，是世界上最古老的造园学名著。全书共三卷10篇，分别为相地、立基、屋宇、装折、门窗、墙垣、铺地、掇山、选石、借景，卷首另加《兴造论》和《园说》两篇文字作为概论，书中不仅论述了技术做法，还绘制了235幅图样。该书从造园的艺术思想到景境布局的意匠手法，从园林的总体规划到个体建筑设计，从结构列架到细部装饰，都有系统论述。书中对园林创作的基本原则提出要"巧于因借，精在体宜"，即须根据环境条件使规划设计因地制宜，构景巧妙而得体，"因"与"借"辩证统一，自然景观与人工整理而成的景致应彼此可以相互资借，而借景的方法不拘内外，远借、邻借、仰借、俯借、应时而借，"极目所至，俗则屏之，嘉则收之"。书中还提出"虽由人作，宛自天开"的艺术追求，以再现自然为造园的根本目标。另如兼通造园的明朝书画家文震亨所撰《长物志》，主张创造一个门庭雅洁、室庐清靓、亭台具旷士之怀、斋阁有幽人之致的舒适环境，强调造园应讲究艺术取舍与概括，力求达到"一峰则太华千寻，一勺则江湖万里"的神似境界。这些园林论著的问世，对我国传统造园艺术具有继往开来的重要意义。

第4章 世界建筑风格与文化

西方众多国家的文化发展历史各异，最古老的古埃及距今有5000多年。由于复杂的历史因素影响，建筑风格与文化的发展各有特点，不同时期不同艺术风格的源流及其地域重心亦不断转移。欧洲诸国在古希腊、古罗马以后的哥特式艺术、文艺复兴艺术、巴洛克艺术、洛可可艺术、古典主义和新古典主义以及折中主义艺术等，均是彼此或先或后时而又并行地在变迁中行进的，北美艺术的突出表现则主要在于现代建筑；而20世纪国际风格的现代主义和所谓"后现代"的艺术推演至今，已经形成全球性的流派纷呈而又充满激烈争议的局面。

※ 4.1 早期文明——古埃及和古西亚

4.1.1 古代埃及

炎热与干旱及草原的沙漠化，致使地中海南岸的撒哈拉牧民向尼罗河畔迁徙。几经变迁，公元前3000年左右建立了埃及历史上第一个王朝，至公元前332年由希腊马其顿帝国国王亚历山大所征服之后，古埃及的历史宣告结束。

古埃及绵延31个王朝，从金字塔、斯芬克司（人面狮身像）到规模宏大的神庙建筑，为后世留下了宝贵的古代文化遗存。古埃及的建筑装饰水平，突出表现在精巧的石雕艺术上。古埃及人早在石器时代就会用大块花岗石板铺设地面，制作了大量的石刻浮雕，并用形体巨大的雕像装饰纪念性建筑物。采用青铜工具之后，建筑的雕饰更为丰富，有华丽精致的石柱，有满墙面的巨幅主题性浮雕；有的祀庙建筑的天花还画有色彩鲜明的图案，与彩色雕刻装饰相辉映而造成热烈气氛。

古埃及不仅在建筑和雕刻方面有着伟大成就，在室内装饰方面也有很高的艺术水平。在古王国时代的贵族墓里发现了大量的装饰壁画。美杜姆之伊太特的马斯塔巴中的"群鹅"（图2-4-1）装饰图就非常有特色，几只鹅虽然是用平涂着色手法，但却非常逼真，丝毫不感觉矫揉造作；而撒哈拉法老尼斐尔泰悌的马斯塔巴中那种对日常场景的描绘（图2-4-2），则采用着色和浮雕相结合的手法。中王国时代的墓室壁画则较前期有了流畅、幽雅的感觉，题材范围更广，叙事性也加强了（图2-4-3）。到了新王国时代，墓室壁画更流露出细腻、完整的画风，但对人物的刻画与古王国时代的纯朴、深刻相比，却不免显得有点装模作样。总之，这些装饰壁画尽管色彩较简单（以蓝、红、黄为主），形式也一直保持永久不变的"正面律"，内容除了叙事，也就是对人、动物、植物和花草的描绘，但作为几千年前的艺术来说，其内容、形式和色彩能达到如此境地，仍然令人赞叹不已。

图 2-4-1 美杜姆之伊太特的马斯塔巴中的"群鹅"

图 2-4-2 撒哈拉法老尼斐尔泰悌的马斯塔巴室内壁画

图 2-4-3 尼巴蒙坟墓壁画：乐舞图

4.1.2 古代西亚

古代西亚地区系指"两河之间的土地"，古希腊人称之为"美索不达米亚"，位于今伊拉克境内的底格里斯河和幼发拉底河流域，即伊朗高原以西至地中海东岸的狭长地带。约在公元前 3500 年苏美尔人及阿卡德人在此建立了许多奴隶制的城邦，后经巴比伦王国、亚述帝国和波斯帝国统治，几经盛衰兴亡，至公元前 4 世纪被希腊的马其顿帝国所灭。

早在苏美尔人的原始文化时期，古代西亚即建有神庙且其外观雄壮，这些神庙用砖砌筑在人造山头平台上，基座四周用扶壁加固；外墙呈粉白色或用陶土混入红色颜料砌成红色基座。有的建筑为泥土墙，但用陶钉饰面而形成各种图案效果，既保护墙体又有装饰性；有的采用石板作为墙裙。随着历史发展，后来出现了采用琉璃砖镶贴的墙面。至公元前626年建立新巴比伦王国后，作为美索不达米亚文化中心的巴比伦城的艺术，改变了亚述帝国时代流行的以炫耀军事征服为目的的杀戮题材，开始侧重于表现静态的和复古的画面。巴比伦城有一座巨大的宫殿残址，其中豪华的宝座大厅长60米，宽20米，其周围有许多房间。宫殿墙壁上装饰着彩色琉璃砖，至今还保留着用浅蓝色、青色和黄色琉璃砖砌成的圆柱和柱头痕迹。王宫东北角是有名的空中花园。其旁边是著名的伊什塔尔门（图2-4-4），这座拱形构造的门保存完整，高达12米，左右建有门塔，外壁均以彩色浮雕琉璃砖装饰，其外表华丽无比。

图2-4-4　新巴比伦城的伊什塔尔门

※ 4.2　爱琴文明

爱琴海地区包括希腊半岛、克里特岛、基克拉迪群岛和小亚细亚半岛西北沿海的特洛伊城。由于克里特岛与希腊半岛上的迈锡尼先后成为爱琴文化的中心，所以史称爱琴文化为"克里特—迈锡尼文化"。

4.2.1　克里特岛的米诺斯文化

公元前3000年左右，约在埃及的中王朝开始建立而两河地区的阿卡德王朝趋于崩溃之时，另一文明在地中海东部的克里特岛上出现了。荷马史诗《奥德赛》中有如下描述："在酒绿色的海中央，美丽又富裕……居民稠密，有数不清的数量，九十个城市林立在岛上。"

这里自然条件优越，盛产谷物、橄榄油和葡萄酒，数百年无战争。与其他文化不同，一种航海业发达的岛屿文化在不大的地理范围内发展起来。克里特岛很早即进入青铜时代并影响到爱琴海各岛屿，约公元前 1900 年即出现了奴隶制国家，考古发掘出的若干王宫建筑遗存及珍贵的金属工艺品、赤陶（利用陶土与砂混合后烧制）塑像等即是这一时代的文明标志，其中克诺索斯的米诺斯王宫规模最大。王宫建筑依山而设，有正殿、王后寝宫、浴室和库房等不少于 1 500 个房间并有剧场及庭院。由于其自然地势高低错落，建筑物亦随之设置了数不清的台阶和楼梯，层层叠叠互相围抱的宫室和繁多的门户相通相连，对此在希腊神话中有"迷宫"之说。但其房屋开敞，室内外空间多以上粗下细的圆柱进行划分；每一组围绕采光天井都设有一个长方形的正厅，这种形制作为爱琴建筑文化的特点直接影响了后来的古希腊神庙建筑。

米诺斯王宫对建筑的采光、通风和给水排水有周密设计，例如众多的有利于采光通风的天井以及在天井里装设磨光大理石向室内反射光线，采用石砌水沟和陶管等。室内装饰壁画直接画在潮湿的石灰泥层上，表面涂覆一层透明的保护膜（所用材料未知），所以历经 3000 年岁月仍然颜色鲜明。壁画题材包括神话传说、宗教活动、世俗生活和动植物等，代表性的有海豚、五彩鱼、斗牛图、怪兽以及珊瑚、纸莎草之类的图案。轻松愉快、生机勃勃，是克里特米诺斯文化的突出特点。

米诺斯文化的另一个发现就是发掘到大量陶器（图 2-4-5）及实用工艺品。这些陶器有非常薄的外壳，制作十分精巧。

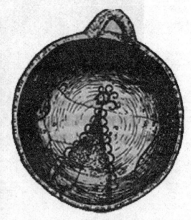

图 2-4-5 米诺斯文化时期的陶器

4.2.2 迈锡尼文化

公元前 1600—前 1200 年左右的迈锡尼文化，是希腊半岛及克里特岛之外的希腊各岛青铜时代的文化的总称，由于其主要遗存大都是在希腊半岛南部的迈锡尼城而得名。希腊半岛南部的奴隶制国家的国力强盛，统治者们大量积累物质财富和生活必需品，建造大型宫殿，同时修筑坚固而高的城堡，约于公元前 1450 年渡海攻占了克里特岛的克诺索斯城，开始取代克里特文化的地位。作为古希腊早期文明的迈锡尼文化，进一步发展了米诺斯的建筑艺术形式，特别是其卫城建筑庄严雄伟；另据考古发现，迈锡尼陵墓建筑中的国王墓室具有精致的几何设计。

防卫城堡是迈锡尼建筑最突出的成就之一，它不仅具有城堡功能，而且是整个城邦的中心，城里有宫殿、宅邸、仓库和陵墓等。厚度极大的城墙设一道或数道，用巨型石块砌筑；修建高大的城门，并有战时使用的地下通道，这与不设防的克里特王宫建筑形成鲜明对照。迈锡尼卫城位于群山环抱的高岗上，现有遗存"狮子门"，门楣巨石重达 20 吨，上部三角形叠涩式券（可减小门过梁的承重）内镶石板，设有上粗下细的装饰柱，柱两边即是高浮雕的护柱雄狮；城墙平均厚度为 6 米，最厚的部位有 10 米，巨石的砌筑不使用任何黏结材料，高出地面约 18 米的墙体随地形高低而起伏。

迈锡尼文化深受克里特的影响，然而也更庄严而雄伟，较之克里特优雅奔放的风格，让人略感生硬，这在迈锡尼的一些圆形穹窿上表现得更加明显。在迈锡尼和梯林斯还发现许多装饰壁画、实用器具和工艺品。壁画都表现为平涂的、明快的、极具装饰味的风格。陶器等实用器具的花纹以海栖动物和植物为多，也有做得非常精致与写实的浮雕金杯（图 2-4-6）。

图 2-4-6　迈锡尼文化时期的陶器
（a）狮子门石雕；（b）迈锡尼出土的杯；（c）迈锡尼出土的黄金杯

※ 4.3　古希腊艺术

　　古代希腊艺术自公元前 7 世纪的古风时期开始，经古典主义时期、希腊化时期至公元前 1 世纪的古希腊晚期艺术由古罗马继承。

　　古希腊建筑在世界建筑史上具有深远影响，神庙建筑、卫城建筑等纪念性建筑物和建筑群都有完美的艺术形式。境内盛产色美质坚的大理石，为其建筑、雕刻和装饰艺术的发展提供了有利条件，大量的建筑物均采用石材并配以镀金饰件，局部施以鲜艳色彩。因为古希腊建筑的典型形制是围廊式，所以柱子、额枋、檐部和山墙的造型处理成为反映其艺术风格与审美理想的最为重要的部分。与精湛的大理石雕刻技艺相结合，古希腊先后创作出包括著名的女像柱在内的许多造型优美的柱式，其中对后世影响最大的是多立克、爱奥尼和科林斯三种。多立克柱式的柱体粗壮而显得浑厚刚毅，柱身自下向上逐渐收分，丰盈、有曲线感，柱头由方块或圆盘组成，较为简朴。爱奥尼柱式比多立克柱式多一个柱础，柱头增加了两对华丽的卷涡形花饰，且柱体造型较为挺拔秀丽（柱高与柱底圆径的尺寸比例增大），柱面上的竖直凹槽条纹显著增多。科林斯柱式是爱奥尼柱式的发展演变，柱头以卷曲的毛茛草叶形象为题材，造型风格更为纤巧富丽，大多应用于希腊化时期的建筑。

　　古希腊早期建筑即开始使用陶瓦，后来在柱廊额枋以上的檐部也采用陶片贴面，陶片在生产过程中制作出装饰线脚并敷以彩绘，进一步发展的建筑物则完全采用高浮雕的石刻图案；同时，山墙上端的饰座及其下部的角饰与排水槽套兽等装饰性构件也被广为应用。

　　希腊早期的造型艺术始于公元前 9—前 8 世纪，在装饰着简单几何纹样的陶器上，他们把哀悼死者的场面也按程式化的构图描绘上去，哀悼者举手向头，整齐地排列于左右两侧，风格极其简约古朴。这种风格也体现在希腊早期建筑中。在古典时代初期，希腊人的建筑可能还是砖木结构，其形制类似古爱琴文明时代的正厅式，直到公元前600年，才发展成石头建造的围柱式，其风格表现为整体的简朴和和谐。在整个古典时期的前一半时间内，建筑中的重点仍然是神庙建筑，而这一时期最伟大的成就，则是公元前5世纪中叶以后的雅典卫城建筑群。雅典卫城建筑将古风时期以来的建筑技术推至完全成熟的境地，并成为希腊建筑的典型代表。

伯罗奔尼撒战争以后，希腊建筑的风格就转向纤巧与秀丽。希腊的雕刻在这个时期达到了空前的辉煌。尽管其在古典时期还与古埃及雕刻十分接近，但那种侧重于人体之美的表达，显然是自然主义的写实手法，这在古典时期的少年雕像上看得更清楚，其四肢的刻画已略显动态，技艺已经相当精湛。这种力量的表现在米隆的作品上尤为成功。至于菲狄亚斯及其学生们在雅典卫城建筑上的装饰雕刻就更让人震惊了。帕提农神庙的东山花是圆雕群像雅典娜之诞生，西山花雕刻的是雅典娜与海神波塞冬争做雅典保护者的故事，小间壁上有各种反映战争场面的高浮雕，柱廊内部的饰带是用浅浮雕形式描绘的雅典娜之节日大游行场面，雕刻内容之丰富、技巧之生动写实，着实令人感叹（图2-4-7）。这些雕刻与建筑整体相配合，均采用了不同的雕刻形式，无论内容还是形式，都与神庙的主题相吻合。

图 2-4-7　帕提农神庙浮雕

※ 4.4　古罗马建筑文化

古罗马原是意大利半岛中部的一个小城邦国家，公元前509年开始实行自由民主的共和政体，至公元前27年演变为中央集权的罗马帝国；公元395年首都东迁拜占庭，分裂为东、西罗马而随之江河日下。公元476年西罗马帝国被日耳曼人灭亡，东罗马帝国维持到1453年被土耳其人所灭。

古罗马建筑艺术是西方建筑史上继古希腊之后的又一高峰，对以后的欧洲乃至世界建筑艺术均有重要影响，大量的历史文化遗存和维特鲁威的《建筑十书》理论著作等，都可以充分证明古罗马艺术的高深造诣，至今依然吸引着全世界的目光。我国清华大学建筑学院的陈志华教授，在他的《意大利古建筑散记》（中国建筑工业出版社，1996年2月第一版）一书中，有如下动人的记述："年长的人们，在古罗马集会场的废墟里慢慢徘徊,仔细辨认残碣上快要湮灭的铭文,并且互相致意,用各种语言试探对方的国籍,语言相通,就聊上一阵。年轻人大多背着旅行袋,成群结队跑来跑去,脸上晒得通红,一层层地脱皮。一个人捧着导游书大声朗诵,其他的默默跟着,一边听,一边东张西望。他们在花市广场上念着布鲁诺纪念像石座的铭文:'火刑柱就在这里',神情庄重肃穆。最有趣的是小学生,胸前挂着一片硬纸牌,写上国籍、姓名、住址和学校名称,在壮丽的古罗马庙宇的柱廊下,听老师讲'……我给你们讲过,奥古斯都大帝说,我得到的是砖造的罗马,留下来的是大理石的罗马。……'老师们很辛苦,浑身挂满了各式各样的挎包,过马路的时候,把孩子们一个个背着、抱着、夹在胳肢窝下。"

古罗马建筑的典型风格可以万神庙(图 2-4-8)为代表,它集罗马穹窿和希腊式门廊之大全。门廊总宽度为 33.53 米,纵深 18.29 米;外列 8 根科林斯式柱,柱高 14.15 米,柱底圆径 1.15 米;柱身采用磨光的深红色埃及花岗石;柱头、柱础、额枋和檐部均用希腊白色大理石制作;外墙划分为三层,下层镶贴白色大理石板,上两层抹灰。山花和檐头的雕像、廊子里的天花梁和板,均为铜质材料,包着金箔;穹顶的外表面也覆盖着包金的铜板。穹顶直径 43.5 米,顶端高度也是 43.5 米,中间开洞圆径 8.9 米。巨大而开敞的圆形大殿内部并无单调空旷之感,7 个深深凹进墙面的不同形状的大壁龛在每个壁龛前面设置一对科林斯式大理石装饰柱,龛内有分别象征不同"星座"的雕像;圆顶内面均衡地排布着一个个凹入的方格图案,自下而上分五层渐次变小,与地面彩色大理石拼花相呼应,使气势恢宏的殿堂空间生机盎然。光线从穹顶开孔射进,大殿内显得明亮、庄严而圣洁。

图 2-4-8 万神庙
(a)外观;(b)内部;(c)穹顶;(d)券门

券拱结构是罗马建筑中最突出的特色和成就之一,建筑物的布局方式、空间组合及艺术形式等都与券拱结构密切相关。券拱结构必须设置的承重墙通过壁柱的方式进行装饰,券脚直接落在装饰柱上,或是采用叠柱式,多层建筑物的底层用罗马式的塔司干式或多立克式柱,二层用爱奥尼式柱,三层用科林斯式柱。另外,由于罗马建筑体量的巨大,其柱式必须更加富于细节处理,因此其多采用繁复的线脚和图案雕饰，否则其外观就会有笨重和空疏的缺陷，故此产生了一种混合柱式——在科林斯式柱头上再加一对爱奥尼式的涡卷。与古希腊装饰艺术的题材不同，罗马造型艺术的题材不再借助神话故事，而主要以直接表现的手法反映其"丰功伟业"，并热衷于采用叙事的方式，例如炫耀战争胜利的纪念性建筑凯旋门（图2-4-9）和纪念柱。至公元4世纪，仅罗马城内的凯旋门就多达36座，并由一个拱门的形式扩展为三个拱门，支墩和顶部均有装饰性檐口，拱门两旁是歌颂帝王的浮雕，女儿墙上刻铭文，墙头有象征胜利的青铜马车；著名的图拉真纪念柱高38米，柱身上布满螺旋形饰带浮雕，总长244米，刻画人物2500个，人物的容貌和民族特点具有准确的真实性，具有文献价值。

图2-4-9 罗马君士坦丁凯旋门

※ 4.5 美洲古代建筑艺术

4.5.1 奥尔梅克文化

奥尔梅克的意思是"居住在生产橡胶的土地上的人"，其文化被视为墨西哥古典时期文化的先驱，被推测是以后墨西哥和玛雅两大地区造型艺术风格的一个共同的渊源。1938年，美国研究人员在特雷斯·萨波特斯村附近发现了一个巨大的人头石像，然后又在拉本塔、圣洛伦佐、拉斯梅萨斯山岗以及太平洋沿岸的萨帕，先后又发现了13尊巨石头像（图2-4-10），这些头像均用整块玄武岩雕刻而成，造型形象都有很强的写实性。其中最大的高约3.5米，重30余吨，人像的鼻子肥平、嘴唇丰厚，戴一顶饰有花纹的头盔。今天的研究者对这种巨石头像现象和所反映的人物身份，做过很多猜测但都难以肯定。可以确认的是：约在公元前400年，奥尔梅克人的石刻装饰艺术品已经十分完美。这些人头石像构思奇特，比例匀称，所采用的石料除玄武岩外，尚有硬玉、绿玉和蛇纹石等。

图2-4-10 奥尔梅克文化的巨石头像

4.5.2 玛雅文化

古代玛雅地区是由今墨西哥东南部、尤卡坦半岛和危地马拉、洪都拉斯所组成，在所有受到奥尔梅克文化影响的部族中，古玛雅人的文化遗存最为丰富。他们擅长建筑，建有高 70 余米的金字塔，以及富丽堂皇的庙宇、寺院、陵墓和雄伟的纪念碑，并在这些建筑和构筑物上留下了美丽的雕刻和色彩鲜艳的图案。玛雅被誉为"美洲的希腊"，是世界著名的古文化摇篮之一。玛雅人有自己的天文学，可以使用 4 种历法。他们建造了美洲最早的观象台，其独创的太阳历能够推算出日食时间及月亮、金星和其他行星运行的周期，恒星日比现在的历法每天只差几分钟。

位于低地地区的科潘遗址（图 2-4-11）被认为是研究玛雅历法、天文和文字的中心，其著名的"象形文字梯道"共 62 级，宽 10 米，刻有 2 000 多个象形文字，线条精细流畅；梯道中间每隔 12 级就有一座巨大的雕像，具有一定的艺术性。在其他城邦的建筑物墙板、门楣、阶梯转弯部位均有装饰性雕刻，且有表现生活场面的浮雕。

图 2-4-11　科潘遗址

4.5.3 特奥蒂瓦坎文化

作为墨西哥中部的古文化中心，特奥蒂瓦坎是哥伦布到达之前的重要遗址，是托尔特克人和阿兹特克人在公元前后数百年繁荣的胜地，具有宏伟的建筑和各种雕刻、壁画、陶绘等艺术作品遗存。

著名的"太阳金字塔"，主体为多层由土块和泥土堆砌的大土台，顶端为古代印第安人祭祀太阳神的庙宇。土台高 64.5 米，方形底部的边长约 225 米，是中美洲地区最高的古建筑之一，表面全部覆盖着当地出产的红色火山岩；五层土台的梯级石阶，由素色、彩色及带有雕刻图案的巨型石板铺设。位于"太阳金字塔"附近的"月亮金字塔"，规模比前者小，高约 40 米，长方形底座平面尺寸约为 150 米×120 米。另有羽蛇神庙即"克查尔科阿特尔"金字塔，耸立的土台周边用石料分层镶嵌覆盖，梯道两边、神庙正面以及金字塔各层的底部都有雕刻的巨蛇头像、"雨神"特拉洛克的假面和武士柱等，造型粗犷，色彩强烈。

※ 4.6　拜占庭艺术和哥特式艺术

公元 313 年罗马君士坦丁大帝通过所谓的"米兰敕令"宣布了宗教宽容政策，进而使基督教取得合法地位。从大西洋到美索不达米亚，从北非海岸到不列颠，直至莱茵河与多瑙河的广大地区范围内，基督教发展成为官方的宗教信仰，与其相应的教会建筑也随之兴起。

4.6.1 拜占庭式建筑

公元 395 年罗马帝国迁都拜占庭（今土耳其的伊斯坦布尔），成为以君士坦丁堡为中心的东罗马帝国，也称拜占庭帝国，一直延续到 15 世纪，其较多地保留了古希腊古罗马文化，还吸收了东方阿拉伯文化和伊斯兰文化，6 世纪初兴建的圣索菲亚大教堂，被认为是拜占庭艺术的里程碑，其主要表现为巨型半球形穹顶（直径 32.61 米，中心高 55 米）周边坐落于四个大拱门的拱顶石上，采用精巧的柱式，拱门之间的三角形以砖石砌筑成曲面壁，穹顶底脚设有 40 个窗子，使穹顶外观犹如悬在半空中；内部采用彩色大理石、瓷片、彩色玻璃片和镀金金属等镶嵌的饰面与壁画光彩耀目。此外，在意大利威尼斯的圣马可广场上，始建于 9 世纪的圣马可教堂也是一座精美的拜占庭式教堂建筑。拜占庭式建筑作为世界建筑史上的艺术珍品，以其极为别致的造型方式、饰面材质与色彩处理以及马赛克艺术的运用，吸引了全世界的目光（图 2-4-12）。

(a)　　　　　　　　　　　　　　　　　(b)

图 2-4-12　拜占庭式建筑
（a）外观；（b）内饰

4.6.2 哥特式建筑

至公元 10 世纪之后，一些国家的城市经济获得振兴并且有些城市从封建领主或教会中取得了一定的自治权，反映这一特点的市政厅、手工业行会、商人公会及关税局等建筑大量产生，教堂也不再是纯粹的宗教建筑而成为公共生活的中心。建筑工匠进一步专业化，工程中非技术性的粗笨劳动大为减少。建筑进入新阶段，随之产生了哥特式建筑（包括其中的雕刻与绘画）样式，其以高耸、轻盈、精致、富丽和神秘感而令世人瞩目，它创造了可以同古罗马建筑相媲美的结构技术和施工技术成就，其建筑造型的高度尺寸则超越了以往的纪录。

后人在"哥特式"命名之初带有贬抑之意，但随着文艺复兴以后的历史发展，哥特式艺术以独特的造型形式和手法获得广泛认同。哥特式教堂的典型构图是一对高耸的尖塔，中间夹着中厅和山墙，檐头的栏杆与大门洞上部设置有雕像的壁龛将建筑物的主要立面在水平方向联系起来；居中的栏杆与壁龛之间是象征"天堂"的玫瑰窗；三座门洞内都有周圈的几层线脚并分别雕刻着成串的圣像；大量的垂直线条贯通；外墙采用飞扶壁；门洞上的山花，凹龛上的华盖，所有的塔、扶壁和墙垣的上端都冠以直刺苍穹的尖顶，建筑立面越接近上部就划分得越细致精巧，其形体和装饰也越显玲珑。建筑内部的结构全部裸露，近于框架式；筋骨嶙峋的支柱均由垂直线条组成，窗子占满了支柱之间的整个面积，并运用彩色玻璃将其镶嵌成一幅幅图画，阳光透窗而入，教堂内部被渲染得五彩缤纷。

由于各种因素的影响，不同地区的哥特式艺术也有区别。如法国的哥特式建筑外观是多彩的，著名的巴黎圣母院西立面上的雕像涂有各种鲜艳颜色；德国的哥特式教堂（图2-4-13）外观几乎没有水平线，突出的是繁密的垂直线条；英国的哥特式建筑则比较强调水平划分而显得气势舒缓；西班牙的哥特式教堂因由阿拉伯工匠代为建造，故融入了伊斯兰教建筑手法，例如马蹄形券、镂空石窗棂、大面积几何图案等，形成被称为"穆达迦"的特殊风格。

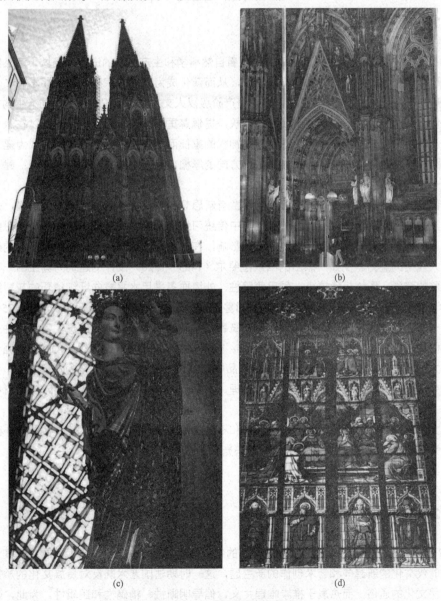

图 2-4-13　德国科隆大教堂
(a) 全貌；(b) 拱门；(c) 雕塑；(d) 窗花

至 15 世纪，资产阶级逐渐从普通市民中分化出来，其府邸开始脱离木构架而以石材建造，造型和装饰形式较为自由活泼，门窗较大，建筑细节精致，少量点缀小尖塔、华盖或尖券的彩色玻璃窗，显得生动并更具世俗美。

※ 4.7 欧洲的文艺复兴、古典主义与巴洛克艺术

4.7.1 文艺复兴艺术

自 14 世纪末，西欧资本主义产生萌芽，随着自然科学和生产技术的进步以及城市商品经济的发展，资产阶级与封建领主之间的斗争日趋尖锐，从而演化成为一场在宗教、政治和思想文化各个领域全面展开的"文艺复兴"运动。在意大利，资产阶级以人文主义为旗帜，借助面向人生的古希腊、古罗马文化，反对中世纪的禁欲主义和封建神权，提倡尊重人和以人为本的世界观。在激烈的思想潮流的冲击下，哥特式建筑被作为"野蛮"和神权的象征而遭贬斥。古典柱式再度成为建筑的构图主题；半圆形券、圆形穹窿、厚实墙体及水平方向的厚檐口等造型形式再度广泛使用；建筑轮廓讲究齐整统一和条理性。

与往昔显著不同，文艺复兴建筑师大都是富有新思想的斗士和具有理论素养的学者，是才华横溢的艺术家；建筑及其装饰也不再是一种现实中传统习惯的延续，而变成了高尚的文学想象和理论实践。文艺复兴艺术的繁荣及其对后世的长久影响，在很大程度上得益于这些博学多才的建筑师和艺术家个人风格的魅力。例如，杰出的画家拉斐尔（1483—1520）设计的建筑同其绘画一样，洋溢着温柔秀雅的姿彩，形体起伏较小，爱用薄壁柱，外墙面多采用水平方向纤细精巧的灰塑线条作为装饰；其学生朱利奥·罗马诺（1492—1546）却喜爱粗石饰面。雕刻巨匠米开朗琪罗（1475—1564）对待建筑一如处理他的雕塑艺术创作，他对建筑寄予强烈的情感和崇高的理想，喜用巨柱式，或做贴墙半圆柱及 3/4 圆柱，更习惯于采用圆雕装饰；他多用深深的壁龛和凸出很多的线脚，强调体量感和刚健有力的意态；从他在 87 岁时所设计的作品中可以看出其"巨人风"至晚年已趋向一种艺术造型的浪漫夸张效果，其建筑装饰要素和细节处理，几乎都能够在后来的任何一幢欧洲建筑中找到它的反响。

正是文艺复兴艺术大师们严肃的理性思考和不懈的探索与创造精神，才使众多的质朴而壮丽的建筑杰作傲然挺立并闪烁着文艺复兴艺术的不朽光辉。

4.7.2 古典主义艺术

从 17 世纪始，法兰西逐渐成为欧洲最强大的中央集权国家，颂扬至高无上的君主及其专制政体随之成为时代文化的新趋向和艺术创作的新主题，这一时期法国艺术既反对贵族文化的矫揉造作，又排斥市民文化的通俗，而热衷于推崇唯理主义，倡导明晰性、精确性和逻辑性。为此，建筑设计强调平面布局与立面造型的轴线对称及主从关系，主张外形稳定统一和端庄雄伟；在手法上崇尚古罗马柱式以及横三段、竖三段的立面构图。这种异于意大利文艺复兴的建筑艺术风格被称为法国古

典主义,其代表作有凡尔赛宫(图 2-4-14)和残废军人教堂,以及受其影响的古典主义杰出作品如英国伦敦圣保罗教堂、俄罗斯彼得堡冬宫和海军部。

图 2-4-14　凡尔赛宫

古典主义建筑的纪念性、装饰性的绘画和雕刻,在构图和处理手法上都从属于建筑的空间与形体,不仅保持空间和形体的明确的几何性,而且保持它们的结构逻辑。壁画效果一般是平面的,不突出表现画面的空间关系;雕刻与建筑之间保持着安定的和确切相应的构图联系,即是所谓壁画和雕刻的建筑性。

4.7.3　巴洛克艺术

意大利文艺复兴演变为法国古典主义又持续了 200 多年,这期间以意大利为中心曾滋生出一种被称为"巴洛克"的艺术流派。作为对文艺复兴和古典主义艺术的叛逆与补充,巴洛克艺术表现出对于严格的理性秩序的强烈不满,以激昂的情绪冲击了古典主义艺术所苦心经营的种种规范,掀起一股建筑新思潮和喧嚣的造型艺术新运动。

巴洛克的建筑艺术风格主要是标新立异,追求新奇,放弃对称与均衡,放弃圆形、方形等静态构图形式,采用以椭圆形为基础的 S 形、波浪形的平面和立面,建筑形体及其空间艺术构图富有流动感,建筑与绘画、雕刻的主从界限被打破而彼此融合;不囿于结构逻辑而多用非理性组合手法,从而产生奇特的艺术效果;加之大量贵重材料所构成的繁复装饰,使建筑内外充满波光流转、扑朔迷离的动感。室内外的转角部位几乎没有直角,装饰线脚盛行。其教堂以压倒人的庞大空间尺寸和铁质的巨大穹顶来表现豪华与宏伟,内墙面用各色大理石、壁画和雕刻等装饰得富丽堂皇。

巴洛克艺术善于运用极端的手法制造特殊的视觉效果,如利用透视的幻觉和增加层次,以强化空间距离之远近;采用曲线与曲面、断折的檐部和山花、疏密排列的装饰柱,以张扬立面与空间的凹凸起伏和运动感;利用光影变化、形体的不稳定组合,以构成虚幻与动荡效果。代表作品有意大利圣卡罗教堂、圣彼得大教堂(图 2-4-15),西班牙圣地亚哥的贡波斯代拉教堂等。其中,圣彼得大教堂原为米开朗琪罗的建筑杰作,之后由与之同样既是雕刻家又是建筑家的天才艺术家洛伦佐·贝尼尼(1598—1680)负责增建,但后者的艺术风格是巴洛克。贝尼尼以其形式造型的高度技巧和令人震惊的生动表现,完成了一系列的建筑和装饰作品而被后世传颂,他不仅将建筑与雕塑艺术结合在一起,并且同时在雕刻中运用绘画手法,从而创造出一种融建筑、雕塑和绘画等各种构成要素的美术造型混合体。

(a)　　　　　　　　　　　　　　(b)

图 2-4-15　圣彼得大教堂

（a）全貌；（b）穹顶之光

数百年来，人们对巴洛克艺术形式的评价褒贬不一。但是，它所体现的对于现实生活的热爱，对于世俗美的追求，对于生命力的赞颂，以及敢于独辟蹊径创造新艺术的精神，对于造型艺术的发展具有不容忽视的意义和价值。

4.7.4　洛可可艺术

与意大利在文艺复兴后期出现了巴洛克艺术相似，法国在 18 世纪初叶开始放弃古典主义艺术的明晰、纯净和逻辑性，一改其尊贵、高傲和冷峻的风貌，转而展现纤柔细腻与妩媚精美的造型形象。"洛可可"的称谓源自路易十五宫廷，由凡尔赛宫中庭园里具有幻想趣味的岩屋的人工贝壳装饰而得名。同时，人们有感于倡导这种风格的王公贵族们终日以鼻烟窥镜、香水铅华和伪发假辫为伴的奢靡生活，洛可可艺术形式又被称为"假辫式"。

洛可可艺术风格（图 2-4-16）特别突出地反映在安托尼万·华铎（1684—1721）、布歇（1703—1770）等著名画家的美术作品中，在建筑领域主要表现于室内装饰装修。王公贵族们娇弱敏感的心情难以承载古典主义建筑艺术的严肃理性，也不能忍受巴洛克风格的喧嚣放肆，而洛可可艺术的品位与技巧恰能够满足他们的需求。室内装饰排斥一切建筑母题，崇尚无定规、无定式而极尽工艺处理的细微变化。过去采用壁柱的部位，改用镶板或玻璃镜面，周边圈以形式复杂的装饰边框；以往流行的圆雕和高浮雕换成了色彩艳丽的小幅绘画或薄浮雕；浮雕的轮廓平缓地融入背景平面。由于洛可可艺术偏好圆形和曲线，所以建筑中尽可能避免规矩的方角。即在各种转角处运用装饰线脚予以模糊柔化，采用多变的并常被装饰雕刻图案打断的曲线以取代水平线。古典主义盛行时期经常使用的大理石，因为其质感的硬冷而不适于小巧厅堂的温馨情趣，所以除了壁炉上仍继续使用外均被淘汰。墙面不再出现古典程式，并使用纤细的璎珞取代了丰满的花环，大量采用的凹圆形线脚和柔软的涡卷雕饰，均不再反映其体积感。木质护墙板被大量使用，并漆白色或保留木材本色。装饰手法带有较明显的自然主义倾向，最常用的题材是舒卷或缠绕着的草叶图案，以及蚌壳、蔷薇、棕榈等形象，这些题材和形象不仅用于墙面和天花装饰，同样也施于撑托架、壁炉架、镜框、家具腿和其他部件。色彩方面喜用嫩绿、粉红、猩红等鲜艳的色彩，线脚多用金色，天花则多用蓝色或绘制彩画。家具上镶着螺钿，大量使用金漆，椅子的坐面和靠背用丝绒包覆。室内陈设名贵瓷器、古玩，悬挂晶体玻璃吊灯和丝绸帐幔。

图 2-4-16　洛可可艺术风格
(a) 巴黎苏俾士府邸公主沙龙；(b) 凡尔赛宫王后卧房

洛可可艺术曾风靡全欧，但也被批评为奢侈浮华和格调媚俗的艺术流派。尽管如此，其室内建筑装饰装修既注重形态美又体现功能舒适的追求应当被肯定。它创造的许多新颖别致且精细工巧的装饰局部及生动活泼的造型处理手法，使室内的静谧与幽雅较适宜于日常生活需要。

※ 4.8　新古典主义、浪漫主义与折中主义艺术

4.8.1　新古典主义艺术

新古典主义又称古典复兴，这种强烈的复古意识被认为是欧美各国的新兴资产阶级为升华自己的政治理想而掀起的一股文化思潮。他们厌恶巴洛克和洛可可艺术手法的诡谲与烦琐，要求以简洁、明快的艺术语言来表达自己的艺术观。随着18世纪末和19世纪初对古希腊、古罗马遗迹的进一步发现及其艺术珍品大量出土，人们更增强了对优美典雅的古希腊艺术和雄伟壮丽的古罗马艺术的仰慕，因此，就把古典建筑视为可以击败代表没落制度的巴洛克与洛可可艺术的武器，建筑艺术在自觉或不自觉地吸收一些其他风格（文艺复兴、巴洛克及东方艺术等）时，即构成了所谓的古典—复兴新古典主义。

这期间的法国是欧洲资产阶级革命的中心，也是新古典主义艺术活动的中心。大革命前所建的巴黎万神庙，以及拿破仑时代的雄师凯旋门等纪念性建筑，均与古罗马同类建筑物的造型形式和艺术风格基本相似。而英国伦敦不列颠博物馆及德国柏林的勃兰登堡门等则是复兴古希腊建筑艺术形式的典型。独立后的美国在力图摆脱殖民统治的同时，也努力摆脱建筑的"殖民时期风格"，所以更热衷借助于古典建筑以表现自由、独立和光荣，其国会大厦即是仿照罗马万神庙的形式；林肯纪念堂则是复兴古希腊建筑的一例。这些古典复兴的代表作品均具有庄重豪迈的气势，既再现了古典艺术的理性精神，也蕴含了对新世纪的热情向往，其思想基础即是当时的资产阶级启蒙运动。

4.8.2　浪漫主义艺术

构图的动势和造型的激情表达是19世纪浪漫主义美术的突出特点，例如最为著名的被称作"浪

漫主义的狮子"的法国画家德拉克洛瓦（1798—1863），他的《自由领导人民》是一幅不朽的浪漫派绘画作品。另一幅有代表性的浪漫主义美术杰作《马赛曲》是雕塑家吕德（1784—1855）为巴黎凯旋门所创作的高浮雕。浪漫主义的建筑则主要流行于英国，其强调艺术个性，追求超尘脱俗的浪漫趣味和异国情调，主张用中世纪的艺术风格与学院派的古典主义艺术相抗衡，如英国议会大厦（图2-4-17）以其高耸的维多利亚塔、钟楼和采光塔等为垂直中心组成巨大的建筑群，沿泰晤士河形成参差起伏、高低错落而变化丰富的天际线，立面造型既冲拔傲挺又清癯冷峻，反映着某种复杂而矛盾的情绪，是哥特复兴式建筑的典型作品。另有奥地利的维也纳市政厅、匈牙利布达佩斯议会大厦，以及美国的耶鲁大学老校舍中世纪城堡式建筑等，均为浪漫主义艺术风格的建筑。

 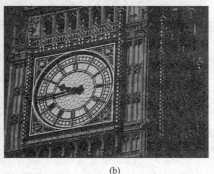

(a)　　　　　　　　　　　　　　(b)

图 2-4-17　英国议会大厦

(a) 全景；(b) 钟楼装饰

4.8.3　折中主义艺术

折中主义艺术是一种"集仿"式的艺术，不受固定法式的约束，而灵活地模仿、组合历史上的任意几种艺术风格流派的造型特点，因此可以弥补新古典主义和浪漫主义的局限性。交通的便利、考古学的进展、摄影技术的发明以及出版业的发达，都有助于建筑师较方便地认识并参照以往各个时代和各个地区的艺术遗产，于是就出现了古希腊、古罗马、拜占庭、中世纪哥特式、文艺复兴以及东方情调的各类建筑风格在许多城市中纷然杂陈的局面。

折中主义建筑在19世纪中叶以法国最为典型，巴黎歌剧院（图2-4-18）即是折中主义建筑的重要代表作品。外立面采用意大利巴洛克的晚期风格，并融入古典主义造型手法和洛可可式的图案雕饰；休息厅内部采用金色饰面与白色大理石装修，并以雕塑、油画、豪华灯具等布满所有部位和角落，整个内部空间环境闪耀着珠光宝气般的光芒。

(a)　　　　　　　　　　　　　　(b)

图 2-4-18　巴黎歌剧院

(a) 外部装饰；(b) 内部装饰

※ 4.9 工艺美术运动、芝加哥学派和新艺术运动

4.9.1 工艺美术运动

1851年,在英国伦敦海德公园举行了世界上第一次国际工业博览会,展厅建筑采用了园艺家帕克斯顿的"水晶宫"设计方案,它以历史上前所未见的巨大空间体量的全金属框架和全玻璃外壳,体现了一种未来建筑的新思路和新手法。然而,各国送展的工业产品基本上都是因袭传统的设计样式,反映出"为装饰而装饰"而漠视功能设计法则的缺陷。此次博览会的一个重要结果就是兴起了一场以英国为中心的激烈的设计改革活动,即工艺美术运动。这一运动主张设计题材"师承自然"并体现一种中世纪的田园趣味及强调简洁、适用的特色。特别是源于所谓"良心危机",艺术家们对工业化生产所造成的自然环境破坏及产品的粗制滥造感到不满,力图通过艺术和设计来改造社会,并积极从事以手工业为主导的工艺美术生产模式试验,提出"美与技术结合"的原则。

工艺美术运动在 1880—1910 年间形成高潮,主要涉及室内装修、家具、染织品、壁纸、地毯、彩色镶嵌玻璃及小型装饰品设计与制作,其对后世的现代工业设计具有深远影响。

4.9.2 芝加哥学派

19世纪80年代的欧洲正在对艺术和技术、伦理与美学以及装饰与功能的关系进行深入探讨,美国的芝加哥学派业已确立了功能在建筑设计中的主导地位,摆脱了折中主义艺术的羁绊。1880年西门子发明了使用电力的升降机,1892年弗朗索瓦·埃纳比克完善了混凝土中钢筋的最佳配置体系,钢铁材料在建筑上的应用得以推广,这些条件为新型建筑的大体量、大空间和新形式提供了物质与技术基础。早期的摩天大楼及玻璃幕墙建筑开始出现,构成了崭新的城市景观,并预示着未来新世纪商业建筑的造型艺术形象。

4.9.3 新艺术运动

19世纪末至20世纪初的欧美各国,曾有一场历时30年的反对复古而主张与过去决裂的装饰改革运动,被称为"新艺术运动"。其特征是:以有运动感而形象单纯的线条作为装饰的审美基础,综合各种艺术的造型概念,构成新颖的风格。新艺术运动在装饰领域所体现的富有想象力的创造精神,线条和空间的流动,以及与传统决裂的勇气,给法国、西班牙、比利时、德国、意大利和美国的一批建筑师提供了创作灵感,激励他们更为自由地探索装饰艺术新境界,较之利用金属、玻璃和混凝土结构所打开的思路更进一步,为开辟20世纪早期新型试验性建筑做出贡献,也是现代装饰设计趋向简化和净化过程中的一个比较重要的演化步骤。新艺术运动有影响的代表人物例如比利时的霍塔(1861—1947)在建筑与室内设计中喜用相互缠绕和螺旋扭曲的线条,被称为"比利时线条";法国的赫克托·吉玛德(1867—1942),其最有影响的新艺术作品体现于巴黎地铁入口,所有的栏杆和灯柱等都采用了卷曲起伏的铁制植物纹样,被戏称为"地铁风格"。另有西班牙建筑师安东尼·高迪(1852—

1926），虽然他与新艺术运动并无直接关系，但在手法上却极其相似，被视为新艺术运动最富创新精神的人物，其早期代表作品为浪漫主义风格的巴塞罗那的圣家族教堂，而后他将东方艺术风格和自然形态融入哥特式建筑，精心研究自己独创的"塑性"建筑特色，设计了被称为新艺术运动"现代派"佳作的米拉公寓（图2-4-19），其建筑物外观由蜿蜒曲折的动势所主导，宛如一尊抽象主义的雕塑。

图 2-4-19 米拉公寓
(a) 外貌；(b) 墙壁内饰；(c) 室内一角；(d) 屋顶造型

※ 4.10 现代主义和后现代艺术

4.10.1 维也纳分离派与功能主义

当工艺美术运动和新艺术运动盛行之时，奥地利维也纳学派的建筑师奥尔布里希（1867—

1908）与霍夫曼（1870—1956）及一些画家和雕刻家于1897年成立"分离派"，叛离新艺术运动所推崇的流动曲线及中古风格的艺术形式，强调使用新材料，简化结构构件并去除表面装饰，创造开敞、灵活的建筑空间。霍夫曼曾在分离派杂志《室内》著文提出"所有建筑师和设计师的目标，应该是打破博物馆式的历史樊笼而创造新的风格"，他本人即喜欢采用规整的方格网式的设计构图，故而获得"棋盘霍夫曼"的雅号。

此时，出现了一位最为极端的功能主义代表人物阿道夫·路斯，他十分强烈地呼吁建筑表现功能的绝对纯净形式，并于1908年著文《装饰与罪恶》，将适用与美观的原则对立起来，甚至不赞同在施工图纸上加注尺寸，他自己的创作便照此观点行事，排除一切装饰和细部造型处理，而只剩下素壁窗孔。尽管剥光建筑物一切装饰的做法并不可取，但其对简洁和纯净的追求，实际上起到了开欧洲现代主义建筑风格先河的作用。

4.10.2 现代主义国际风格的兴起

在德国的魏玛，时任校长之职的格罗皮乌斯（1883—1969）于1919年将艺术职业学校与美术学院合并成为一个装饰造型教学机构"包豪斯"学院，他主张把建筑、雕刻和绘画三科熔为一炉，艺术创作结合科技，通过实习带动学术研究，从而确立了对后世影响极大的功能主义的现代设计观念，这种观念强调造型形态的功能性、构造的单纯性并适合大量生产。在20世纪20年代，这里成为国际性艺术探索活动的中心，特别是成为建筑的国际学派和绘画、雕塑的几何抽象派的研究中心。1928年在瑞士召开了国际现代建筑会议，1932年又在纽约现代艺术博物馆举办了国际现代建筑展览，从而竖立起"国际风格"的旗帜，确定了其风格特征含义：主张摆脱传统建筑形式的束缚，创造适应工业化社会的条件和要求的全新的建筑；强调建筑师要研究和解决建筑的实用功能与经济问题；强调结构钢和混凝土的重要性，要求采用新结构并在建筑中发挥作用；主张创立和发展新的建筑美学原则，其中包括表现手法和建造手段的统一，建筑形体和内部功能的配合，建筑形象的逻辑性，灵活均衡的非对称构图，简洁的处理手法和纯净的体型以及吸取视觉艺术的成果等。对此风格和观点，有人称之为"功能主义"，或称之为"理性主义"，较普遍地称其为"现代主义"。

以格罗皮乌斯和另一位德国建筑师密斯·凡德罗（1886—1969）及法国建筑师勒·柯布西耶（1887—1965）等人为代表的现代主义建筑思想，先是在以实用为主的厂房、中小学校舍、医院和图书馆建筑以及大量建造的住宅建筑类型中得以推行，至20世纪50年代，在纪念性和国家性建筑中也得以实现，如联合国总部及巴西议会大厦等重要建筑物。

4.10.3 走向新建筑

美国芝加哥学派的第二代艺术家们，已经摆脱了与新古典主义的联系，也不理会欧洲的新艺术运动而自行其是。弗兰克·劳埃德·赖特（1867—1959）是一位不受欧洲流行艺术浸染而只影响欧洲的建筑家，一生锲而不舍地追求自己的目标，不断开辟新方向。他留给后世的有500座已建成的工程和500多种方案，另有10多部著作。他首创的"草原式"住宅打破了传统的封闭式方盒子模式，住宅配合园地，将房间数减到最少，组成具有阳光、空气流通并与室外景色统一的环境空间。他主张要尽可能避免采用繁杂的建筑材料，装饰装修与建筑形式及住宅的使用功能应相协调。其最有影响的住宅杰作，即是建于宾夕法尼亚熊跑溪上的流水别墅，毛石砌筑的墙体与悬挑的露台交织错落，溪水于挑台下潺潺流出，建筑与自然环境融合渗透，构成生动而和谐的画面。

与现代主义国际风格所体现的工业社会特有的价值观念不同，赖特在工业时代坚持他的人本主义价值观。对于勒·柯布西耶在1922年出版的《走向新建筑》一书中所发表的"住宅是居住的机器"的名言，赖特表示了强烈反感，他认为建筑应与自然环境结合，房屋本身也应该是自然的、有机的，而非机械的，建筑物应该"从地里长出来，迎着太阳"。

4.10.4 现代主义建筑的"死亡"

自20世纪60年代起，现代主义建筑及其理论开始受到非难。由美国发端继而得到世界各地响应的"后现代主义"流派宣称"现代建筑于1972年7月15日下午3时32分在美国密苏里州圣路易斯城寿终正寝"（查尔斯·詹克斯《后现代建筑语言》）。他们认为，建筑并不仅仅是为了解决人们的生活空间，还应该是具有精神功能的。现代主义所主张的国际风格一概排斥装饰，抛弃历史和文化因素，视建筑为"居住机器"而缺乏人情味。美国圣路易斯城的帕鲁伊特·伊戈居住区被爆破炸毁的事实就是现代主义已经消亡的佐证，这是一座1955年建造的公寓，曾获美国建筑师学会奖，然而在以后的时光里，它却同破坏和犯罪紧紧联系在一起。此后，西方世界又有不少类似的住宅、公寓乃至大型建筑物遇到同样的命运。人们认为，酿成这种结果的主要原因就是建筑本身的单调、冷漠、野蛮和精神功能的严重残缺。那些曾把现代主义建筑师奉为救世主的批评家们，转而又意识到正是这些建筑师的激进和偏颇的主张在毁灭城市。由此，现代主义建筑师在现代建筑运动的十字路口不得不分道扬镳了。

4.10.5 异彩纷呈的"后现代"

现代主义盛行以后的世界造型艺术、新的思潮和构成手法竞相泛起，诸如新现代主义、历史主义、未来主义、超现实主义、野性主义、新造型主义、解构主义、表现主义、典雅主义、新陈代谢主义、实用功能主义、个性主义、地方主义，以及高技派、烦琐派、野营派、方言派、象征派、纯粹建筑和波普艺术等，各自单独冠以风格或流派的称谓，或是被评论家笼统地称为"后现代"艺术。针对建筑及其装饰装修，一方面是新功能、新科技发展的需求，另一方面是开发商、业主和设计师的审美观的共同作用，决定了它的复杂性和多样性，人们逐渐清醒地认识到，当代建筑是需要以多元化来塑造的。当物质生活和物质技术水平提高到一定程度时，人们的思想意识更加倾向于"自我"和力求与众不同的个性张扬。建筑艺术的概念作为"人为"与"为人"两个方面既相互对立又互相融合的含义，决定了它的发展变化是不可穷尽的。一些面貌全新而形式奇特的建筑物已与人们心目中的传统建筑形象相去甚远，在反对"保守"的旗帜下，现代艺术家获得空前的自由，非理性的随心所欲与标新立异的怪诞独创或许能够成为某个时期流行的时尚。然而，几十年的当代艺术演变历程只不过是历史时空的瞬间，艺术风格的确立并被后世认同，则需要经受历史文明进步的检验。

步入21世纪，在莫衷一是的"后现代"艺术理论及其艺术家们为捍卫各自的理念所进行的激烈争议中，人们必须更为关注本民族优秀文化的传承和人类自身的安全与健康，以及保护日益脆弱的生态环境，珍惜宝贵的自然资源，节约能源，确保可持续发展等涉及"地球村"存亡的重要问题。

第3篇
建筑大师篇

宁静是解除痛苦和恐惧的真正伟大的良药,无论奢华还是简陋,建筑师的职责是使宁静成为家中的常客。

——巴拉干(墨西哥)

第5章 中国建筑大师

※ 5.1 鲁班

鲁班（图3-5-1），姓姬，公输氏，名班，春秋战国时期鲁国人，今山东滕州人。他发明了锯等多种木工器械和碾、磨等一些生活用品，留下了无数桥涵楼阁等建筑物。他是一位杰出的工匠、发明家，被尊为我国土木工匠界的"祖师"。

图3-5-1 鲁班

5.1.1 鲁班的发明创造

鲁班一生的创造发明很多，亚圣孟子赞其为"巧人"，并说："公输子之巧，不以规矩，不能成方圆。"（《孟子·离娄上》）根据《物源》等古籍记载，鲁班的发明创造有很多，既有锯、刨、锛、锉、凿、钻、铲、曲尺（鲁班尺）、墨斗等工用器具（图3-5-2），又有碾、磨、风箱等生活器具，还有木鹊飞鸢、鲁班锁、起吊器械、木人木马等仿生机械以及云梯、钩强等军用器具（图3-5-3）。

图3-5-2 鲁班发明的木工工具
(a) 锯；(b) 墨斗；(c) 刨子；(d) 锛

图 3-5-3　鲁班发明的军用工具

(a) 云梯；(b) 钩强

鲁班发明木鸢在国内古今史料中有详细记载。《刘子新论》记载："鉴公输之刻凤也，冠距未成，翠羽未树……"对于木鸢，国外人士同样十分推崇。在美国国家航空博物馆的一块木牌上，有这样一句话："最早的飞行器是中国的风筝和火箭。"在国外，最初的飞行员喜欢用风筝来称呼飞机。

鲁班锁是中国古代传统的土木建筑固定结合器，它起源于我国古代建筑中首创的卯榫结构。据说，在鲁班教育幼年儿子留根时，就玩起了寓教于乐、开发儿童智力的游戏。鲁班用六根木条做了件玩具，让妻子云氏交给儿子，让儿子拆了再装上。留根原以为这是"小菜一碟"，谁知这小玩意儿易拆难装，娘陪着点灯熬油捣鼓了一夜也没装上。天亮后在鲁班指点下才总算装上。鲁班锁也叫孔明锁、别闷棍、莫奈何、鲁班木。

鲁班还在卯榫结构的基础上发明了我国古建筑木质构件斗拱，在鲁国宫殿建筑中进行了成功的尝试，形成了华夏古建筑特有的逐层纵横交错叠加的飞檐反宇。在曲阜的孔庙、奎文阁、颜庙、周公庙、鲁班庙等古建筑上，这项技术发挥了重要作用。仅孔庙大成殿上就有七踩单翘重昂、九踩单翘三昂等斗拱 365 攒。

鲁班创造发明的斗拱、鲁班锁等早已成为中华民族智慧的象征。2010 年上海世博会中国主题馆建筑"中国红"就是使用的斗拱造型，山东馆展厅内的主要标志中一个是孔子行教像，另一个就是鲁班锁（图 3-5-4）。

图 3-5-4　鲁班发明的仿生机械

(a) 木鸢；(b) 鲁班锁

5.1.2 鲁班精神

鲁班以其大量的发明创造影响、改变了人们的生活,鲁班是中国当之无愧的科技发明第一人;他的发明创造世代相传,惠及四方,在中国科技史上做出了杰出的贡献。鲁班被称为土建、工匠的"始祖"还远远不够,他还是中国古代科技文化的集大成者。鲁班精神的实质就是积极进取,自主创新,他不仅是中华民族勤劳智慧的典范,更是科技创新精神的象征。

鲁班精神的本质是科学精神,其核心内容包括尊重科学的态度、敢于创新的勇气、自我反省的魄力和乐于奉献的胸怀。学习鲁班精神有助于提高整个中华民族的科学精神,形成尊重科学、勇于创新、乐于奉献的社会风气。在知识经济时代,科技创新能力是一个国家核心竞争力的体现。而创新是鲁班精神的灵魂。鲁班善于观察和思考,根据实际情况创造性地解决实际问题,极具首创精神。鲁班以他的创造发明、聪明才智,在中华民族数千年的文化历史中,树起了一座丰碑。鲁班精神为各个时代不断地补充、丰富、弘扬和传承,成为中国文化的一面旗帜。

先进文化是人类智慧的结晶,是实现国家发展、民族兴旺的重要源泉,是民族精神的依托。作为一种发明创造的文化,鲁班文化蕴含着中华民族的自主创新的精神。鲁班精神是一种勇于实践、勇于探索、勇于创新的精神。现在,国家大力提倡要依靠科技进步,坚持自主创新,努力建设创新型国家,这就更加显现出鲁班精神的灿烂光辉和持久生命力。鲁班积极进取、自主创新的精神对中华民族精神品格的形成具有深刻恒久的影响,是实现中华民族伟大复兴的强大动力。

5.1.3 鲁班奖——国内建筑行业工程质量最高奖

中国建筑工程鲁班奖创立于1987年,该奖项也是国内建筑行业工程质量最高荣誉奖。鲁班奖每年颁奖一次(自2010—2011年度开始,每年评审一次,两年颁奖一次),授予创建出一流工程的企业。

鲁班奖创立30多年来,通过授予争创一流工程的企业,有效地促进了我国工程建设质量水平的提高。鲁班奖这一建筑行业的最高荣誉奖,在行业和社会的影响越来越大,赢得了广泛的知名度。

鲁班奖评选出了一大批高质量、高水平的工程。除一般工业与民用建筑外,获奖工程还有石油化工、煤炭矿井、海港码头、水力发电站、核电站、道路桥梁、民用机场和火箭发射场等。获奖工程使用功能好,用户非常满意,体现了我国施工质量的最高水平。

鲁班奖的评选推动了企业加强质量管理。鲁班奖工程的高标准要求企业必须在开工前就按照鲁班奖评选条件制定质量目标,提出技术措施,强化质量控制,精心组织施工,严格检查验收,在工程上遇到新问题时还要组织技术攻关,并要做好整个工程技术档案材料的积累。严格的管理才有可能创出高质量的工程,所以,创建鲁班奖工程的全过程,也是加强管理的全过程。

鲁班奖的评选提升了获奖企业的社会信誉和知名度。对荣获鲁班奖工程的企业,住房城乡建设部和中国建筑业协会要召开颁奖大会进行表彰和宣传,还要编辑出版获奖工程专辑,在国内外进行交流和宣传。这使获奖企业提高了知名度,不少建设单位主动找这些企业承建工程项目。

鲁班奖的评选推动了建筑行业的"创名牌"活动。1994年中国质量战略高层研讨会提出了要搞好"创名牌"产品的问题,这关系到与国际接轨,关系到企业在市场上的竞争能力和经济效益。建筑业企业的名牌产品,就是精心打造的高水平工程,鲁班奖工程实际上就是建筑业企业的名牌。

1. 上海金茂大厦——2010年鲁班奖获奖作品

上海金茂大厦(图3-5-5)位于浦东新区黄浦江畔的陆家嘴金融贸易区,楼高420.5米,是上海第三高楼、世界第二十高楼(截至2015年),是上海市的一座地标,集现代化办公楼、五星级酒店、会展中心、娱乐、商场等设施于一体。金茂大厦的外形设计充分体现了建筑师对中国文化的理解和表达。从金茂大厦第一节的十六层开始，每节减少二层，逐步收进到第五节的八层，此后每节减去一层，最终形成了与中国宝塔相近的外观造型，完美的比例关系使建筑有着丰富的轮廓线，建筑由此有了成长的动感。塔是一种象征标志，在中国的村镇中象征着村镇的中心，由于塔很高，很远就能看到，各种活动也在塔的周围展开。如此，金茂大厦也可以作为世纪的最后的天际线的象征，在上海，作为中国的最高建筑之一，有着聚集周围社区的意义。金茂大厦显然并不是对塔的表面记忆，这是一幢带有纪念碑品质的建筑，在充满了金属质感的外观下，包含了中国面向世界打开胸襟的自信，成为这片新兴金融贸易区宏大叙事的主旋律。

设计师将外形和结构之美天衣无缝地融合在一起，精致的立面构图体现了建筑师天才的想象力和专业的设计品质。两条对角线的端点由下而上，逐渐内收，但四个立面却直上直下。从不同的角度看，金茂大厦都有着不同的建筑立面，这是建筑师为我们留下的一个视觉魔术。特别是从45°方向看到的转角，可以看到两个不锈钢构成的点，构成了一个框，特别能反射光线，从而形成一幅强有力的图像。

2．苏州博物馆——2008年鲁班奖获奖作品

苏州博物馆（图3-5-6）是中国地方历史艺术性博物馆，位于江苏省苏州市东北街，毗邻世界文化遗产——拙政园。苏州博物馆成立于1960年，2006年10月建成新馆，新馆的设计者为著名的建筑设计大师贝聿铭。馆址为太平天国忠王李秀成王府遗址，总建筑面积26 500平方米，分东、西、中三路，中路立体建筑为殿堂形式，梁枋满饰苏式彩绘，入口处侧门有文徵明（明代著名画家、书法家、文学家）手植紫藤，内部东侧有太平天国古典舞台等。苏州博物馆是全国重点文物保护单位。

图3-5-5　上海金茂大厦

图3-5-6　苏州博物馆新馆鲁班奖

新馆的设计遵循"中而新，苏而新"的理念和"不高、不大、不突出"的原则，成为苏州继承与创新、传统与现代完美融合的典范和标志性建筑。新馆以"化整为零"的手法进行设计，从地面

上看，建筑的体量不大，与周围的环境很协调；在高度上也不与忠王府争夺制高点，仅用灰白的调子与之相衬，营造协调感。为充分尊重所在街区的历史风貌，新馆也设计成以地面一层与地下一层为主的结构。

3．上海世博会中国馆——2010—2011年度鲁班奖获奖作品

上海世博会中国馆"东方之冠"（图3-5-7）具有明显的中国特色，它融合了多种中国元素，并用现代手法加以整合、提炼和构成，国家馆的造型还借鉴了夏商周时期鼎器文化的概念——鼎有四足，起支撑作用。作为国家盛典中的标志性建筑，光有斗拱的造型还不够，还要传达出力量感和权威感，这就需要用四组巨柱，这四组巨柱像巨型的四脚鼎将中国馆架空升起，使之呈现出挺拔奔放的气势，同时又使这个庞大建筑摆脱了压抑感。这四组巨柱平面都是18.6米×18.6米，将上部展厅托起，形成21米净高的巨构空间，给人一种"振奋"的视觉效果，而挑出前倾的斗拱又能传达出一种"力量"的感觉。巨柱与斗拱的巧妙结合将力合理分布，使整座建筑稳妥、大气、壮观，极富中国气派。同时，向前倾斜的倒梯形结构，是现代建筑对力学的又一挑战。将传统建筑构件科学地加以运用，是中国人的又一创造，它向世界传达了一个大国崛起的概念，也向世界展示了中国人的文化自信。

图3-5-7　2010年上海世博会中国馆

争创鲁班奖活动，不仅在全行业创建出了一批具有代表性的一流工程（图3-5-8、图3-5-9），而且调动了企业争创优质工程的积极性，促进了全行业工程质量水平的普遍提高。在创鲁班奖活动中，既有沿海开放地区的企业获奖，也有内陆边疆地区的企业获奖；不仅有国有企业获奖，也有民营和其他类型企业获奖。这说明，评选鲁班奖活动，对全面提高我国工程质量水平发挥了重要的推动作用。

图3-5-8　临沂大学图书馆
（2012—2013年度鲁班奖获奖作品）

图3-5-9　济宁市中级人民法院综合审判楼
（2012—2013年度鲁班奖获奖作品）

在争创鲁班奖的实践中,建筑业企业深切体会到:建筑工程质量综合体现了企业的经营管理、科研技术水平,因此提高工程质量是增强企业素质的主要内容,是企业增强国内外建筑市场竞争能力和企业提高经济效益、社会效益的关键。创鲁班奖活动切实强化了获奖企业的各项管理水平,提升了工程质量水平,增强了企业的整体素质,树立了企业品牌和市场信誉。

※ 5.2 样式雷

"样式雷",是对清朝200多年间主持皇家建筑设计的雷姓世家的誉称。中国清朝宫廷建筑匠师家族成员有雷发达、雷金玉、雷家玺、雷家玮、雷家瑞、雷思起、雷廷昌等。

5.2.1 样式雷的作品设计

"样式雷"建筑世家凭借八代人的智慧和汗水,留下了众多伟大的古建筑作品,也为中国乃至世界留下了一笔宝贵的财富。

"样式雷"的作品非常多,包括故宫、北海、中海、南海、圆明园、万春园、畅春园、颐和园、景山、天坛、清东陵、清西陵等。其中有宫殿、园林、坛庙、陵寝,也有京城大量的衙署、王府、私宅以及御道、河堤,还有彩画、瓷砖、珐琅、景泰蓝等。此外,还有承德避暑山庄、杭州的行宫等著名皇家建筑。总之,占据了中国1/5被列入《世界遗产名录》的建筑设计,都出自雷家人之手(图3-5-10至图3-5-12)。

另外,在战乱年间,雷家人还从事了大量皇家建筑的修复工作。八国联军入侵时,北京城和城内外各类皇家建筑再度遭到破坏,雷廷昌及雷献彩主持了大规模修复、重建工程,如北京正阳门及箭楼等城楼、大高玄殿、中南海等。雷家为中国古代建筑的发展做出了巨大贡献。

图3-5-10 "样式雷"制作的样式(一)

图 3-5-11 "样式雷"制作的样式（二）

图 3-5-12 "样式雷"制作的样式（三）

雷氏家族的每个建筑设计方案，都按 1/100 或 1/200 比例先制作模型小样进呈内廷，以供审定。模型用草纸板热压制成，故名烫样。其台基、瓦顶、柱枋、门窗，以及床榻桌椅、屏风纱窗等均按比例制成。"样式雷"的作品非常讲究选址，并在建筑设计上保证房屋冬暖夏凉，很多建筑工艺就算拿到今天都很先进。同时，"样式雷"的作品轴线感特别强，我们到东陵可以看到那里的景物和建筑是相互对应的，每走一步都会发现，建筑和环境紧密结合在一起，实现了真正的"天人合一"。

5.2.2 "样式雷"的建筑贡献

"样式雷"世家最为重要的贡献不仅表现在其设计成果的最后现实化，更主要地体现在其设计过程本身——图样的绘制、模型的制作方面。大规模的群体建筑，必然需要一种能够使多人识别遵循的整体设计图，甚至构造模型，以表达用语言文字难以表述的情况。在中国这一过程虽出现很久了，就目前所知，战国时就有了建筑总平面图，隋朝已出现了模型设计，并逐渐形成了一种专门技术，但到了建筑设计高手"样式雷"手中，又有了更大的改进，现在遗留下来的实物充分说明了这一技术在清朝的发展。

"样式雷"在清朝中后期，又常负责陵寝工程的设计。雷家玺设计嘉庆昌陵，雷思起设计咸丰定陵，雷廷昌设计同治惠陵及慈安太后陵、慈禧太后陵，并成功地解决了难度很大的地下宫殿主室金券合拢等问题，达到了很高的技术水平。

皇家工程需先选好地址，由算房丈量，内廷提出建筑要求，最后由样式房总体设计，确定轴线，绘制地盘样（平面图）以及透视图、平面透视图、局部平面图、局部放大图等分图，由粗图到精图样样具备，才算完成设计图。雷氏图样的设计过程清楚地反映了这一特点，说明其已与现代设计十分相似。而在平面图中绘制个别建筑物的透视图，是雷氏创造性地运用互相结合之法，更精确地表现个别情况的手段。当设计精图确定后，再绘制准确的地盘尺寸样，以反映复杂关系、协调空间布局，估工估料。雷氏在这方面显示了高度的技巧，或从庭院陈设到山石、树木、水池、船坞、花坛，或从地下宫殿的明楼隧道到地室、石床、金井，均按比例进行安排，用像硬纸板一样的东西做成模型，并使某部件能够拆卸，便于观看内部结构。此外，雷氏的设计还注重建筑位置的科学性与环境的协调性，既使两者巧妙配合，又显示中国建筑群的变化布局艺术。总之，"样式雷"在清朝 200 多年的建筑活动中留下了永存的纪念。

※ 5.3 詹天佑

詹天佑（1861—1919，英文名：Jeme Tien Yow），汉族，字眷诚，号达朝（图 3-5-13）。祖籍徽州婺源，生于广东省广州府南海县（现广州市荔湾区恩宁路十二甫西街芽菜巷 42 号），12 岁留学美国，1878 年考入耶鲁大学土木工程系，主修铁路工程专业。他是中国近代铁路工程专家，被誉为中国首位铁路总工程师。其负责修建了京张铁路等工程，有"中国铁路之父""中国近代工程之父"之称。

图 3-5-13　詹天佑

5.3.1　詹天佑的贡献

1. 唐山铁路

1888 年，詹天佑由老同学邝孙谋推荐，到中国铁路公司任工程师。詹天佑亲临唐山铁路工地，与工人同甘共苦，用了 70 多天的时间就使唐山铁路竣工通车了。唐山铁路（图 3-5-14）在开滦煤矿唐山矿 1 至 3 号井东面，从一个上百年的涵洞里穿越而出，从唐山市区主干道新华道下穿过，全长 12 千米。这就是中国第一条国际标准轨距铁路，它最初是从唐山矿修到丰南胥各庄，至今仍是京山铁路的重要组成部分。

图 3-5-14 唐山铁路

2. 滦河大桥

滦河大桥（图 3-5-15）为单线铁路桥，全长 670.6 米，共 17 孔，自山海关端起为 9 孔 30.5 米上承钢桁梁、5 孔（每孔长 61 米）下承钢桁梁、1 孔（孔长 30.5 米）上承钢桁梁、2 孔（每孔长 9.14 米）上承钢板梁。从 1876 年吴淞铁路修筑到 1912 年清朝统治被推翻，中国铁路共修筑桥梁 6 000 余座，其中滦河大桥是采用先进的气压沉箱建筑基础的第一桥。

图 3-5-15 滦河大桥

1891 年初，在洋务运动的晚风中，清廷重臣李鸿章受命在山海关设立了"北洋官铁路局"，他的得力助手周兰亭、李树棠总揽筑路事务，全力以赴修建关东铁路（古冶—山海关—中后所—奉天等）。虽然朝野中的洋务派和顽固派对政府修建铁路一直争论不休，但李鸿章在 1892 年已经和开平矿务局的英国技师金达签下了协议，着手修建关东铁路第一段由古冶到山海关的铁路。其实，早在 1881 年，中国第一条自建铁路——唐胥铁路就已运营，虽然马拉蒸汽机车一度成为闹剧，但那时中国的铁路业已经蹒跚起步了。令人意想不到的是，当这条铁路延伸到滦河岸边时，奔腾咆哮的滦河水使修路的步伐戛然而止。面对宽阔的河面，踌躇满志的金达邀请世界一流的英国铁路专家喀克斯,信心十足地指挥着施工架桥。可是滦河下游河宽水急,河床泥沙很深,地质结构复杂,桥墩屡建屡塌,众人一筹莫展。高傲的英国专家在架桥环节屡次受挫之后,最终将这块烫手的山芋转丢给了德、日专家,但还是以失败告终。

工期将至,金达想起了詹天佑。各国建滦河大桥失败之后,詹天佑要求由中国人自己来建造,他详尽分析了各国失败的原因,又对滦河底的地质土壤进行了周密的测量研究之后,决定改变桩址,采用中国传统的方法,以中国的潜水员潜入河底,配以机器操作,胜利完成了打桩任务,从而建成了滦河大桥。

3. 京张铁路

京张铁路(图3-5-16)为詹天佑主持修建的中国第一条铁路,它南起北京丰台区,经八达岭、居庸关、沙城、宣化等地至河北张家口,全长约200千米,1905年9月开工修建,于1909年建成,虽然工程艰巨,但工期不满四年。这是中国首条不使用外国资金及人员,由中国人自行设计,并投入营运的铁路。这条铁路现被称为京包铁路,即以前的京张段是北京至包头铁路线的首段。京张铁路是清政府排除英国、俄国等殖民主义者的阻挠,委派詹天佑为京张铁路局总工程师(后兼任京张铁路局总办)修建的中国第一条铁路,从此拉开了中国独立建造铁路的序幕。

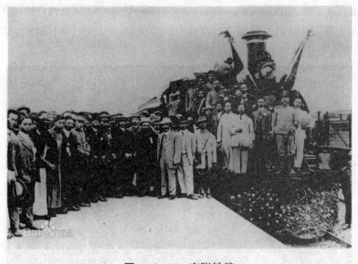

图3-5-16 京张铁路

5.3.2 詹天佑奖

1999年设立的"詹天佑奖"全称为"中国土木工程詹天佑奖",是中国土木工程设立的最高奖项。该奖由中国土木工程学会、詹天佑土木工程科技发展基金会联合设立,其主要目的是推动土木工程建设领域的科技创新活动,促进土木工程建设的科技进步,进一步激励土木工程界的科技与创新意识。因此,该奖又被称为建筑业的"科技创新工程奖"。

1. 国家游泳中心(水立方)——第八届詹天佑奖获奖作品

国家游泳中心(图3-5-17)又被称为"水立方"(Water Cube),位于北京奥林匹克公园内,是北京为2008年夏季奥运会修建的主游泳馆,也是2008年北京奥运会标志性建筑物之一。其与国家体育场(俗称"鸟巢")分列于北京城市中轴线北端的两侧,共同形成相对完整的北京历史文化名城形象。虽都是钢结构,但"水立方"和"鸟巢"却大不相同。"水立方"的钢结构最大的特点就是不规则,纵横交错中透着一股自然的纯美。然而,正是这种自然的不规则形态给焊接带来了极大的困难。"水立方"的墙面和屋顶都分内外三层,设计人员利用三维坐标设计了3万多个钢质构件,这3万多个钢质构件在位置上没有一个是相同的。这些技术都是我国自主创新的科技成果,它们填补了世界建筑史的空白。"水立方"的地下及基础部分是钢筋混凝土结构,地上部分是钢网架,钢结构与钢筋混凝土结构中的钢筋通过焊接连接,使地上部分与地下部分共同形成了一个立方体的笼子。屋面上,镶嵌、固定一块块充气枕的是槽形的钢构件,钢构件又宽又厚,与"水立方"四壁的钢网架焊接为一体,支撑着整个屋顶。雷雨天气里,这些钢构件的作用更是非同小可,它们一方面作为天沟,收集、排除屋面的雨水;同时,又充当了接闪器,及时将雷电流引到"笼式避雷网",保护整个建筑物的安全。这是一个非常理想的"笼式避雷网",完全依靠建筑物自身结构中的材料,无须单独架设避雷针、做引下线或接地体,屋面没有突出的避雷针或避雷带,既经济美观又安全可靠。"水立方"的墙壁和顶棚由1.2万个承重节点连接起来的网状钢管组成,这些节点均匀地分担着建筑物的重量,使其坚固得足以经受住北京最强的地震。"水立方"的地下部分是钢筋混凝土结构,在浇筑混凝土的时候,在每根钢栓的位置都设置了预埋件(上部为钢块),钢结构的钢柱与这些预埋件牢固地焊接在一起,就这样,地上部分的钢结构与地下部分的钢筋混凝土结构形成了一个牢固的整体。正是靠着优越的结构形式和良好的整体性,"水立方"才拥有了"过硬的身体",达到了抗震8级烈度的标准。在"水立方"内部,雄奇的钢结构和膜结构错综复杂,给人们带来极大的视觉冲击。泳坛天才菲尔普斯评价奥运场馆"水立方"的膜结构:当我仰泳的时候,看见上面照射着灯光和自然光,还有那些折射出来的小泡泡,让我感觉好极了!

图 3-5-17 国家游泳中心

2. 济南奥林匹克体育中心——第十届詹天佑奖获奖作品

济南奥林匹克体育中心(图3-5-18),被誉为"东荷西柳",位于济南东部新区,已经成为济南市标志性建筑。它占地81公顷,是一组象征济南文明、展示现代风貌的奥林匹克体育中心建筑群。

图 3-5-18 济南奥林匹克体育中心

济南奥林匹克体育中心东面是荷花形体育馆（东荷），两侧的游泳馆和网球馆对称环抱中心体育馆。体育馆占地面积3.1公顷，建筑面积5.9万平方米，巨大的三层"索支穹顶"，是世界上最大跨度的弦支穹顶结构，最大直径122米。奥林匹克体育中心体育馆也许是世界上最大的一朵荷花：13 000个座位的主馆由36片自下而上形成的银色花瓣覆盖包裹，旁边两片银色的荷叶是南北两座各约4 000平方米的训练馆及室外篮球训练场。设计师没有把荷叶设计为圆形，而是设计为弯月形，两片弯如新月的叶子，衬托荷花造型的主体育馆；而两个"月"字放在一起，寓意朋友的"朋"字。东荷体育馆更多地熔铸了儒家风范，将泉城人的情感、希望和寄托凝为一脉："有朋自远方来共圆精彩。"

济南奥林匹克体育中心西面是主体育场（西柳），设计者以轻柔飘逸的柳叶为创意，70米宽的单片柳叶，主脊挺拔，叶面向内回折成V形，那是拥抱的姿态、祝福的语言；330米长的柳叶深深地弯下腰，呈90°垂直，从高处俯瞰，又是一个"V"字母。

※ 5.4 梁思成

梁思成（1901—1972），籍贯广东新会，生于日本东京，毕生致力于中国古代建筑的研究和保护，是建筑历史学家、建筑教育家和建筑师，是中国建筑教育的奠基人之一，是中国古建筑研究的先驱者之一，是中国古建筑和文物保护工作的倡导者之一（图3-5-19）。

5.4.1 梁思成的建筑思想

梁思成是中国近现代著名的建筑教育家，一生致力于古建筑和文物的保护与研究工作，他对中国建筑的发展起到了重大作用。

图3-5-19 梁思成

说到梁思成的建筑思想不得不提到他的《清式营造则例》，该书是我国第一本以现代科学的观点和方法总结中国古代建筑构造做法的读物。该书旨在从建筑学的角度对"官式"建筑的做法和清代营造原则做一个初步介绍。梁思成坚持古建筑保护的建筑思想，他曾经说过"古建筑绝对是宝，而且越往后越能体会它的宝贵"，并且提出了一系列的建议：

第一，他认为，"保护之法，首须引起社会的注意，使知建筑在文化上之价值，……是为保护之治本办法"。古建筑保护要靠人民的认识。

第二，他认为，"古建保护法，尤须从速制定，颁布，施行……"古建筑保护要立法，需要政府切实负起保护古建筑责任来。

第三，主持古建筑修葺及保护的，"尤须有专门知识，在美术、历史、工程各方面皆精通博学，方可胜任"，即古建筑工作要训练有素的专家参与或主持。

此外，梁思成的建筑教育思想（认为不仅培养个体建筑工程师，还要造就广义的体形环境的规划人才）也是他建筑思想的一部分，集中体现了他对建筑学科研究的全面认识，也反映了他作为一个杰出的建筑家对学科发展方向的敏锐程度的把握。梁思成的建筑教育思想也是中国近现代建筑思想的一部分，代表了近代中国建筑家对现代主义认识的一个高度。

5.4.2 梁思成的主要成就

梁思成一生中，除了在建筑教育、城市规划等方面做出的开拓性的不朽贡献之外，最为突出的是古建筑文物的保护与调查研究工作。他在中国营造学社的 10 多年间，在他身体最强壮的年纪，在极端艰苦的条件下，运用近代科学技术对我国众多有价值的古建筑进行了勘察、测绘、制图并结合历史文献资料和对老匠师们的采访，写出了《清式营造则例》《中国建筑史》《中国雕塑史》等专著和《蓟县独乐寺观音阁山门考》《正定古建筑调查纪略》《记五台山佛光寺的建筑》等众多的调查报告与学术论文，为我国建筑的研究与保护奠定了深厚的基础。

5.4.3 梁思成建筑奖

"梁思成建筑奖"是授予中国建筑师的最高荣誉奖。该奖以中国近代著名的建筑家和建筑教育家梁思成先生命名，以表彰奖励在建筑设计创作中做出重大贡献和取得优秀成绩的杰出建筑师。自 2001 年起，本奖每两年评选一次，每次设梁思成建筑奖 2 名，梁思成建筑提名奖 2 至 4 名。每位获得梁思成建筑奖的人员，将从梁思成奖励基金中获得 10 万元人民币的奖励，同时获得获奖证书和奖牌。中国著名建筑师吴良镛、何镜堂、张锦秋等人曾获此殊荣。

※ 5.5 王澍

王澍（图 3-5-20），中国当代建筑师，2012 年度普利兹克建筑奖得主，生于 1963 年，祖籍山西交口县野家坡村，生于新疆乌鲁木齐，中学毕业于西安中铁一局西安中学，1981 年后游学江南。现任中国美术学院建筑艺术学院院长。

图 3-5-20　王澍

5.5.1 王澍的建筑理念

1. 文化观

作为中国新锐建筑师代表，王澍的建筑理念不同于其他新锐建筑师，如张永和等。他将概念设计引入中国，这同他的赴美求学经历有关，并从国外带回来了先进的工作方式和设计手法，比如刘家琨的建筑设计手法，王澍评论刘家琨的建筑设计手法更强调图纸、模型的推敲。但对于王澍来说，建筑的营造更加富于生活化，对于他来说，施工现场的工匠师傅们更会给他带来灵感，感受一个建筑的场所更在于感受建筑所处的环境，环境所处的历史场所和自然场所对于王澍来说是历史和现实的交汇点。感受前人带来的历史感受和现实环境的个人解读也许是王澍的出发点，对于他来说，建筑的轮廓在他感受场所的那一刻就已经产生了，比如他设计的中国美院象山校区方案，建筑的营造更多体现了历史文脉和环境场所，建筑的屋顶同远处的山形相近，白墙灰瓦下映衬出江南聚落的历史景象；在杭州这样一个城市化快速发展的区域，中国的城镇结构非常模糊几近崩溃，如何找回失落的城市记忆，找回曾经的城市文脉，这正是王澍思考的出发点，也正是基于这一点，宁波博物馆得以延续这一场所精神。

2. 环境观

场地对于建筑师的一般意义更多是从功能入手，在合理的退界之后，选择合理的出入口，在指标的控制之下进行建筑的功能形体设计。对于大多数建筑师来说这是再合理不过的程序了，建筑更多是满足业主的要求，再多一些空间留给建筑师的也不过是在建筑的造型上再加一个类似山花的装饰，建筑更多是一个被使用的盒子，而建筑的场所和所处的历史环境往往很少被注意到，因此城市中众多的商品建筑，除了炫耀一身华丽的外衣和姿态以外，没有自己的归属和文化特性，很难让人亲近和认同，这是一种失败的环境策略。当人们对于自己生活的城市越来越陌生的时候，人们从内心失去了自我的文化认同感，不能不说这是整个城市文化的消失和没落，从某种意义上说这也是一个民族的悲剧，这也是中国的建筑师应该反思的，在这一点上王澍走在了同行的前列，给了我们些许思考。

要使建筑融入环境，体现城市的文化走向，肯定自身的文化根基，就要从城市的文化源头开始，找回快要消失的文化碎片，挖掘整理。十几年间王澍出没于江南的大街小巷，追踪民间工匠的传统营造足迹，记录着点点滴滴，他考察的不仅仅是传统的营造技术，还有传统的生活状态，从那些黑瓦、青砖、竹胶板、竹坯子、沙石灰里寻找文化根源性的东西。

3. 技术观

王澍的建筑作品中，很少能看到大片的玻璃幕和钢结构技术，而更多的是不被大多数建筑师利用的青砖、灰瓦和竹片，朴素大方。在当今这样一个能源大肆浪费的社会背景下，建筑师的思路对于城市的作用是一个风向标，如何回应这样一个节能、可持续的世界话题，需要建筑师的思考。王澍的建筑材料更多来自拆迁现场的回收利用，在他做象山校区时，后期的 6 万片灰瓦来自拆迁的建筑中，走廊的栏杆和百叶窗来自当地盛产的竹片，建筑的营造并没有出现大量的钢结构，更多是经济的混凝土技术；在其设计的宁波历史博物馆中，建筑的材料来自就地拆除的废旧建筑，就地取材，变废为宝，不得不说王澍的建筑更加符合时代的要求。

中国城市化发展的今天，建筑师的责任不再是建造漂亮的房子，更重要的是延续中国本土固有的民族文化。认同传统文化的意义，不仅仅在于建筑学的意义，更在于对中国几千年延续下来的生活方式和价值观的保护，王澍教授对于中国传统文化的传承起到了示范性作用。

5.5.2 王澍的主要成就

1. 宁波历史博物馆

宁波历史博物馆（图 3-5-21）由首位获得世界建筑学最高奖普利兹克建筑奖的中国籍建筑师得主王澍领衔设计，于 2006 年破土动工，投资 2.5 亿，历时 3 年建成。建筑用地面积 4.33 公顷，建筑面积 30 000 平方米，主要采用竹条模板混凝土、回收旧砖瓦和石材材料建成。

宁波历史博物馆采用了不规则的外立面，一半建筑用混凝土做外立面，表面用了许多剖开的毛竹做传统

图 3-5-21　宁波历史博物馆

的"壳子板",使建筑外立面的混凝土自然凹凸,富有变化,并具有粗犷质感;另一半建筑的外表面用城区拆卸的老房子的旧砖瓦加以装饰,充分放大了慈城农民建房时期废物加以利用的方法,因此,宁波历史博物馆是中国农民建设历史的文化传承,具有中国传统,吸引了世界的眼球。

宁波博物馆的外立面的开窗法以及装饰性外墙采用浙东地区瓦爿墙和特殊模板清水混凝土墙。瓦爿墙的面积是 1.2 万平方米左右,约占整个博物馆外墙的一半。立面外墙面整体垂直,却又在个别处具微妙倾斜,其中垂直处采用瓦爿墙,倾斜处是特殊模板成型的清水混凝土墙,全长 144 米,最高处达 24 米,每平方米需要 100 块左右的旧砖瓦。这也就是说,宁波博物馆所用的旧砖瓦在百万块以上。这些旧砖瓦来自宁波周边地区,大多是宁波旧城改造时存留下来的,主要有青砖、龙骨砖、瓦,甚至还有打碎的缸片,年代多为明清至民国期间,甚至有部分是汉晋时期的古砖。这种处理方法相当于把宁波历史砌进了博物馆,这与博物馆本身"收集历史"的理念是吻合的。另一方面从外部效果来看,不同年代的砖瓦交叉融合显得墙面更加灵动自然,建筑顶部的几抹色彩更是点睛之笔。

倾斜的清水混凝土墙采用的是特殊模板,这些模板是用毛竹做成的,利用毛竹板随意开裂后的肌理呈现出一种自然的效果,既解决了混凝土材料自身的冰冷刚硬的特点又使清水混凝土墙与瓦爿墙完美地融合。当然对于王澍来说,他的建筑并不仅仅是表面的建筑,他的思想在建筑的任何一个细小的部位都能够体现出来。比如说他的建筑中吊顶的构造颇有新意,与传统吊顶不同的是结构下面加筑了一层编织的金属网,金属件上面固定有混凝土条,这些混凝土条随意交错排列,有一种竹条编制的吊顶的错觉。瓦爿墙只是博物馆的一道装饰性外墙,它内衬钢筋混凝土墙和使用新型轻质材料的空腔,使建筑在达到特殊的地域文化意味的同时,获得了更佳的节能效果。

2. 宁波滕头案例馆

宁波滕头案例馆(图 3-5-22)位于上海世博园的城市最佳实践区北部,与西安大明宫展馆和沙特麦加馆为邻。展馆占地 758.5 平方米,建筑面积 1 500 平方米,长 53 米,高 13 米,宽 20 米,室内使用面积约 1 100 平方米,为两层叠合结构的独立建筑。

图 3-5-22 宁波滕头案例馆

宁波滕头案例馆的外观古色古香,门、窗、墙体、屋顶等运用的建筑元素体现了江南民居特色,其将空间、园林进行生态化的有机结合,表现了城市与乡村的互动,凸显了宁波"江南水乡、时尚水都"的地域文化,展示了生态环境、现代农业技术成就以及宁波滕头人与自然和谐相处的生活。

滕头馆的黑白相间的民居风格的外墙是用 50 多万块废瓦残片堆砌的。它们是建筑单位的员工历经半年时间,奔走于象山、鄞州、奉化等地的大小村落,从废弃的工地里收集来的,其中包括元宝砖、龙骨砖、屋脊砖等，年龄全部超过百年。展馆内墙同样吸引人们的目光：在厚厚的水泥墙上，凸显的纹理竟是竹片肌理，仿佛是排排并列的圆竹从中剖开后固化在了墙上。这是宁波工匠采用独有的竹片模板制作技艺制成的"竖条毛竹模板清水混凝土剪力墙"。

宁波滕头案例馆以宁波滕头村为切入点，以"新乡土、新生活"的理念，从"天籁地籁""天动地动""天和人和"三个板块，充分反映了宁波城乡和谐发展的生动实践。作为"世界唯一乡村"案例，入选城市最佳实践区。

※ 5.6 马岩松

马岩松（图 3-5-23），1975 年出生于北京，曾就读于北京建筑工程学院（现北京建筑大学），后毕业于美国耶鲁大学。马岩松于 2004 年成立 MAD 建筑事务所，主持设计了一系列标志性建筑及艺术作品，包括卢卡斯叙事艺术博物馆、加拿大"梦露大厦"、鄂尔多斯博物馆、哈尔滨文化岛、朝阳公园广场、鱼缸、胡同泡泡。2010 年，英国皇家建筑师协会（RIBA）授予他 RIBA 国际名誉会员，2014 年他被世界经济论坛评选为"2014 世界青年领袖"。现任教于北京建筑大学。

图 3-5-23　马岩松

5.6.1　马岩松的建筑理念

马岩松说："对于我们，更重要的是传播我们的理念，建筑要最大可能地满足人的需求，这是必然的未来。中国最重要的传统是具有强大的创造力，这是决定我们的民族一直在不断发展的非常重要的因素。而建筑的创造，重要的不是形式，更不是仿照，而是用最有效率的付出，实现最大的意义。我们的建筑绝不是追求形式上的新奇怪异，而是要创造未来。"

5.6.2　马岩松的主要成就

1. 梦露大厦

梦露大厦（The Absolute Tower），由两栋全是曲线的大厦组成，是加拿大密西沙加市地标建筑（图 3-5-24）。梦露大厦的设计思路是：连续的水平阳台环绕整栋建筑，传统高层建筑中用来强调高度的垂直线条被取消了，整个建筑在不同高度进行着不同角度的逆转，来对应不同高度的景观文脉。设计师马岩松希望梦露大厦可以唤醒大城市里的人对自然的憧憬，感受阳光和风对人们生活的影响。梦露大厦其中一座有 56 层，每一层平面都是一模一样的椭圆，但随着楼层升高，它们在旋转着不同的角度。从 1 层到 10 层，每层旋转 1 度；11 层到 24 层，每层旋转 8 度；26 层到 40 层，每层旋转 8 度；41 层到 50 层，每层旋转 3 度；最后 6 层，每层旋转 1 度。二维不变的 56 个椭圆平面就这样形成了性感的、变化的三维曲面。由梦露大厦可以看出，设计不再屈服于现代主义的简化原则，而是表达出一种更高层次的复杂性，来更多元地接近当代社会和生活的多样化，满足多层模糊的需求。

2. 中国湖州喜来登温泉度假酒店

中国湖州喜来登温泉度假酒店（图3-5-25），俗称"月亮酒店"，由上海飞洲集团投资修建。这座国内首家水上白金七星级酒店，位于似海非海的太湖南岸，是中国湖州"世界第九湾"的标志性建筑。其令人耳目一新的指环形状，被网友戏称为"马桶盖"，可谓国际首创，国内独一无二的建筑造型。

马岩松从中国古典建筑中汲取灵感，融入湖州水墨文化气息，力求以现代的手法表现水文化。马岩松认为，在中国古典建筑里，拱桥是一个重要的元素，因此产生了酒店外观"指环"的造型。建成后的酒店倒映在泛起圈圈涟漪的太湖中，就像是一轮明月的倒影，这是对中国传统文化的一种全新阐释。同时，环形在中国的文化中代表了团圆和完美，这也恰恰映衬了喜来登这一品牌的核心定位"世界在此汇聚"。湖州喜来登温泉度假酒店由多支世界顶尖设计团队操刀建设。酒店主体为27层指环形建筑，"指环"两侧分别使用"翡翠"和"水晶"来命名，总高度达101.2米，宽116米，其中星罗棋布地点缀着282间现代奢华的客房和套房。一侧的裙楼内主要分布宴会会议设施和中餐厅，而悬浮在太湖之滨的婚礼岛是户外派对和婚礼庆典的绝佳场所。另外，于2013年底正式开放的39栋独立温泉别墅为宾客提供了顶级私密的入住享受。酒店坐拥南太湖之滨绝佳地块，总面积达49 870平方米。

图3-5-24 梦露大厦

图3-5-25 喜来登温泉度假酒店

第6章 世界建筑大师

※ 6.1 勒·柯布西耶

勒·柯布西耶（Le Corbusier，1887—1965），原名 Charles Edouard Jeannert-Gris，是20世纪最重要的建筑师之一，是现代建筑运动中的激进分子和主将，被称为"现代建筑的旗手"（图3-6-1）。他和瓦尔特·格罗皮乌斯、路德维希·密斯·凡德罗以及弗兰克·洛依德·赖特并称为四大现代建筑大师。

勒·柯布西耶是一名想象力丰富的建筑师，他对理想城市的诠释、对自然环境的领悟以及对传统的强烈信仰和崇敬都相当别具一格。作为一名具有国际影响力的建筑师和城市规划师，他是善于运用大众风格的稀有人才——他能将时尚的滚动元素与粗略、精致等因子进行完美的结合。勒·柯布西耶提出了他的五个建筑学新观点（一些人将其比作五个古典的柱型），其思想于1926年公布于众。这些观点包括：底层架空柱、屋顶花园、自由平面、自由立面以及横向长窗。人们将这个建筑时代比作为机器时代，勒·柯布西耶不仅是我们这个时代最具影响力的建筑师，同时，也是一位著名的社会改良主义者。在考察整个城市中的伟大建筑、宽敞的空间、树木和雕像等方面时，他都充满了激情。1965年8月27日，勒·柯布西耶在 Cap Martin 海湾游泳时因心脏病发作而与世长辞。

按照"新建筑五点"的要求设计的住宅由于采用框架结构，墙体不再承重。在以后产生的建筑中，勒·柯布西耶充分发挥这些特点，在20世纪20年代设计了一些同传统的建筑完全异趣的住宅建筑。勒·柯布西耶的建筑思想可分为两个阶段：20世纪50年代以前是合理主义、功能主义和国家样式，以1929年的萨伏伊别墅和1945年的马赛公寓为代表，这个时期的许多建筑结构承重墙被钢筋水泥取代，而且建筑往往腾空于地面之上；20世纪50年代以后勒·柯布西耶转向表现主义、后现代主义，朗香小教堂（图3-6-2）以其富有表现力的雕塑感和它独特的形式使建筑界为之震惊，并完全背离了早期古典的语汇，这是现代人所建造的最令人难忘的建筑之一。在家具设计中，勒·柯布西耶则以豪华而舒适的钢管构架躺椅著称于世，他设计的家具几乎成为20世纪20年代优雅生活的象征。

图3-6-1 勒·柯布西耶

图3-6-2 朗香小教堂

6.1.1 萨伏伊别墅

勒·柯布西耶设计的萨伏伊别墅（The Villa Savoye）（图3-6-3）是现代主义建筑的经典作品之一，位于巴黎近郊的普瓦西（Poissy），设计于1928年，1930年建成，使用钢筋混凝土结构。宅基为矩形，长约22.5米，宽为20米，共三层。底层三面透空，由支柱支起，内有门厅、车库和仆人用房。二层为起居室、卧室、厨房、屋顶花园和一个半敞开的休息空间。三层为主人卧室和屋顶花园。这幢房子表面看来平淡无奇，只运用简单的柏拉图形体和平整的白色粉刷外墙，简单到几乎没有任何多余的装饰的程度，唯一的可以被称为装饰的部件是横向长窗，其给人以更多的阳光。第二次世界大战后，萨伏伊别墅被列为法国文物保护单位。

图3-6-3　萨伏伊别墅——屋顶花园
（a）整体结构；（b）室内一角；（c）底层支柱；（d）屋顶花园

底层房屋三个侧面都是柱廊（五柱式，巴洛克式建筑的风格之一），廊柱将建筑的重心抬高，给人们以飘浮的视觉感受。"飘浮"的结构改变了传统的花园环绕的生活方式，同时也使勒·柯布西耶找到了理想生活范本的物质载体。他认为屋顶花园是补偿自然的一种方法，"意图是恢复被房屋占去的地面"。

总体而言，萨伏伊别墅在建筑设计上主要有如下特点：

（1）模数化设计——这是勒·柯布西耶研究数学、建筑和人体比例的成果；

（2）简单的装饰风格；

（3）纯粹的用色——建筑的外部装饰完全采用白色，这是一个代表新鲜的、纯粹的、简单和健康的颜色；

（4）开放式的室内空间设计；

（5）专门对家具进行设计和制作；

（6）动态的、非传统的空间组织形式——尤其是使用螺旋形的楼梯和坡道来组织空间；

（7）屋顶花园的设计——使用绘画和雕塑的表现技巧设计的屋顶花园；

（8）车库的设计——特殊的组织交通流线的方法，使得车库和建筑完美地结合，使汽车易于停放而又不会使车流和人流交叉；

（9）雕塑化的设计——雕塑感。

6.1.2 朗香教堂

朗香教堂（The Pilgrimage Chapel of Notre Damedu Hautat Ron-champ），又译为洪尚教堂，位于法国东部索恩地区距瑞士边界几英里的浮日山区，坐落于一座小山顶上，1950—1953年由勒·柯布西耶设计建造，1955年落成。朗香教堂的设计对现代建筑的发展产生了重要影响，被誉为20世纪最为震撼、最具有表现力的建筑。梁思成先生曾经评论说："郎[朗]香教堂像一艘驶向远方的大船，又像一顶荷兰牧师的帽子，也像祈祷合掌的双手，是扣在山顶上的僧帽。"这座教堂虽然不大，但是它的与众不同的特点和造型吸引了大量的朝圣者和游客，与其说它是一座经典建筑，还不如说它是一座雕塑。

朗香教堂那奇特的大屋盖的灵感来源于螃蟹与飞机。1947年，勒·柯布西耶在纽约长岛的沙滩上找到一只空蟹壳，发现它的薄壳坚固到连他站上去也压不破，于是他就把这蟹壳收集到"诗意的物品"中。而朗香教堂的屋盖由两层薄薄的钢筋混凝土板合成，中间的空当有两道支撑隔板。勒·柯布西耶的一幅草图表示这种做法仿自飞机机翼的结构。

朗香教堂有3个竖塔，上端设置侧高窗，天光从窗孔进入，循着井筒的曲面折射下去，照亮底下的小祷告室，光线神秘柔和。这一灵感来源于1911年他参观罗马建筑时发现一座岩石中挖出的祭殿的光线，是由管道把上面的天光引进去的，这被勒·柯布西耶称为"采光井"。

朗香教堂的墙面处理和南立面上的窗孔开法与勒·柯布西耶1931年在北非所见的民居有关。摩扎比人的后墙窗口朝外面扩大，形成深凹的八字形，自内向外视野扩大，自外边射进室内的光线又能分散开来。

朗香教堂的屋顶，东南最高，向上纵起，其余部分东高西低，造成东南两面的轩昂气势，这个坡度很大的屋顶也有收集雨水的功能。屋面雨水全都流向西面的一个水口，经过伸出的一个泄水管注入地面的水池。这个造型奇特的泄水管也有其来历，它来源于美国一个水库大坝上的水口。

6.1.3 马赛公寓

马赛公寓（图3-6-4）是由设计师勒·柯布西耶设计的，不但成为其野性主义设计风格的代表作，更是现代主义设计风格中的经典。这所原来可容纳1600名马赛工人居住的公寓楼，如今已是许多德国中产阶级向往的居所，这幢公寓外形方正，似乎略显沉重，但是外观上钢筋水泥土裸露的毛糙，展现了一种男人的力量。这是设计史上一个著名的化腐朽为神奇的范例。马赛公寓仿佛一只诺亚方舟，载着一个失落的小世界。事实上，一方面马赛公寓拥有绝对的个人私密性，家庭的每个成员都拥有像修道士那样的小私室，每一个公寓单元都是隔音的，也都像住在山洞里一般；另一方面它与周围的山光水色保持直接的接触，同时社交的机能又被大大夸张，勒·柯布西耶实际上设计了多达26种不同的社交空间。

在设计马赛公寓的过程中，勒·柯布西耶运用文艺复兴时期达·芬奇的人文主义思想，演变出一套"模数"系列，这套"模数"以男子身体的各部分尺寸为基础形成一系列接近黄金分割的等比数列,他套用"模数"来确定建筑物的所有尺寸。马赛公寓的出现进一步体现了勒·柯布西耶的"新建筑的五个特征",建筑被巨大的支柱支撑着,看上去像大象的四条腿,它们都是由未经加工的混凝土做的,也就是大家都知道的粗面混凝土。它是勒·柯布西耶在那个时代所使用的最主要的技术手段,立面材料形成的粗野外观与战后流行的全白色的外观形式形成鲜明对比,引起当时评论界的争论,一些瑞士、荷兰和瑞典的造访者甚至认为表面的痕迹是材料本身缺点和施工技术差所致,但这是勒·柯布西耶刻意要产生的效果,他试图将这些"粗鲁的""自发的""看似随意的"的处理与室内精细的细部及现代建造技术并置起来,在美学上产生强烈对比的感受。事实上,这些被称为"皱褶""胎记"的特定词汇,是一定历史阶段的沉积,是历史的痕迹,也是人类发展过程的缩影,它们描述了时间的流逝和时光的短暂。

图 3-6-4　马赛公寓

※ 6.2　贝聿铭

贝聿铭(图3-6-5),美籍华人建筑师,1983年普利兹克建筑奖得主,被誉为"现代建筑的最后大师"。贝聿铭为苏州望族之后,出生于广东省广州市,父亲贝祖贻曾任中华民国中央银行总裁,也是中国银行创始人之一。贝聿铭与法籍华人画家赵无极、美籍华人作曲家周文中,被誉为海外华人的"艺术三宝"。也许有人会说,建筑是科学,为何与艺术并列,但是世界建筑界人士都知道,贝聿铭不仅是杰出的建筑科学家,"用笔和尺"建造了许多华丽的宫殿,他更是极其理想化的建筑艺术家,善于把古代传统的建筑艺术和现代最新技术熔于一炉,从而创造出自己独特的风格。贝聿铭说:"建筑和艺术虽然有所不同,但实质上是一致的,我的目标是寻求二者的和谐统一。"事实证明对于建筑艺术的执着追求是他事业成功的一个重要方面。

图 3-6-5　贝聿铭

6.2.1　肯尼迪图书馆

在美国的许多大城市中都能见到贝聿铭的"作品"。他设计的波士顿肯尼迪图书馆(图3-6-6),

被誉为美国建筑史上最杰出的作品之一。肯尼迪图书馆是本着让其成为公共的文化中心，而非一块私人领地的初衷而设计的，所以建筑前面连肯尼迪的塑像也没有。图书馆的展览内容也和建筑本身保持一致，不以歌颂和宣传为目的，而是尽量让人身临其境。馆内用了大量肯尼迪本人的影像资料，由他自己的历史资料来讲述自己的一生。

图书馆并非处于同一水平线上，一些空间低于地面，而建筑中最动情的因素留于地表。图书馆由一个10层楼高的三角形塔（主要用于放置文档、教育和行政），两层的展示基地（展示基地及能够容纳300人的剧院）和110英尺高的纪念幕组成，整个搭配和谐一致。

图 3-6-6　肯尼迪图书馆

进入馆内迎面而来的是一个小剧场，其用来放映肯尼迪生平的电影，这部大约时长15分钟的电影介绍了他富裕的家庭及其童年、少年的一些成长经历。影片在肯尼迪当选民主党总统候选人时戛然而止，并请观众亲自走进肯尼迪1 000天的总统历程。

出了小剧场，则进入实物展厅，竞选的场面扑面而来，其再现了1960年洛杉矶民主党大会确定肯尼迪为35届总统获选人的情景，展厅中挂着支持肯尼迪的标语、旗帜和竞选的各种用品，墙上的屏幕播放着肯尼迪当年在提名大会上讲演的原声影像资料。

接下去的展览让参观者有了进入白宫的错觉，仿制的白宫走廊、椭圆形办公室、第一夫人居室让人身临其境地感受肯尼迪的总统生活，展厅内还展示了大量世界各国政要及友人所送的贵重礼品。

走进一条不长的黑色隧道，迎面而来巨大的黑色玻璃幕墙，这里几乎是个室内广场，10层楼高的玻璃幕墙由黑色钢架支撑，除从顶部垂下一面巨大的美国国旗，其他什么也没有。从玻璃墙往外看，非常明亮，波士顿港，多切斯特海湾，海天一色，尽收眼底。建筑师的创意精髓，展览设计者的良苦用心，都发挥得淋漓尽致。游人得到的是巨大感触和情感冲击。

6.2.2　华盛顿国家艺术馆东大厅

在贝聿铭设计的众多的建筑物中，华盛顿国家艺术馆东大厅（图3-6-7）最令人叹为观止。美国前总统卡特称赞说："这座建筑物不仅是首都华盛顿和谐而周全的一部分，而且是公众生活与艺术之间日益增强联系的艺术象征。"

东馆的地理位置十分显要。它东望国会大厦，南临林荫广场，北面斜靠宾夕法尼亚大道，西隔100余米正对西馆东翼，而它所处的地形却是建筑师们颇难处理的不规则四边形。为了使

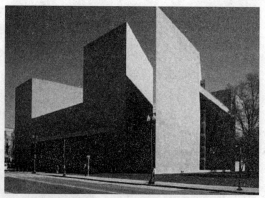

图 3-6-7　华盛顿国家艺术馆东大厅

这座建筑物能够同周围环境构成高度协调的景色，贝聿铭精心构思，创造性地把不同高度、不同形状的平台、楼梯、斜坡和廊柱交错相连，给人以变幻莫测的感觉。阳光透过蜘蛛网似的天窗，从不同的角度射入，自成一幅美丽的图画。这座费时10年，耗资近亿美元建成的东馆，被誉为"现代艺术与建筑充满创意的结合"。贝聿铭用一条对角线把梯形分成两个三角形。西北部面积较大，是等腰三角形，底边朝向西馆，以这部分做展览馆。三个角上突起的断面为平行四边形的四棱柱体。东南部是直角三角形，为研究中心和行政管理机构用房。对角线上筑实墙，两部分只在第四层相通。这种划分使两大部分在体形上有明显的区别，但整个建筑又不失为一个整体。

东馆的展览室可以根据展品和管理者的意图调整平面形状和尺寸，有些房间还可以调整天花板高度，这样就避免了大而无当，而取得真正的灵活性，使观众觉得艺术品的安放各得其所。按照布朗的要求，视觉艺术中心带有中世纪修道院和图书馆的色彩。七层阅览室都面向较为封闭的、光线稍暗的大厅，力图创造一种使人陷入沉思的神秘、宁静的气氛。东馆内外所用的大理石的色彩、产地以至墙面分格和分缝宽度都与西馆相同。但东馆的天桥、平台等钢筋混凝土水平构件用枞木做模板，表面精细，不贴大理石。混凝土的颜色同墙面上贴的大理石颜色接近，而纹理质感不同。

建筑界人士普遍认为贝聿铭的建筑设计有三个特色：一是建筑造型与所处环境自然融合；二是空间处理独具匠心；三是建筑材料考究和建筑内部设计精巧。这些特色在东馆的设计中得到了充分的体现。

6.2.3　苏州博物馆新馆

2006年10月建成的苏州博物馆新馆，其设计者为著名的建筑设计大师贝聿铭。

苏州博物馆新馆（图3-6-8、图3-6-9）选址位于历史保护街区范围，紧靠世界文化遗产拙政园和全国重点文物保护单位太平天国忠王府。具体在忠王府以西，东北街以北，齐门路以东和拙政园以南地块，占地面积约10 750平方米。该地块被贝聿铭先生称为"圣地"，在这一地块上设计博物馆是"人生最重要的挑战"，"在这里设计博物馆很难很难，既要有传统的东西，但又一定要有创新，传统的东西就是要运用传统的元素，让人感到很协调、很舒服；创新的东西就是要运用新的理念、新的方法，让人感到很好看，有吸引力，因为时代是在发展的"。

第6章 世界建筑大师

图 3-6-8　苏州博物馆新馆（一）

在整体布局上，新馆巧妙地借助水面，与紧邻的拙政园、忠王府融会贯通，成为其建筑风格的现代化延续。新馆建筑群坐北朝南，被分成三大块：中央部分为入口、中央大厅和主庭院；西部为博物馆主展区；东部为次展区和行政办公区。这种以中轴线对称的东、中、西三路布局，和东侧的忠王府格局相互映衬，十分和谐。

图 3-6-9　苏州博物馆新馆（二）

新馆与原有拙政园的建筑环境既浑然一体、相互借景、相互辉映，符合历史建筑环境要求，又有其本身的独立性，以中轴线及园林、庭园空间将两者结合起来，无论空间布局和城市机理都恰到好处。

同时新馆设计也借鉴了苏州古典园林的风格，庭园中的竹和树，姿态优美，线条柔和，在与建筑刚柔相济的对比中，产生了和谐之美。紫藤园西南方的那棵紫藤树，嫁接着从明代书画家文徵明手植的紫藤上修剪下来的枝蔓，以示延续苏州文化的血脉。同时也结合了传统的苏州建筑风格，把博物馆置于院落之间，使建筑物与其周围环境相协调。博物馆的主庭院等于是北面拙政园建筑风格的延伸和现代版的诠释，但又不完全同于传统，新馆的庭院，小的展区，以及行政管理区的庭院在造景设计上就摆脱了传统的风景园林设计思路。而新的设计思路意在为每个花园寻求新的导向和主题，把传统园林风景设计的精髓不断挖掘提炼并形成未来中国园林建筑发展的方向。

※ 6.3　安藤忠雄

安藤忠雄（图 3-6-10）是当今最为活跃、最具影响力的世界建筑大师之一，也是一位从未接受过正统的科班教育，完全依靠本人的才华禀赋和刻苦自学成才的设计大师。在30多年的时间里，他创作了近150项国际著名的建筑作品和方案，获得了包括有建筑界"诺贝尔奖"之称的普利兹克建筑奖等在内的一系列世界建筑大奖。安藤开创了一套独特、崭新的建筑风格，以半制成的厚重混凝土，以及简约的几何图案，构成既巧妙又丰富的设计效果。安藤的建筑风格静谧而明朗，为传统的日本建筑设计带来划时代的启迪。他注重形式美与实用性相统一，他的突出贡献在于创造性地融合了东方美学与西方建筑理论；遵循以人为本的设计理念，提出"情感本位空间"的概念，注重人、建筑、自然的内在联系。安藤忠雄还是哈佛大学、哥伦比亚大学、耶鲁大学的客座教授和东京大学教授，其作品和理念已经广泛进入世界各个著名大学建筑系，使其成为年轻学子追捧的偶像。

图 3-6-10　安藤忠雄

安藤认为："建筑并不是一个人的作品，而是整个社会环境的一部分。如果建筑作品是美术馆之类的，那它的主角并不是建筑师，也不是建筑作品，而是在这个空间中将要展出的展品和前来参观的民众。如果建筑作品是住宅之类的，那么它的主角则是居住在其中的人们，它的目的是让人们能够很愉快、很安宁地居住在里面。倘若真能如此，生活、创作的本质便不容易背离，浮躁、虚荣、喧嚣和争夺似乎也可远离。"

6.3.1　住吉长屋

1976 年建成的大阪市住吉区的住吉长屋（图 3-6-11），是安藤忠雄的成名作，也是其代表作之一。安藤自己对这座建筑也有一番评价："这个小住宅是我后来作品的起点，它是我值得纪念的建筑，也是我所钟爱的建筑之一。这栋房子是三幢联立住宅中间的一个矩形插入体。我的基本构思是揳入一个混凝土盒子，并在其间创造一处世外桃源和一个由多样化空间和动态直线组合的简洁构成"。

图 3-6-11　住吉长屋

住吉长屋在日本大阪传统民居的基础上引入了现代住宅的概念，而作为利用西方发明的混凝土和钢材为主要建筑材料的住宅，其又充分体现出日本人的生活习惯和民族特点。住吉长屋是在一个十分小的空间内完成的，要考虑到与四周民居的统一，因为所要做改建的长屋与其他长屋是一个整体，地基和大梁都是通用的。一般的建筑师可能只是将其内部做一些改造，装饰一下而已，而安藤成功解决了以上各种问题，使其成为安藤早期最优秀的作品，也成为经典建筑之一，正是住吉长屋使他日后逐步走向了世界。住吉长屋获得 1979 年日本建筑学会奖。所以住吉长屋给我们的启示是不能简单地观赏建筑外形,还要深刻地体会其建筑内涵和建筑风格。

住吉长屋具有如下建筑特点:

(1) 住吉长屋采用的建筑材料是非常普通的混凝土和钢材,其受力体系十分清楚简单。钢筋混凝土现浇板和钢筋混凝土现浇的二层过道,经混凝土剪力墙将压力传到基础,十分经济。现浇模拆除后会留下很多矩形图形,安藤就将这些巨型图案做了一些简单的处理而使其成为内外墙的饰面,显得淡雅、朴素。

(2) 屋内则采用自然材料,地板为木材或者石材,家具全部采用木质材料,充分体现出日本人对自然的热爱,并让住户得到精神上的慰藉。

(3) 长屋的所有墙面都开有通风的小地窗,长屋与相邻的住宅间留有10厘米的缝隙用以通风,因此它是一座没有空调设备也可以生活的节能型住宅,这一细微的设计可谓是独具匠心,别出心裁。地窗位置在剖面图中有明确标注。

(4) 长屋对外没有设置一个窗户。从外部来看就像一个封闭式的火柴盒,内部似乎是没有光线的黑洞。但是进入内部就会发现,因为中间有一个庭院,住宅内部显得十分明亮,足可以让来者大吃一惊。起居室并不是推开门就可以见到,而是转一个弯才能出现在人们的面前,这使建筑中光的效果更加显著。

(5) 此建筑还成功地利用了视差效果,从二层看中庭感觉似乎全是墙壁,而实际上墙高只有6厘米,在尺度上安藤竟做得如此细腻,充分地体现出安藤对建筑的严格要求,对建筑细节的特别留心。

6.3.2 光之教堂

光之教堂(图 3-6-12)是日本最著名的建筑之一。它是日本建筑大师安藤忠雄的成名代表作,因其在教堂一面墙上开了一个十字形的洞而营造了特殊的光影效果,使信徒们产生接近上帝的错觉而名垂青史。它获得了由罗马教皇颁发的20世纪最佳教堂奖。

图 3-6-12 光之教堂

光之教堂是安藤忠雄教堂三部曲(风之教堂、水之教堂、光之教堂)中最为著名的一座,光之教堂位于大阪城郊茨木市北春日丘一片住宅区的一角,是由现有的一个木结构教堂和牧师住宅扩建而成的。光之教堂没有一个显而易见的入口,只有门前一个不太显眼的门牌。进入它的主体前,必须先经过一条小小的长廊。这其实只是一个面积颇小的教堂,大约113平方米,能容纳约100人,但当人置身其中,自然会感受到它所散发出的神圣与庄严。人们在教堂内走动时,就会听到自己双脚与木地板接触时所发出的声响。

　　光之教堂的魅力不在于外部，而是在里面，那就像朗香教堂一样的光影交叠所带来的震撼力。然而朗香教堂带来的是宁静，光之教堂带来的却是强烈的视觉冲击。光之教堂的区位远不如前者那般得天独厚，成本上也没有太大的预算。但是，这丝毫没有局限安藤忠雄的想象世界。坚实厚硬的清水混凝土绝对的围合，创造出一片黑暗空间，让进去的人瞬间感觉到与外界的隔绝，而阳光从墙体的水平垂直交错开口里泄进来，那便是著名的"光之十字"——神圣，清澈，纯净，震撼。安藤以其抽象的、肃然的、静寂的、纯粹的、几何学的空间创造，让人类精神找到了栖息之所。

　　安藤忠雄在讲座中提道："其实大家都没懂光之教堂""很多人都说那十字形光很漂亮""我很在意人人平等，在梵蒂冈，教堂是高高在上的，牧师站得比观众高，而我希望光之教堂中牧师与观众人人平等，在光之教堂中，台阶是往下走的，这样站着的牧师与坐着的观众一样高，这样就消除了不平等的心理。这才是光之教堂的精华"。

6.3.3　水之教堂

　　水之教堂（图3-6-13）位于北海道夕张山脉东北部群山环抱之中的一块平地上。从每年的12月到来年4月这里都覆盖着雪，这是一块美丽的白色的开阔地。安藤忠雄和他的助手们在场里挖出了一个90米乘45米的人工水池，从周围的一条河中引来了水。水池的深度是经过精心设计的，以使水面能微妙地表现出风的存在，甚至一阵小风都能兴起涟漪。

图3-6-13　水之教堂

　　安藤忠雄将两个分别为10米见方和15米见方的正方形在面对池塘的平面上进行了叠合。环绕它们的是一道"L"型的独立的混凝土墙。人们在这道长长的墙的外面行走是看不见水池的，只有在墙尽头的开口处转过180°，才能看到水面。在这样的视景中，人们走过一条舒缓的坡到来到四面以玻璃围合的入口。这是一个光的盒子，天穹下矗立着四个独立的十字架。玻璃衬托着蓝天，使人冥思禅意。整个空间中充溢着自然的光线，使人感受到宗教礼仪的肃穆。

　　水之教堂的设计理念和材料结合了国际现代主义和日本传统审美意识，由于他注重并理解建筑工艺技术的重要性，安藤忠雄赢得了优秀建筑师和施工员的美称。他成功地完成了自己的使命，即恢复房屋与自然的统一。通过最基本的几何形式，他用不断变幻的光图成功地营造了个人的微观世界。除了一些抽象的设计理念，他的建筑更多是充分反映一种"安逸之居"的意念。

第4篇
建筑企业文化篇

我们应把社会的大效益放在第一位，建筑师应以整个社会为最大业主，这应该是每一个建筑师的追求。

——何镜堂（中国）

第7章 中国建筑名企文化

※ 7.1 中国建筑工程总公司

7.1.1 公司简介

中国建筑工程总公司（以下简称"中建总公司"）（图4-7-1）正式组建于1982年，其前身为原国家建工总局，是为数不多的不占有大量的国家投资，不占有国家的自然资源和经营专利，以从事完全竞争性的建筑业和地产业为核心业务而发展壮大起来的国有重要骨干企业。中建总公司是中国建筑业唯一具有房屋建筑工程施工总承包、公路工程施工总承包、市政公用工程施工总承包三个特级资质的企业；其立足于国内外两个市场，敢于竞争、善于创新，逐渐发展壮大成为中国最大的建筑房地产综合企业集团和中国最大的房屋建筑承包商，是发展中国家和地区最大的跨国建筑公司以及全球最大的住宅工程建造商，长期位居中国国际工程承包业务首位。

图4-7-1 中国建筑工程总公司标志

7.1.2 企业文化

"CSCEC"是中建总公司的企业标志，源自公司英文名称China State Construction Engineering Corporation 的缩写。标志整体造型方正、坚实，象征建筑的基石、诚信的品格以及国内外市场一体化的运营实力。CSCEC标志的艺术组合，喻示公司开拓、创新的进取精神，奉献社会、造福人类的信心，打造过程精品、提供优质工程的质量意识，跨越五洲、业主至上的服务理念。标志的底色为像大海一样深邃的蓝色，展示出中国建筑宽广的胸怀，描绘了充满希望与活力的美好未来。

建设和谐社会是一项需要社会各方面共同参与的系统工程，企业是社会构成的一个重要组成部分，中建总公司以科学发展观为根本指针构建和谐企业，坚持以发展为第一要务，坚持以依法办企业为方向，坚持以股东、公司和员工的"多赢"为目标，坚持以营造融洽的员工关系为根本，坚持以抓好企业稳定和安全生产为关键，坚持以党对企业特别是国有企业的领导为保证。

企业使命：拓展幸福空间。
企业愿景：最具国际竞争力的建筑地产综合企业集团。
核心价值观：品质保障、价值创造。
企业精神：诚信、创新、超越、共赢。

7.1.3 企业业绩

中建总公司始终以科学管理和科技进步作为企业发展的两个重要推动，"十二五"期间，中建总公司获得国家科技奖 12 项（一等奖 3 项，技术发明奖 2 项），詹天佑奖 38 项，各类省部级科技奖 880 项，国家级工法 146 项，主参编国家标准 46 项，国家授权专利 8617 项，获国务院国资委颁发的中央企业"科技创新企业奖"。"中国建筑千米级摩天大楼建造技术研究"形成系列原创科技成果，巩固了企业在房建领域的领先地位；绿色建筑、BIM 技术、建筑工业化三大重点研发方向取得重要成果。

中建总公司高度重视履约工作，努力为全社会奉献精品工程、平安工程。质量方面，"十二五"期间，中建总公司获得鲁班奖 83 项、境外鲁班奖 12 项、国家优质奖 163 项，居行业第一。安全方面，中建总公司始终以"生命至上，安全运营第一"为理念，深入落实企业安全生产主体责任，持续强化安全管理和监督，着力推动安全专项整治与安全生产标准化建设，百亿元产值死亡率为建筑行业平均值的五分之一。"十二五"期间获得国家 AAA 安全文明标准化工地 364 个，占全国总数的 14.7%，为行业之首。

2015 年，中建总公司新签合同额约 1.7 万亿元人民币，营业收入约 8800 亿元，利润总额 477 亿元，在全部 110 家中央企业中营业收入排名第四位，利润总额排名第六位，位居 2015 年度《财富》"世界 500 强"第 37 位，是全球最大的投资建设集团。中建总公司获得标普、穆迪、惠誉等国际三大评级机构信用评级 A 级（A 级为全球建筑行业最高信用评级）。

7.1.4 人才培养

中建总公司作为国内规模最大的国有建筑企业和最大的国际工程承包商，经过多年努力，逐步培育形成了一支敢于拼搏、善于管理、勇于奉献的高素质职工队伍。截至 2003 年底，中建总公司系统自有职工 12.15 万人，其中管理和专业技术人员为 6.3 万人，占职工总数的 51.85%，各类中高级专业技术人员为 2.71 万人，占管理和专业技术人员总数的 43%；拥有中国工程院院士、全国工程勘察设计大师、全国优秀勘察设计院长、享受政府特殊津贴专家、教授级高级工程（建筑）师等专家人才近 600 人，拥有一、二、三级项目经理、注册建筑师、注册结构工程师、注册造价工程师、注册规划师等专业人才 20 000 多人，拥有英国皇家特许建造师、测量师等国际化人才近 100 人。为实现"一最两跨"的目标，今后中建总公司将实施人才强企战略，以凝聚人才为主旋律，坚持以人为本、贵在激活，营造管理环境，创新工作机制，优化队伍结构，提高人才素质，紧紧抓住培养、吸引、用好人才三个环节，积极开发满足企业发展需求的各类人才，重点建设好出资人代表、经营管理人才、专业管理和技术人才、思想政治工作人才、高技能人才五支队伍，力争用 3 至 5 年时间，把总公司人才队伍建设成为数量充足、素质优良、结构合理、作风过硬的中国建筑业的排头兵。

※ 7.2 中国铁道建筑总公司

7.2.1 公司简介

中国铁道建筑总公司（China Railway Construction Corporation，CRCC，以下简称"中国铁建"）（图 4-7-2）前身是中国人民解放军铁道兵，组建于 1948 年 7 月，是由国务院国资委管理、以工程承包为主业，集勘察、设计、投融资、施工、设备安装、工程监理、技术咨询、外经外贸于一体，经营业务遍及全国 31 个省市（自治区）、世界 20 多个国家和地区，企业总资产 820 亿元的国有特大型建筑企业集团。2005 年，新签合同额 2 009 亿元，完成营业额 1 158 亿元。2013 年，中国铁建在世界企业 500 强排名第 100 位，全球 225 家最大承包商排名第 7 位，全球最大 150 家设计企业排名 60 位，中国企业 500 强排名第 20 位。

图 4-7-2　中国铁道建筑总公司标志

7.2.2　企业文化

中国铁建标志由蓝色的地球、红色的公司英文缩写以及黑色的公司中文缩写三部分组成。蓝色的经纬线交织成的地球背景，表明了公司的战略定位为全球知名企业，公司的目标市场是全球市场。红色的 CRCC 艺术设计为一列高速列车形状，其含义一是体现公司的主营业务领域和主要的市场焦点是铁路建设市场；二是体现公司不断开拓、锐意进取、不畏艰险、勇往直前的企业精神；三是体现公司紧跟世界潮流，在把公司建设成为国际知名承包商的道路上孜孜追求、勤奋探索、不断前进的形象；四是高昂的车头寓意着公司光明的发展前景，给人一种奋发向上、勇于登攀、争取成为业界火车头的形象，充分展现了中国铁建人意气风发、志存高远的精神风貌。

企业目标：建筑业排头兵，国际化大集团。

释义：中国铁建的奋斗目标是，在 21 世纪中叶成为中国建筑业的排头兵和具有国际竞争力的跨行业、跨区域、跨国经营的国际化大集团。

企业精神：不畏艰险，勇攀高峰，领先行业，创誉中外。

释义：中国铁建的前身是中国人民解放军铁道兵，曾经创造了名垂史册的辉煌业绩，形成了"逢山凿路，遇水架桥，铁道兵前无险阻；风餐露宿，沐雨栉风，铁道兵前无困难"的铁道兵精神。在新的历史时期，这支队伍发扬铁道兵特别能战斗的精神，与时俱进，勇攀高峰，再创新业，努力做大做强企业，拓展两个市场，实现领先行业、世界一流、在国际竞争中永立不败之地的宏伟目标。

企业价值观：诚信、创新永恒，精品、人品同在。

释义：中国铁建的核心价值理念是创新和诚信，以创新为根本动力推进企业发展，以诚信为最大智慧赢得天下用户；中国铁建的最高价值取向是造就对人类和自然充满关怀的建筑艺术品和高素质的员工队伍，精品、人品二位一体，缺一不可，使建筑产品人格化。

企业管理方针：以人为本、诚信守法、和谐自然、建造精品。

释义：以人为本是总公司管理思想的立足点；诚信守法是总公司积极倡导和坚持的工作理念；和谐自然是现代建筑企业必须坚持的理念；建造精品是总公司生产经营活动的根本目标和质量要求，是立足社会、回报社会和满足用户的基本要求。这一管理方针是总公司苦练内功、增强凝聚力的指导思想，更是总公司现代企业管理思想、管理原则、管理艺术、管理目标的集中体现。

7.2.3　企业业绩

1984 年以来，中国铁建获国家科技进步奖 23 项，省部级科技进步奖 182 项，省部以上设计奖 61 项，取得国家专利 131 项，国家级工法 57 项，中国詹天佑土木工程大奖 13 项，中国建筑工程鲁班奖 47 项，国家优质工程 58 项，省部级优质工程 491 项。中国铁建在关键技术领域居行业领先地位，部分行业尖端技术居世界领先地位。中国铁建是国内唯一拥有磁悬浮轨道技术自主知识产权的企业。

截至 2005 年底，中国铁建有经建设部核准的施工总承包特级资质企业 19 家，施工总承包一级资质企业 73 家，专业承包一级资质企业 26 家，公路工程施工总承包一级资质企业 62 家，市政公用工程施工总承包一级资质企业 79 家，房屋建筑工程施工总承包一级资质企业 40 家，铁路工程施工总承包一级资质企业 17 家，水利水电工程施工总承包一级资质企业 15 家；经建设部审核批准的项目经理 6 000 余人，其中国家一级项目经理 3 987 人，国家一级执业资格建造师 822 人。总公司本级及 110 多家下属企业通过了 ISO 9000 系列标准质量体系、ISO 14000 标准环境管理体系和 OHSAS 18000 标准职业健康安全管理体系认证。所属中铁建设集团有限公司获 2005 年中国质量管理协会颁发的全国质量管理奖。

※ 7.3 北京建工集团

7.3.1 公司简介

北京建工集团（图 4-7-3）是以工程建设、房地产开发为主业，集建筑设计、建筑科研、设备安装、装饰装修、市政路桥、环保节能、物流配送等于一体的大型企业集团，具有房屋建筑工程施工总承包特级，市政公用工程施工总承包一级，房地产开发经营

图 4-7-3　北京建工集团标志

一级，机电设备安装施工总承包一级，地基与基础、装修装饰、钢结构等专业承包一级资质及国际工程承包、对外贸易资格。集团现有法人单位 190 家，其中集团公司所属全资、控股、参股企业 74 家，员工约 2 万人，境内外开复工面积约 2 000 万平方米，总资产 212 亿元，净资产 32 亿元。

7.3.2 企业文化

企业名称中英文标准字体是企业形象的重要识别要素，它与标志一起构成企业核心传达。企业名称为严肃、强劲、有力的中文粗黑体。

标志阐述：标志的造型基础是建工的汉语拼音首字母"J"，被两条白线分成三条色带。这三条色带分别代表北京建工集团集科研、设计、施工于一体，多元经营、实力雄厚；同时寓意北京建工集团立足北京市场，占领国内市场，打开国际市场的目标。三条色带围绕一个中心成一整体，体现出北京建工集团同心协力、团结一致，发挥整体优势，不断创造新业绩；三条色带指向上方，象征集团不断开拓与发展，在建筑行业的地位不断上升。标志整体又如无尽的跑道，寓意北京建工集团在发展的道路上从零点起步，向顶峰冲击。

企业宗旨是企业的根本目的和主要意图。北京建工集团凝结数十年企业实践，确定了"建楼育人"的企业宗旨。"建楼育人"，要求企业在为社会提供物质产品的同时，造就为社会发展做贡献的栋梁人才，努力做到建造一座楼宇，培育一批人才。进入新世纪，企业要在尊重人才、凝聚人才、培育人才和经营人才上下功夫，不断完善人才激励机制和持续实施人才培育战略，切实提高职

工的思想道德水平和技术业务素质，培育高素质、高效率、高水平的人才，造就一支思想品德优、业务技术精、实干创新强，奋发向上、敢于领先、永攀高峰的职工队伍，为企业振兴、创效、发展注入生机活力和奠定坚实基础。

7.3.3 企业业绩

北京建工集团是房屋建筑工程施工总承包特级企业。集团年开复工面积3 600万平方米。自成立以来，累计建设各类建筑2亿平方米，合格率达到100%，优良率达到80%以上。

北京建工集团在同行业内获奖数量之多、级别之高，位居北京第一，中国前列。其中65项工程荣获"中国建设工程鲁班奖"；37项工程荣获中国土木工程（詹天佑）大奖（含优秀住宅小区金奖）；48项工程获中国国家优质工程称号。取得部市级以上重大科技成果300余项，国家级工法58项。在20世纪50年代、80年代、90年代以及北京当代四次"北京市十大建筑"评选中，共有22项工程出自北京建工集团之手；有8项工程当选"新中国成立60周年百项经典暨精品工程"；在中国"百年百项杰出土木工程"评选中，北京建工建设了其中7项。

第8章 世界建筑名企文化

※ 8.1 法国万喜

8.1.1 公司简介

万喜集团（Vinci Group）是集国际贸易、投资融资、建筑建材、土木工程、能源开发、信息技术以及高新技术开发于一体，多元化、综合性的跨国金融集团公司，前身是一家拥有100年以上历史的建筑服务企业，由毕业于巴黎综合理工大学的两名工程师Alexandre Giros和Louis Lorcheur创办于1899年。万喜集团在全球80多个国家开展业务，下属子公司2 500家，股票市值66亿欧元，每年开工大小项目达26万个。万喜集团是巴黎股票交易所和纽约证券交易所上市公司，也是世界第一大承包、建筑及相关服务公司，还是一家位居世界排名前列的综合金融服务公司。

万喜集团积极探索多元化发展道路，在建筑业、房地产、旅游业、零售业、电子商务、能源业、信息产业、化学化工业和高新技术产业等领域拥有广泛投资经验与强大资本能量。主要业务包括：

（1）万喜承包及服务公司：主要包括建筑设计、成套工程、工程融资、项目管理等，在道路基础设施高速公路建设、智能停车场建设、空港管理及服务等方面有很强的业务能力。

（2）万喜能源与信息公司：法国第一大、也是欧洲第一大能源工程及信息化公司，2003年营业额为31亿欧元，经营利润1.29亿欧元，纯利润5 300万欧元，所属员工25 900人。

（3）万喜路桥公司：主要参与道路和桥梁建设，其中包括普通道路和高速公路的设计、施工、改建、扩建和道路维护等。

（4）万喜建筑工程公司：法国建筑行业骨干企业，在全球开展民用工程、水利工程、多种技术维护、工程服务等多种业务。

8.1.2 企业文化

按照"竞争战略之父"迈克尔·波特教授的观点，竞争战略就是要做到与众不同，这意味着企业应有目的地选择一整套不同于竞争者的运营活动以创造一种独特的价值组合。万喜集团从成立之初，就不懈地依托建筑和特许经营两大基本业务的协调互补效应，实现了万喜集团营利性增长。

1. 致力于可持续性的技术创新，培养核心竞争力

对于万喜集团而言，持续性创新往往具有重大的商业价值。万喜集团依托城市工厂和万喜法国同盟等形式，紧跟市场需求步伐，持续聚焦生态设计和可持续发展城市等研究领域；基于公司分散化经营的模式，万喜集团鼓励企业参与地方的持续性创新，创新不仅局限于技术方面，还包括一切可提高工作效率的方法，如管理、运营、服务、安全、持续发展等。公司设立创新奖，每两年评选

一次，且通过公司内部网络提交并展览创新成果，并设定专门的观察系统用以评估，以此在公司内部培育创新氛围。

2. 开创差异化发展的新路

秉持"增加现有客户的购买比寻求新客户更重要"的理念，为了开展和深化服务业务，万喜集团整合集团内部系统，促进集团内各运营能力要素相互协调，以确保服务执行落实到位。万喜集团在各业务领域内部和各业务间实施"整合计划"。在建筑业务领域，万喜集团基于业务规模和项目复杂程度的提高，以及项目中涉及资金运作等考虑，由万喜集团相关建筑子公司组成联合体，致力于市场的多元化拓展、高难度的设计研究和内部资源的最优配置。

3. 将社会责任作为可持续发展的动力机制

万喜集团在各业务板块致力于满足最高级别的环境标准，作为创造新的收入流和控制成本的推动力。为了应对欧洲地区更为严格的环境政策和公共政策，公司高度关注环境生态学设计，如优先从事建筑和建筑结构的生命周期分析，通过测量建筑环境和基础设施释放的二氧化碳含量，来评估环境对建筑参数的影响，并将此技术领域延伸到道路项目和复杂项目。

4. 秉持人才是竞争之本

基于建筑业务的劳动密集型特点，万喜集团依托人才培养中心，重点培养雇员的技术等级，以适应市场对技术复杂性的要求，提高劳动效率。万喜集团每年为员工提供的职业培训总时间多达200万个小时，受训员工约2万人。2005年至2010年五年的时间里，用于安全事故的培训时间增加到56%，安全事故的发生率下降了34%。零事故发生率的子公司的占比由42%上升到58%。所有层级的管理者都要依据公司确定的每年安全事故防范重点，确保安全政策的贯彻实施，并在管理层的业绩考核中予以体现。

8.1.3 万喜集团在中国

万喜集团曾参与中国能源、环保等领域的工程项目建设。万喜集团大型建筑工程公司于1988年在北京设立办事处。这期间参与过的中国国内市场的项目有大亚湾核电站、二滩大坝、小浪底地下发电厂、金茂大厦、成都BOT水厂等。最近一个项目是为中国国家体育场（2008年北京奥运会主体育场）担任项目管理顾问。万喜集团参与的中国项目大多数是世行贷款项目，一般是以联营体的形式承揽项目，最基本的土建施工由中国公司来完成。

※ 8.2 柏克德公司

8.2.1 公司简介

柏克德公司（Bechtel）创建于1898年，是美国一家具有百年历史的家族企业，也是一家综合性的工程公司，该公司为各个行业、领域的客户提供技术、管理以及与开发、融资、设计、建造和运行安装等直接相关的服务。该公司总部位于旧金山，全球有40个分部和办事处，公司现有员工4万人，其中在中国的员工有1 000多人。2005年公司营业收入为181亿美元，新签合同额为18亿美元。

柏克德公司的目标是：永远做全世界最优秀的工程设计、施工及管理公司。公司的价值观是：以百年家族传统为基础，借助于直接有效的管理，坚守一贯价值观，确保本公司永续经营、成长。

美国建筑工程行业领袖柏克德公司立足美国，着眼全球，涉足的领域非常广泛，主要有各种土建基础设施，以及电信，火电和核电，采矿和冶金，石油和化工，管道，国防和航天，环境保护和有害废料处理，还包括电子商务设施在内的工业领域。柏克德公司已经在七大洲 140 多个国家和地区承建了 2.2 万多个项目，其中包括堪称 20 世纪工程奇迹的美国胡佛水坝、英法海峡海底隧道以及三里岛核泄漏事故的清理。

8.2.2 企业文化

多年来，作为世界一流的工程建设公司，柏克德公司扎实经营，稳步推进，在《工程新闻纪录》（ENR）国际承包商排名中，一直名列前茅。在 2012 年度排名中，其位居第 5 位。美国柏克德公司尤其在工业项目上的经营方式在国际工程界颇受称道，业界人称"柏克德模式"。

1. 保证员工安全，降低事故概率

建筑工程行业是危险性比较高的行业，而员工是企业的有机组成，也是企业经营活动的实践者。柏克德公司的工程分布区域相当广，面临更多的是来自地理环境和人文政治的挑战。

尽管如此，柏克德公司非常注重对员工安全的保护，拿出相当多的资金用于对员工安全的保障和保险，并使得其工伤死亡率一直处于很低的水平。以 2004 年为例，公司国内工程的工伤死亡率为 0.16 人 / 百人，国际工程为 0.13 人 / 百人，与美国所有工业的平均值 3～4 人 / 百人相比要低很多。对员工安全的关注使得员工能够感到更多的温暖，从而也会更好地投入工作，这有助于企业增强凝聚力，建立良好的企业文化。

2. 注重技术发展，保持核心竞争力

柏克德公司非常注重技术研发，通过技术的不断更新加快制订计划、削减成本、保证质量。通过技术发展，柏克德公司能够处理越来越复杂的项目，建立并有效利用国际化团队，与外部顾客、供应商和其他承包商之间进行有效沟通、协调。如今的建筑施工往往需要对广阔地理区域中的各个节点进行协调，柏克德采用了一些信息化技术来实现利益最大化的目标，其中包括：

（1）对信息产品的各个供应商进行比较，找到最好的技术和产品，加速工程、建筑、采购和项目管理活动间的信息流动。

（2）应用基于网络的采购和协调工具。

（3）应用一些新的网络技术，如虚拟内部网以满足保密的要求，用于柏克德公司的日益增加的全球范围的临时性小型项目的协调，而不必铺设专门的网络。

（4）建立数据 / 语音环境，特别是一些没有基础通信设施的地方，如丛林、沙漠等，从而降低项目成本。

这些技术的实施使得柏克德公司能够处理各类复杂的项目，而这些项目也往往有较高的利润。

3. 设计与施工共同发展

设计和施工是工程的两个重要方面，二者相互联系、相互制约。一些建筑承包商在没有参与项目设计时会发现一些建筑图纸难以实现或需要改进的地方。而对建筑图纸再进行改变又会增加很多成本。这对于国际大型工程承包商而言不是一个小问题。柏克德公司在两者的结合方面做了很多工作。

柏克德公司力图让工程设计实现智能化，公司在澳大利亚、加拿大、印度和美国都设有设计中心，这里的工程师超过了 3 500 人，能够提供全天候的服务，以确保设计工作能够与工程进度相匹配。

工程建筑一直是柏克德公司的长项。这家有 110 多年历史的公司把技术专长、创新和独一无二的经验结合在一起，能在确保安全的前提下在预算内按时完成工作。

4. 强化项目管理

项目管理是一门科学，也是一门艺术。好的项目管理能够使得项目完成时间大幅缩短，保证整体的质量和工程的进度，而糟糕的项目管理只会使各个项目成员摩擦不断，造成严重的误工或是导致项目质量下降。而且，项目管理的重要性随项目的复杂程度的增加而递增。柏克德公司在这方面做得非常出色，他们甚至能够完成连政府都无法胜任的工作。例如，柏克德公司在英国负责管理从伦敦到爱丁堡的一条繁忙的长达 640 千米的铁路运输线的改造工作。

项目管理的对象包括设计者、承包商、分包商、供应商、贷款人、当地和国家机构、公共利益和社区成员等。柏克德公司的项目管理对整体进行规划，协调各个活动和参与者，建立优先权，以保证项目的质量，并能够按时、安全、不超预算地完成项目。

5. 实现全球统一管理和运营

柏克德公司目前在 50 多个国家和地区实施项目建设，具有在 140 多个国家和地区完成项目的经验。因此，柏克德公司能够完成各类项目，无论是何种偏远地区、不受欢迎的地区。这种优势使得柏克德公司能够在世界范围内提供最好的工程师、建筑经理、全球采购专家和物流专家。这种组合不仅能把柏克德公司的优势力量集中在一起，更能够提供适应各个地区政府和文化的服务。这对于企业的全球化运营的开展十分有利。

※ 8.3 瑞典斯堪斯卡集团

8.3.1 企业简介

在国际知名的建筑工程承包商中，瑞典斯堪斯卡集团（Skanska）不能被忽视，这个世界上跨越地域最广的工程建设及设施管理公司，已经有近 120 年的历史，该公司成立于 1887 年，总部设在瑞典斯德哥尔摩。现今，斯堪斯卡集团不仅是世界 500 强企业，并且在世界建筑业权威杂志美国《工程新闻纪录》的排名中，长期占据前三甲，更有着四连冠的辉煌历史。瑞典斯堪斯卡集团是全球最负盛名的国际承包商之一，也是全球最大的建造商之一。目前在全球共有 76 000 多名员工，分布在瑞典、美国、英国、丹麦、芬兰、挪威、波兰、捷克、阿根廷、香港和印度的 15 个运营点。

斯堪斯卡集团最主要的核心业务是建筑，包括一般建设和公共工程建设两个领域。其于 20 世纪 80 年代以后逐渐淘汰了一些非核心业务，并着重发展项目开发类业务，包括住宅开发、商业开发与运营两类，20 世纪 90 年代以来开始发展基础建设领域的融资类项目，并在 2005 年进一步重组为基础设施业务部。至此形成了以上述四种核心业务为主的业务结构。

建筑：包括住宅建设、非住宅建设和公共工程。斯堪斯卡集团的建筑业务主要分布在瑞典国内以及挪威、丹麦、芬兰、捷克、英国、美国和南美地区等 10 个市场。

住宅开发：主要在瑞典本土、北欧其他国家、捷克、俄罗斯等国家进行住宅建筑开发。负责该项业务的部门是专门的北欧业务部和捷克业务部。

商业开发与运营：主要负责发起、开发、租赁和处理商业资产项目，主要集中在写字楼、购物中心和物流中心三大业务领域。主要由北欧商业开发部和欧洲商业开发部负责，覆盖斯德哥尔摩、哥本哈根、哥德堡、华沙、布拉格、布达佩斯等市场。

基础设施：主要承担基础设施建设的私人融资项目，如道路、桥梁、学校、工厂等。斯堪斯卡集团在2005年成立了一个专门的基础设施部门负责该项业务。这对公司来说还是一项新兴业务。

8.3.2 企业文化

公司始终坚持"品质第一、服务至上、环保节能"的宗旨，不断引进、经营高科技产品，提升人类生活品质。公司始终坚持"专业化"道路，竭力让自己成为建筑节能行业中业务最专业、产品最经典、技术最全面的建筑节能产品供应商。公司大力发挥本身具有的品牌、人才和融资三大优势，在风险管理、可持续发展、人才培养等方面加大力度。建立可靠的风险保障机制预见和管理风险；在技术、安全、道德和环境等领域成为世界级领先者。在新的时期斯堪斯卡公司要在以客户为中心、集权与分权的平衡、员工的发展和行业的变革等方面做出巨大的努力。

8.3.3 斯堪斯卡集团在中国

斯堪斯卡（上海）实业有限公司，总部位于上海，是一家专业从事建筑节能技术的设计和研发、专注于提供环保节能产品的集成供应商。公司坚持销售与服务的创新思路，努力提升企业的核心竞争能力，致力于为酒店、大厦、宾馆、超市、学校、社区、工厂等诸多场所在环保节能项目上提供优质可靠的产品和全面系统的解决方案。

目前，公司主要经营建筑节能设计、建筑节能材料、楼宇自控系统、中央空调系统、建筑装潢、灯具、卫生间配套产品等。公司时刻关注市场的需求，以社会发展的需要为出发点，潜心探究市场和社会环境的变化，努力为促进人类建筑节能环保事业的健康发展释放出最大的能量。公司现已拥有一支训练有素的市场营销团队，共同为向社会推广资源节约型和社会环保型的建筑节能产品而努力。通过全体同人的携手奋进，公司在楼宇自控系统、中央空调系统、照明系统、给水排水系统、无水洁具、保温砂浆、保温材料等产品的市场供应中，取得了喜人的成绩。

公司的主要客户有家乐福苏州店、沃尔玛昆山店、时代超市新浦店、宜家中国、大润发、两岸咖啡、利得国际商业广场、苏州平江府假日酒店、安德鲁、泰科电子、富士康、悦达起亚、诺基亚、三星电子等。

第5篇
职业素养篇

建筑师必定是伟大的雕塑家和画家。如果他不是雕塑家和画家,他只能算个建造者。

——贝聿铭

第9章 职业素养

※ 9.1 职业素养概述

9.1.1 职业素养的含义

职业素养是人类在社会活动中需要遵守的行为规范。个体行为的总和构成了自身的职业素养，职业素养是内涵，个体行为是外在表象。它包含三个核心内容：

1. 职业信念

职业信念是职业素养的核心。那么良好的职业素养包含了哪些职业信念呢？一般来说，良好的职业道德，正面积极的职业心态和正确的职业价值观意识，是构成良好职业素养所需的职业信念。具体来说，良好的职业信念应该是由爱岗、敬业、忠诚、奉献、正面、乐观、用心、开放、合作及始终如一等这些关键词组成。

2. 职业知识技能

职业知识技能是职业人做好一个职业应该具备的专业知识和能力。俗话说"三百六十行，行行出状元"，没有过硬的专业知识，没有精湛的职业技能，就无法把一件事情做好，就更不可能成为"状元"了。

所以要把一件事情做好就必须坚持不断地关注行业的发展动态及未来的趋势走向；要有良好的沟通协调能力，懂得上传下达、左右协调从而做到事半功倍；要有高效的执行力，研究发现：一个企业的成功30%靠战略，60%靠企业各层的执行力，其他因素只占10%。中国人在世界上是出了名的"聪明而有智慧"，中国人不缺少战略家，缺少的是执行者。执行能力也是每个成功职场人必须修炼的一种基本职业技能。另外，还有很多基本技能，如：职场礼仪、时间管理及情绪管控等，这里就不一一罗列。

各个职业有各个职业的知识技能，每个行业还有每个行业的知识技能。总之，学习提升职业知识技能可以让我们把事情做得更好。

3. 职业行为习惯

职业行为习惯是职业人在职场上通过长时间的学习—改变—形成而最后变成习惯的一种职场综合素质。

心态可以调整，技能可以提升。要让正确的心态、良好的技能发挥作用就需要不断地练习、练习、再练习，直到成为习惯。

9.1.2 优秀员工必备的职业素养

1. 像老板一样专注

作为一个企业的员工，不要只是停留在"为了工作而工作、单纯为了赚钱而工作"等层面上。

而应该站在老板的立场上，用老板的标准来要求自己，像老板那样去专注工作，以实现自己的职场梦想与远大抱负。

优秀的员工会以老板的心态对待工作，不做雇员，要做就做企业的主人，第一时间维护企业的形象。

2. 学会迅速适应环境

在就业形势越来越严峻、竞争越来越激烈的当今社会，不能够迅速适应环境已经成了个人素质中的一块短板，这也是许多人无法顺利工作的一种表现。相反，善于适应环境是一种能力的象征，具备这种能力的人，手中也握有了一个可以纵横职场的筹码。

不适应者将被淘汰出局，善于适应是一种能力，适应有时不啻一场严峻的考验，但只有适应了职场中的风雨，才能做职场中的"掌舵人"。

3. 化工作压力为动力

压力，是工作中的一种常态，对待压力，不可回避，要以积极的态度去疏导、去化解，并将压力转化为自己前进的动力。人们最出色的工作往往是在高压的情况下做出的，思想上的压力，甚至肉体上的痛苦都可能成为取得巨大成就的兴奋剂。

不要让压力摧毁心态，积极起来，任何压力都能化解。

4. 表现自己

在职场中，默默无闻是一种缺乏竞争力的表现，而那些善于表现自己的员工，却能够获得更多的展示自我的机会。那些善于表现自己的员工是最具竞争力的员工，他们往往能够迅速脱颖而出。

善于表现的人才有竞争力，要把握一切能够表现自己的机会，不过要牢记，善于表现不同于刻意表现，刻意表现只会降低竞争力。

5. 低调做人，高调做事

工作中，学会低调做人，浮躁的人也将一次比一次稳健；善于高调做事，腼腆的人也将一次比一次优秀。在"低调做人"中修炼自己，在"高调做事"中展示自己，这种恰到好处的低调与高调的配合，可以说是一种进可攻、退可守，看似平淡，实则高深的处世谋略。

低调做人，赢得好人缘；高调做事，开拓好前程。

6. 设立工作目标，按计划执行

在工作中，首先应该明确地了解自己想要什么，然后再去致力追求。一个人如果没有明确的目标，就像船没有罗盘一样。每一份富有成效的工作，都需要明确的目标去指引。缺乏明确目标的人，其工作必将庸庸碌碌。坚定而明确的目标是专注工作的一个重要原则。

目标是一道分水岭，工作前先把目标设定好，但是，需要牢记，工作中要确立有效的工作目标，目标过多等于没有目标。

7. 做一个时间管理高手

时间对每一个职场人士都是公平的，每个人都拥有相同的时间，但是在同样的时间内，有人表现平平，有人则取得了卓著的工作业绩，造成这种反差的根源在于每个人对时间的管理与使用效率存在着巨大差别。因此，要想在职场中具备不凡的竞争能力，应该先将自己培养成一个时间管理高手。

学会统筹安排，记住把你的手表调快10分钟。

8. 自动自发，主动就是提高效率

自动自发的员工，善于随时准备去把握机会，永远保持率先主动的精神，并展现超乎他人要求的工作表现，他们头脑中时刻灌输着"主动就是效率，主动、主动、再主动"的工作理念，同时他们也拥有"为了完成任务，能够打破一切常规"的魄力与判断力。显然，这类员工才能在职场中笑到最后。

不要只做老板交代的事，工作中没有"分外事"，不是"要我做"，而是"我要做"，想做"毛遂"就得自荐。

9. 服从第一

服从上级的指令是员工的天职，"无条件服从"是沃尔玛集团要求每一位员工都必须奉行的行为准则，用来强化员工对上司指派的任务无条件服从的意识。在企业组织中，没有服从就没有一切，所谓的创造性、主观能动性等都是在服从的基础上才能够产生的，否则公司再好的构想也无从推广。那些懂得无条件服从的员工，才能得到企业的认可与重用。

服从第一的原则要求职业人要像士兵那样去服从，不可擅自歪曲更改上级的决定，多从上级的角度去考虑问题。

10. 勇于承担责任

德国大众汽车公司认为："没有人能够想当然地'保有'一份好工作，而要靠自己的责任感去争取一份好工作！"世界上也许没有哪个民族比得上德国人更有责任感了，而他们的企业首先强调的还是责任，他们认为没有比员工的责任心所产生的力量更能使企业具有竞争力的了。显然，那些具有强烈责任感的员工才能在职场中具备更强的竞争力。

工作就是一种责任，企业青睐具备强烈责任心的员工。

※ 9.2 建筑人的职业素养与操守

建筑人的职业素养（道德）是人们在从事建筑职业并履行其职责的过程中应该遵循的建筑行业行为规范和道德准则。它是职业或行业范围内的特殊的道德要求，是社会道德在职业生活中的具体体现。

9.2.1 建筑业监督管理人员职业素养与操守

1. 工程质量监督人员职业道德规范

（1）遵纪守法，秉公办事。认真贯彻执行国家有关工程质量监督管理的方针、政策和法规，依法监督，秉公办事，树立良好的信誉和职业形象。

（2）敬业爱岗，严格监督。不断提高政治思想水平和业务素质，严格按照有关技术标准规范实行监督，严格按照标准核定工程质量等级。

（3）提高效率，热情服务。严格履行工作程序，提高办事效率，监督工作及时到位，做到急事快办，热情服务。

（4）公正严明，接受监督。公开办事程序，接受社会监督、群众监督和上级主管部门的监督，提高质量监督、检测工作的透明度，保证监督、检测结果的公正性、准确性。

（5）严格自律，不谋私利。严格执行监督、检测人员工作守则。不在建筑业企业和监理企业中兼职，不利用工作之便介绍工程承包任务和推销建筑材料，不对监督的工程进行有偿咨询活动，自觉抵制不正之风，不以权谋私，不徇私舞弊。

2. 工程招标投标管理人员职业道德规范

（1）遵纪守法，秉公办事。认真贯彻执行国家的有关方针、政策和法规，在招标、投标各个环节要依法管理、依法监督，自觉抵制各种干扰，保证招标、投标工作的公开、公平、公正。

（2）敬业爱岗，优质服务。树立敬业精神，以服务带管理，以服务促管理，寓管理于服务之中。

（3）解放思想，实事求是。积极探索在社会主义市场经济条件下工程招标、投标的管理，努力发挥优胜劣汰竞争机制的作用，维护建筑市场秩序。

（4）严格管理，提高效率。严格依法管理，讲求工作效率，热情服务，遵章履行招标、投标审批手续。

（5）接受监督，保守秘密。公开办事程序，公开办事结果，接受社会监督、群众监督及上级主管部门的监督，不准泄露标底，维护建筑市场各方的合法权益。

（6）廉洁奉公，不谋私利。不以权谋私，不吃宴请，不收礼金，不指定投标队伍，不准泄露标底，不准自编自审。不参加有妨碍公务的各种活动，不做有损于政府形象的事情。

3．建筑施工安全监督人员职业道德规范

（1）依法监督，坚持原则。树立全心全意为人民服务的宗旨，广泛宣传和坚决贯彻"安全第一，预防为主"的方针，认真执行有关安全生产的法律、法规、标准和规范。

（2）敬业爱岗，忠于职守。安全监督人员要树立敬业精神，以做好本职工作为荣，以减少伤亡事故为本，拓展思路，克服困难，大胆管理。

（3）实事求是，调查研究。坚持实事求是的思想路线，理论联系实际，深入基层，深入施工现场调查研究，提出安全生产工作的改进措施和意见，保障广大职工群众的安全和健康。

（4）努力钻研，提高水平。认真学习安全专业技术知识，努力钻研业务，不断积累和丰富工作经验，努力提高业务素质和工作水平，推动安全生产技术工作的不断发展和完善。

（5）廉洁奉公，接受监督。遵纪守法，秉公办事，不利用职权谋私利，自觉抵制消极腐败思想的侵蚀，接受群众和上级主管部门的监督。

9.2.2　建筑业企业职工职业素养与操守

1．企业经理职业道德规范

（1）遵纪守法，诚信经营。认真执行国家的有关法规和政策，坚持社会主义经营方向，服务用户，坚持质量第一，塑造良好的企业形象。

（2）解放思想，改革创新。坚持解放思想、实事求是的思想路线，大胆改革，务实创新，不断完善现代企业制度，转换企业经营机制，推进企业发展，增强企业在建筑市场上的竞争能力。

（3）精心组织，科学管理。加强企业经营活动的组织和管理，不断完善企业内部管理体制，抓好企业内部的管理工作，使之制度化、标准化、科学化，向管理挖潜力，向管理要效益。

（4）清正廉洁，公正无私。密切联系群众，办事公道正派，对工作敢于负责，不推过揽功，严于律己，以身作则，率先垂范。

（5）坚持原则，求真务实。牢固树立法制观念、政策观念，坚持原则，严格把关，做遵纪守法的带头人，指导和支持职能部门依法经营和开展工作，不弄虚作假，不欺上瞒下，培养、选拔、使用干部要出于公心，不搞亲疏有别、排斥异己。

（6）关心职工，尊重人才。做好职工的思想政治工作，关心职工的身心健康和安全，尽心尽力为职工排忧解难，搞好后勤服务工作。遵守劳动法，不强迫职工超负荷工作和生产。尊重知识，尊重人才，努力提高企业的科学技术水平，推动企业生产力的提高。

2. 项目经理职业道德规范

（1）强化管理，争创效益。对项目的人、财、物进行科学管理，加强成本核算，实行成本否决，教育全体人员节约开支，厉行节约，精打细算，努力降低物资和人工消耗。

（2）讲求质量，重视安全。精心组织，严格把关，顾全大局，不为自身和小团体的利益而降低对工程质量的要求。加强劳动保护措施，对国家财产和施工人员的生命安全高度负责，不违章指挥，及时发现并坚决制止违章作业，检查和消除各类事故隐患。

（3）关心职工，平等待人。要像关心家人一样关心职工、爱护职工，特别是民工。不拖欠工资，不敲诈用户，不索要回扣，不多签或少签工程量或工资。充分尊重职工的人格，以诚相待，平等待人。搞好职工的生活，保障职工的身心健康。

（4）廉洁奉公，不谋私利。发扬民主，主动接受监督；不利用职务之便谋取私利，不用公款请客送礼。如实上报施工产值、利润，不弄虚作假。不在决算定案前搞分配，不搞分光、吃光的短期行为。

（5）用户至上，诚信服务。树立用户至上的思想，事事处处为用户着想，积极采纳用户的合理要求和建议。热忱为用户服务，建设用户满意工程。坚持保修回访制度，为用户排忧解难，维护企业的信誉。

3. 工程技术人员职业道德规范

（1）热爱科技，献身事业。树立"科技是第一生产力"的观念，敬业爱岗，勤奋钻研，追求新知，掌握新技术、新工艺，不断更新业务知识，拓宽视野。忠于职守，辛勤劳动，为企业的振兴与发展贡献自己的才智。

（2）深入实际，勇于攻关。深入基层，深入现场，理论和实际相结合，科研和生产相结合，把施工生产中的难点作为工作重点，知难而进，百折不挠，不断解决施工生产中的技术难题，提高生产效率和经济效益。

（3）一丝不苟，精益求精。牢固确立精心工作、求实认真的工作作风。施工中严格执行建筑技术规范，认真编制施工组织设计，做到技术上精益求精，工程质量上一丝不苟，为用户提供合格建筑产品。积极推广和运用新技术、新工艺、新材料、新设备，大力发展建筑高科技，不断提高建筑科学技术水平。

（4）以身作则，培育新人。谦虚谨慎，尊重他人，善于合作共事，搞好团结协作，既当好科学技术带头人，又甘当铺路石，培育科技事业的接班人，大力做好施工科技知识在职工中的普及工作。

（5）严谨求实，坚持真理。培养严谨求实，坚持真理的优良品德。在参与可行性研究时，坚持真理，实事求是，协助领导进行科学决策；在参与投标时，从企业实际出发，以合理造价和合理工期进行投标；在施工中，严格执行施工程序、技术规范、操作规程和质量安全标准，决不弄虚作假，欺上瞒下。

4. 管理人员职业道德规范

（1）遵纪守法，为人表率。认真学习党的路线、方针、政策，自觉遵守法律、法规和企业的规章制度，办事公道，用语文明，以诚相待。

（2）钻研业务，爱岗敬业。努力学习业务知识，精通本职业务，不断提高业务素质和工作能力。爱岗敬业，忠于职守，工作认真负责，不断提高工作效率和工作能力。

（3）深入现场，服务基层。深入施工现场调查研究，掌握第一手资料，积极主动为基层单位服务，为工程项目服务，急基层单位和工程项目之所急。

（4）团结协作，互相结合。树立全局观念和整体意识，部门之间、岗位之间做到分工不分家，搞好团结协作，遇事多商量、多通气，互相配合，互相支持，不推诿、不扯皮，不搞本位主义。

（5）廉洁奉公，不谋私利。树立全心全意为人民服务的公仆意识，廉洁奉公，不利用工作和职务之便"吃拿卡要"，谋取私利。

5. 施工作业人员职业道德规范

（1）苦练硬功，扎实工作。刻苦钻研技术，熟练掌握本工种的基本技能，努力学习和运用先进的施工方法，练就过硬本领，立志岗位成才。热爱本职工作，不怕苦、不怕累，认认真真，精心操作。

（2）精心施工，确保质量。严格按照设计图纸和技术规范操作，坚持自检、互检、交接检查制度，确保工程质量。

（3）安全生产，文明施工。树立安全生产意识，严格执行安全操作规程，杜绝一切违章作业现象，维护施工现场整洁，不乱倒垃圾，做到工完场清。

（4）遵章守纪，维护公德。不断提高文化素质和道德修养，遵守各项规章制度，发扬劳动者的主人翁精神，维护国家利益和集体荣誉，服从上级领导和有关部门的管理，争做文明职工。

9.2.3 建筑业职工文明守则

1. 八要

（1）要热爱祖国，敬业爱岗，忠于职守，振兴企业；
（2）要团结友爱，助人为乐，言语文明，自尊自重；
（3）要遵纪守法，维护公德，诚实守信，优质服务；
（4）要精心操作，严格规程，安全生产，保证质量；
（5）要尊师爱徒，勤学苦练，同心奋进，敢于争先；
（6）要讲究卫生，净化环境，文明施工，工完场清；
（7）要提倡节俭，勤俭持家，努力增产，厉行节约；
（8）要心想用户，礼貌待人，保护财产，爱护公物。

2. 八不准

（1）不准偷工减料，影响质量；
（2）不准违章作业，忽视安全；
（3）不准野蛮施工，噪声扰民；
（4）不准乱堆乱扔，影响质量；
（5）不准遗撒渣土，污染环境；
（6）不准乱写乱画，损坏成品；
（7）不准粗言秽语，打架斗殴；
（8）不准违反交规，妨碍秩序。

第 10 章　建筑人的工匠精神

※ 10.1　工匠精神的传承与发展

工匠精神是指工匠以极致的态度对自己的产品精雕细琢，精益求精、追求完美的精神理念。工匠们喜欢不断雕琢自己的产品，不断改善自己的工艺，享受着产品在双手中升华的过程。工匠精神的目标是打造本行业最优质的产品，打造其他同行无法匹敌的卓越产品。概括起来，工匠精神就是追求卓越的创造精神、精益求精的品质精神、用户至上的服务精神。

10.1.1　工匠精神的内涵

曾经，工匠是一个中国老百姓日常生活须臾离不开的职业，木匠、铜匠、铁匠、石匠、篾匠等各类手工匠人用他们精湛的技艺为传统生活图景定下底色。随着农耕时代结束，社会进入后工业时代，一些与现代生活不相适应的老手艺、老工匠逐渐淡出日常生活，但工匠精神永不过时。工匠精神的内涵主要有以下五个方面：

（1）精益求精。具体表现为注重细节，追求完美和极致，不惜花费时间精力，孜孜不倦，反复改进产品，把 99% 的高品质提高到 99.99%。

（2）严谨，一丝不苟。不投机取巧，必须确保每个部件的质量，对产品采取严格的检测标准，不达要求绝不轻易交货。

（3）耐心，专注，坚持。不断提升产品和服务质量，因为真正的工匠在专业领域上绝对不会停止追求进步，无论是使用的材料、设计还是生产流程，都要对其不断完善。

（4）专业，敬业。工匠精神的目标是打造本行业最优质的产品，打造其他同行无法匹敌的卓越产品。

（5）淡泊名利。用心做一件事情，这种行为来自内心的热爱，源于灵魂的本真，不图名不为利，只是单纯地想把一件事情做到极致。

10.1.2　工匠精神的来源与传承

"工匠精神"一词，最早出自聂圣哲，他培养出来的一流木工匠士，正是这种精神的代表。相信随着国家产业战略和教育战略的调整，人们的求学观念、就业观念以及单位的用人观念都会随之转变，"工匠精神"将成为普遍追求，除了"匠士"，还会有更多的"士"脱颖而出。

在 2016 年的政府工作报告中，李克强总理说："要鼓励企业开展个性化定制、柔性化生产，培育精益求精的工匠精神。"近些年来充斥媒体的"中国智造""中国创造""中国精造""工匠精神",已成为决策层的共识,并被写进政府工作报告,显得尤为难得和宝贵。

著名企业家、教育家聂圣哲曾呼吁:"'中国制造'是世界给予中国的最好礼物,要珍惜这个练兵的机会,决不能轻易丢失。'中国制造'熟能生巧了,就可以过渡到'中国精造'。'中国精造'稳定了,不怕没有'中国创造'。千万不要让'中国制造'还没有成熟就夭折了,路要一步一步走,人动化(手艺活)是自动化的基础与前提。要有工匠精神,从'匠心'到'匠魂'。一流工匠要从少年培养,有些行业甚至要从12岁开始训练。要尽早恢复学徒制。"

香奈儿首席鞋匠说:"一切手工技艺,皆由口传心授。"工匠传授手艺的同时,也传递了耐心、专注、坚持的精神,这是一切手工匠人所必须具备的特质。这种特质的培养,只能依赖于人与人的情感交流和行为感染,这是现代的大工业的组织制度与操作流程无法承载的。"工匠精神"的传承,是依靠言传身教的自然传承,无法以文字记录,以程序指引,它体现了旧时代师徒制度与家族传承的历史价值。

10.1.3 工匠精神的现实意义与发展

"工匠精神"在当今企业管理中有着重要的学习价值。

当今社会心浮气躁,追求"短、平、快"(投资少、周期短、见效快)带来的即时利益,从而忽略了产品的品质灵魂。因此,企业更需要工匠精神,才能在长期的竞争中获得成功。当其他企业热衷于"圈钱、做死某款产品、再出新品、再圈钱"的循环时,坚持"工匠精神"的企业,依靠信念、信仰,对产品进行不断改进、不断完善,而这些产品最终通过高标准要求历练之后,成为众多用户的选择,无论成功与否,他们在这个过程中,是完完全全的享受,他们的精神是脱俗的,也是正面积极的。

中国很多企业的产品质量为什么搞不好?原因虽然很多,但最终可以归结到一个方面上来,就是做事缺乏严谨的工匠精神。中国的产品质量不如日本,其重要原因之一就是日本人做事更严谨,更具有工匠精神。

中国企业不能盲目学习和引进日本式管理。日式管理最值得学习的是一种精神,而不是具体做法,这种精神就是工匠精神。所谓工匠精神,第一是热爱所做的事,胜过爱这些事带来的利益;第二是精益求精,精雕细琢。日式管理中的精益管理就体现出了"精""益"两个字。在日本人的概念里,把60%提高到99%,和从99%提高到99.99%是一个概念。他们不跟别人较劲,而是跟自己较劲。

有媒体将工匠精神列入"十大新词"予以解读。古语云:"玉不琢,不成器。"工匠精神不仅体现了对产品精心打造、精工制作的理念和追求,更是要不断吸收最前沿的技术,创造出新成果。

工匠精神落在个人层面,就是一种认真精神、敬业精神。其核心是:不仅仅把工作当作赚钱养家糊口的工具,而是树立起对职业敬畏、对工作执着、对产品负责的态度,极度注重细节,不断追求完美和极致,给客户无可挑剔的体验。将一丝不苟、精益求精的工匠精神融入每一个环节,做出打动人心的一流产品。与工匠精神相对的,则是"差不多精神"——满足于90%,差不多就行了,而不追求100%。我国制造业存在大而不强、产品档次整体不高、自主创新能力较弱等现象,多少与工匠精神稀缺、"差不多精神"显现有关。

工匠精神落在企业家层面,可以认为是企业家精神。具体而言,表现在几个方面:第一,创新是企业家精神的内核。企业家通过从产品创新到技术创新、市场创新、组织形式创新等全面创新中寻找新的商业机会，在获得创新红利之后，继续投入、促进创新，形成良性循环。第二，敬业是企业家精神的动力。有了敬业精神，企业家才会有全身心投入企业中的不竭动力，才能够把创新当作自己的使命，才能使产品、企业拥有竞争力。第三，执着是企业家精神的底色。在经济处于低谷时，其他人也许选择退出，唯有企业家不会退出。改革开放40年来，我国涌现出大批有胆有识、有工匠精神的企业家，但也有一些企业家缺乏企业家精神。可以说，企业家精神的下滑才是经济发展的隐忧所在。

※ 10.2 工匠精神在建筑业的呈现

工匠精神在建筑行业中的体现（图5-10-1）为：一是精益求精、注重细节、保证质量、追求完美和极致；二是严谨，一丝不苟，不投机取巧，必须确保每个部位的质量，对每一关采取严格的检验，不达要求决不轻易交接，即使一根钢筋的偏位，也不放过。三是耐心，专注，坚持。工地生活简单、重复，只有耐得住寂寞，才能守得住品质，要不断提升和改进每一道工序。因为真正的工匠在专业领域上绝对不会停止追求进步，无论是使用的材料、设计还是具体的生产流程，都要对其不断完善。四是专业，敬业。工匠精神的目标是打造本行业最优质的产品，打造其他同行无法匹敌的卓越产品。

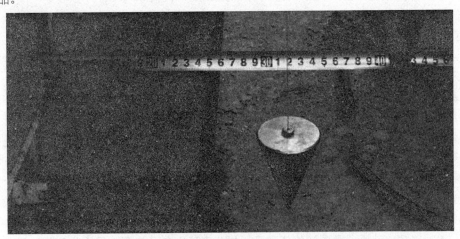

图5-10-1 工匠精神在建筑行业中的体现

时代呼唤"工匠精神"，现实需要"工匠精神"，建筑行业更需要"工匠精神"。只有坚持追求卓越，坚持"工匠精神"，建筑企业才能在时代的洪流之中挺立而不倒！

※ 10.3 建筑专业大学生的职业素养培养

职业素养是指职业内在的规范和要求，是在职业过程中表现出来的综合品质，包含职业道德、职业技能、职业行为、职业作风和职业意识等方面。很多企业界人士认为，职业素养至少包含两个重要因素：敬业精神及良好的态度。敬业精神就是在工作中将自己当作公司的一部分，不管做什么工作一定要做到最好，发挥出实力，对于一些细小的错误一定要及时地更正。敬业不仅仅是吃苦耐劳，更重要的是"用心"去做好公司分配的每一份工作。态度是职业素养的核心，好的态度比如负责的、积极的、自信的、建设性的、欣赏的、乐于助人的态度是决定成败的关键因素。职业素养是一个人职业生涯成败的关键因素。而职业素养可量化为"职商"（Career Quotient，CQ），因此，可以说职场成败看职商。

个体的素质就像水中漂浮的一座冰山，作为水上部分的知识、技能仅仅代表表层的特征，不能区分绩效优劣；作为水下部分的动机、特质、态度、责任心才是决定人的行为的关键因素，是鉴别绩效优秀者和一般者的根本标准。大学生的职业素养也可以看成是一座冰山：冰山浮在水面以上的只有1/8，它代表大学生的形象、资质、知识、职业行为和职业技能等方面，是人们看得见的、显性的职业素养，这些可以通过各种学历证书、职业证书来证明，或者通过专业考试来验证。而冰山隐藏在水面以下的部分占整体的7/8，它代表大学生的职业意识、职业道德、职业作风和职业态度等方面，是人们看不见的、隐性的职业素养。显性职业素养和隐性职业素养共同构成了大学生所应具备的全部职业素养。由此可见，大部分的职业素养是人们看不见的，但正是这7/8的隐性职业素养决定、支撑着外在的显性职业素养，显性职业素养是隐性职业素养的外在表现。因此，大学生职业素养的培养应该着眼于整座"冰山"，并以培养显性职业素养为基础，重点培养隐性职业素养。当然，这个培养过程不是学校、学生、企业哪一方能够单独完成的，而应该由三方共同协作，实现"三方共赢"。

作为职业素养培养主体的大学生，在大学期间应该学会自我培养。

首先，要培养职业意识。雷恩·吉尔森说："一个人花在影响自己未来命运的工作选择上的精力，竟比花在购买穿了一年就会扔掉的衣服上的心思要少得多，这是一件多么奇怪的事情，尤其是当他未来的幸福和富足要全部依赖于这份工作时。"很多高中毕业生在跨进大学校门之时就认为已经完成了学习任务，可以在大学里尽情地"享受"了。这正是他们在就业时感到压力的根源。清华大学的樊富珉教授认为，中国有69%～80%的大学生对未来职业没有规划、就业时容易感到压力。中国社会调查所最近完成的一项在校大学生心理健康状况调查显示，75%的大学生认为压力主要来源于社会就业。50%的大学生对于自己毕业后的发展前途感到迷茫，没有目标；41.7%的大学生表示目前没考虑太多；只有8.3%的人对自己的未来有明确的规划并且充满信心。培养职业意识就是要对自己的未来有规划。因此，大学期间，每个大学生应明确自己是一个什么样的人，自己将来想做什么，自己能做什么，环境能支持自己做什么。着重解决一个问题，就是认识自己的个性特征，包括自己的气质、性格和能力，以及自己的个性倾向，包括兴趣、动机、需要、价值观等。据此来确定自己的个性是否与理想的职业相符；对自己的优势和不足有一个比较客观的认识，结合环境如市场需要、社会资源等确定自己的发展方向和行业选择范围，明确职业发展目标。

其次，配合学校的培养任务，完成知识、技能等显性职业素养的培养。职业行为和职业技能等显性职业素养比较容易通过教育和培训获得。学校的教学及各专业的培养方案是针对社会需要和专业需要所制订的。旨在使学生获得系统化的基础知识及专业知识，加强学生对专业的认知和知识的运用，并使学生获得学习能力、培养学习习惯。因此，大学生应该积极配合学校的培养计划，认真完成学习任务，尽可能利用学校的教育资源，包括教师、图书馆等获得知识和技能，作为将来职业需要的储备。

最后，有意识地培养职业道德、职业态度、职业作风等方面的隐性职业素养。隐性职业素养是大学生职业素养的核心内容。隐性职业素养体现在很多方面，如独立性、责任心、敬业精神、团队意识、职业操守等。事实表明，很多大学生在这些方面存在不足。有记者调查发现，缺乏独立性、会抢风头、不愿下基层吃苦等表现容易断送大学生的前程。如厦门博格管理咨询公司的郑甫弘在他所进行的一次招聘中所见，一位来自上海某名牌大学的女生在中文笔试和外语口试中都很优秀，但被最后一轮面试淘汰。他说："我最后不经意地问她，你可能被安排在大客户经理助理的岗位，但你的户口能否进深圳还需再争取，你愿意吗？"结果，她犹豫片刻回答说："我要先回去和父母商量再决定。"而正是这种缺乏独立性的表现使她失掉了工作机会。而喜欢抢风头的人被认为没有团队合作精神，用人单位也不喜欢。如今，很多大学生生长在"6+1"式的独生子女家庭，容易在独立性、承担责任、与人分享等方面存在不足，相反他们爱出风头、容易受伤。因此，大学生应该有意识地在学校的学习和生活中主动培养独立性，学会分享、感恩，勇于承担责任，不要把错误和责任都归咎于他人。自己摔倒了不能怪路不好，要先检讨自己，承认自己的错误和不足。

总之，大学生职业素养的自我培养应该加强自我修养，在思想、情操、意志、体魄等方面进行自我锻炼。同时，还要培养良好的心理素质，增强应对压力和挫折的能力，善于从逆境中寻找转机。

建筑师工作的对象是建筑、城市以及相关的人工环境，因此可以说其职责即是设计与规划人类物质世界的秩序。建筑师通常要通过与工程投资方（即通常所说的甲方）和施工方的合作，在技术、经济、功能和艺术方面实现建筑物营造的最大合理性。可以说建筑师既是人造环境的设计者，也是建造过程中的协调者。

建筑是一门科学，但并不是一门"纯科学"，它和社会、经济、政治、生活紧密地联系在一起。时代背景、社会意识对建筑的主宰和影响是巨大的。在某种意义上讲，建筑需要跟随潮流，需要服务政治，这个大的框架可能无法改变。这个客观背景也决定了每一个时代的建筑师的平台。

当然一些有思想、有个性的建筑师可以在时代潮流的风口浪尖上有所作为，但建筑作为一种社会集体的产品，即使是有作为的建筑师，其有影响的作品也一定是建筑师的力量和社会力量合成的产物。 建筑师的概念应是从事设计工作的建筑工作者，概括地说，建筑师应具备以下素质：做出正确决策的判断能力及将其贯彻下去的宏观控制能力，足够的专业知识积累，对城市空间尺度、建筑群空间尺度的把握，审美素养和造型能力，对建筑构件在空间和形象表现上的预知力，对建筑功能的综合解决能力，对建筑物使用者的关注和了解，表达和沟通能力，组织协调能力。

建筑师是什么？在当今的商业社会中，建筑师是帮助甲方完成甲方建筑意愿的营造者，是甲方和施工方的桥梁，是联系一栋建筑从无到有整个过程的关键部位。商业社会造就了大批商业建筑师，他们在本身基本技术尚不够成熟的情况下，努力迎合甲方的利益需求，基本丧失了建筑师的基本职业素养，正因为此类建筑师的存在，在我们生活的世界中，才会有那么多不和谐建筑的存在。这类建筑师能够在短期内获得自己想要的利益，但是往长远看，他们并不能成为真正意义上的建筑师，只能说是各种开发商的一支笔。 在当今的社会意识形态中，建筑师要保持清醒，需要认清当代建筑师的职业素养。 建筑师的职业素养就是建筑师的职业能力加上建筑师的职业道德。

References

参考文献

[1] 梁思成. 中国建筑史 [M]. 北京：生活·读书·新知三联书店，2011.
[2] 潘谷西. 中国建筑史 [M]. 北京：中国建筑工业出版社，2009.
[3] 沃特金. 西方建筑史 [M]. 傅景川，译. 长春：吉林人民出版社，2004.
[4] 邓庆坦，赵鹏飞，张涛. 图解西方近现代建筑史 [M]. 2版. 武汉：华中科技大学出版社，2012.
[5] [英]欧文·霍普金斯. 建筑风格导读 [M]. 韩翔宇，译. 北京：北京美术摄影出版社，2017.
[6] [日]伊东忠太. 中国建筑史 [M]. 廖伊庄，译. 北京：中国画报出版社，2018.
[7] [美]菲利普·朱迪狄欧，珍妮特·亚当斯·斯特朗. 贝聿铭全集 [M]. 李佳洁，郑小东，译. 北京：电子工业出版社，2015.
[8] 梁思成. 梁思成全集 [M]. 北京：中国建筑工业出版社，2001.
[9] 许湘岳，陈留彬. 职业素养教程 [M]. 北京：人民出版社，2014.
[10] 安蓉泉. 学生职业素养教程 [M]. 北京：外语教学与研究出版社，2015.
[11] 伍大勇. 大学生职业素养 [M]. 北京：北京理工大学出版社，2011.
[12] 许亚琼. 职业素养：职业教育亟待关注的课程研究领域 [J]. 职业技术教育，2009（19）：48-51.
[13] 王树京，崔岩. 建筑师的职业素养 [J]. 城市建设理论研究，2012（28）：48-51.